CB129960

A MATEMÁTICA NO BRASIL

CONSELHO EDITORIAL

André Costa e Silva
Cecilia Consolo
Dijon de Moraes
Jarbas Vargas Nascimento
Luis Barbosa Cortez
Marco Aurélio Cremasco
Rogerio Lerner

Blucher

Clóvis Pereira da Silva

A MATEMÁTICA NO BRASIL
HISTÓRIA DE SEU DESENVOLVIMENTO

4ª EDIÇÃO REVISTA E AMPLIADA

A Matemática no Brasil: história de seu desenvolvimento
© 1992 Clóvis Pereira da Silva
1ª edição – UFPR, 1992
2ª edição – Unisinos, 1999
3ª edição – Blücher, 2003
4ª edição – Blücher, 2022
Editora Edgard Blücher Ltda.

Publisher Edgard Blücher
Editor Edgar Blücher
Coordenação editorial Jonatas Eliakim
Produção editorial Lidiane Pedroso Gonçalves
Preparação de texto Ana Maria Fiorini
Diagramação Tarso Boudet Caldas
Revisão de texto Ana Lúcia dos Santos
Capa Leandro Cunha
Imagem da capa iStockphoto

Blucher

Rua Pedroso Alvarenga, 1245, 4° andar
04531-934 — São Paulo — SP — Brasil
Tel.: 55 11 3078-5366
contato@blucher.com.br
www.blucher.com.br

Segundo Novo Acordo Ortográfico, conforme 6. ed. do *Vocabulário Ortográfico da Língua Portuguesa*, Academia Brasileira de Letras, julho de 2021.

É proibida a reprodução total ou parcial por quaisquer meios sem autorização escrita da editora.

Todos os direitos reservados pela Editora Edgard Blücher Ltda.

Dados Internacionais de Catalogação da Publicação (CIP) Angélica Ilacqua CRB-8/7057

Silva, Clóvis Pereira da
A Matemática no Brasil: história de seu desenvolvimento / Clóvis Pereira da Silva — 4. ed. rev., ampl. — São Paulo: Blucher, 2022.
184 p.: il.

Bibliografia
ISBN 978-65-5506-518-3 (impresso)
ISBN 978-65-5506-519-0 (eletronico)

1. Matemática – Brasil – História I. Título

22-1696 CDD 510.981

Índices para catálogo sistemático:
1. Matemática – História

CONTEÚDO

LISTA DE ACRÔNIMOS

ABC Academia Brasileira de Ciências

ABE Associação Brasileira de Educação

C&T Ciência e Tecnologia

CAPES Coordenação de Aperfeiçoamento de Pessoal de Nível Superior

CBM Colóquio Brasileiro de Matemática

CBPF Centro Brasileiro de Pesquisas Físicas

CNPq Conselho Nacional de Desenvolvimento Científico e Tecnológico

CIM Congresso Internacional de Matemáticos

ENEM Encontro Nacional de Educação Matemática

EDP Equações Diferenciais Parciais

EESC-USP Escola de Engenharia de São Carlos da Universidade de São Paulo

ELAM Escola Latino-Americana de Matemática

ENE Escola Nacional de Engenharia

FFCL-USP Faculdade de Filosofia, Ciências e Letras da Universidade de São Paulo

FFCL-PR Faculdade de Filosofia, Ciências e Letras do Paraná

FNFi-UB Faculdade Nacional de Filosofia da Universidade do Brasil

ICM Instituto Central de Matemática

IES Instituição de Ensino Superior

IF-UBA Instituto de Física da Universidade da Bahia

IHGB Instituto Histórico e Geográfico Brasileiro

IM-UFRJ Instituto de Matemática da Universidade Federal do Rio de Janeiro

IME Instituto Militar de Engenharia

IME-USP Instituto de Matemática e Estatística da Universidade de São Paulo

IMECC-Unicamp Instituto de Matemática, Estatística e Computação Científica da Universidade Estadual de Campinas

IMPA Instituto de Matemática Pura e Aplicada

IPT Instituto de Pesquisas Tecnológicas de São Paulo

ITA Instituto Tecnológico de Aeronáutica

MEC Ministério da Educação

OEA Organização dos Estados Americanos

PICD Programa Institucional de Capacitação de Docentes

PUC-Campinas Pontifícia Universidade Católica de Campinas

PUC-RIO Pontifícia Universidade Católica do Rio de Janeiro

PUC-PR Pontifícia Universidade Católica do Paraná

PUC-SP Pontifícia Universidade Católica de São Paulo

SBC Sociedade Brasileira de Ciências

SBEM Sociedade Brasileira de Educação Matemática

SBM Sociedade Brasileira de Matemática

SBMAC Sociedade Brasileira de Matemática Aplicada e Computacional

SBHMat Sociedade Brasileira de História da Matemática

SBQ Sociedade Brasileira de Química

SNHM Seminário Nacional de História da Matemática

SPM Sociedade Paranaense de Matemática

UB Universidade do Brasil

UDF Universidade do Distrito Federal

UEM Universidade Estadual de Maringá

UFBA Universidade Federal da Bahia

UFC Universidade Federal do Ceará

UFF Universidade Federal Fluminense

UFMG Universidade Federal de Minas Gerais

UFPE Universidade Federal de Pernambuco

UFRGS Universidade Federal do Rio Grande do Sul

UFRJ Universidade Federal do Rio de Janeiro

UFPR Universidade Federal do Paraná

UFSCar Universidade Federal de São Carlos

UIM União Internacional de Matemática

UnB Universidade de Brasília

Unicamp Universidade Estadual de Campinas

UPR Universidade do Paraná

URJ Universidade do Rio de Janeiro

USP Universidade de São Paulo

PREFÁCIO

Quando recebi de Clóvis Pereira da Silva o honroso convite para escrever este Prefácio, lembrei-me de um fato interessante. Há alguns, anos fui convidado para falar numa reunião internacional sobre a Matemática brasileira nos séculos XVIII e XIX. O tema estava fora de meu interesse até então, mas achei interessante mostrar algo do Brasil e aceitei. Para preparar a conferência, fui, naturalmente, procurar dados na bibliografia existente, e a primeira impressão que tive foi a de ter pela frente uma tarefa impossível. Os livros então e até agora disponíveis sobre história das ciências no Brasil transmitem a mensagem de não existência de Matemática no Brasil naquele período. Não se encontra mais que uma menção ao "Sousinha", completamente fora de contexto, e, depois, os nomes de nossos quase contemporâneos, a partir de Otto de Alencar. Fosse hoje aquele convite, eu teria à minha disposição o riquíssimo material recolhido por Clóvis Pereira da Silva, que agora é oferecido, em forma de livro, aos interessados no desenvolvimento das ideias no nosso país.

Esta obra vem em um momento importante, em que alguns cientistas comprometidos do chamado Terceiro Mundo enveredam pela pesquisa histórica, procurando reconhecer, em um material difícil de ser encontrado e manipulado, espalhado em bibliotecas e depósitos de papéis e livros velhos, perdidos em porões e, muitas vezes, espalhados em outros países, as primeiras manifestações do pensamento científico que resultam do confronto de culturas distintas, em terras distantes e com motivações as mais diversas. Entre essas primeiras manifestações, vamos encontrar tentativas de se desenvolver, em nosso país, uma ciência no estilo e segundo padrões dos países centrais na produção científica.

Dessas tentativas, resultou uma ciência periférica, na melhor das hipóteses, caudatária e, geralmente, sem importância ou impacto no desenvolvimento da ciência moderna. Identificamos nessa periferia nomes que não tiveram e não terão importância na história da ciência como todo. A importância de se identificar e analisar essas tentativas e esses nomes está em entender a evolução do pensamento brasileiro, das nossas ideias e nossas instituições.

A busca, identificação e análise dessas primeiras incursões na ciência moderna, necessariamente recorrendo a fontes primárias de difícil localização, acesso e manipulação, e, muitas vezes, necessitando de novas metodologias, fundamentadas em bases historiográficas próprias ao nosso país, é um trabalho árduo. Isso é, muitas vezes, evitado pelos historiadores de ciência brasileiros, que preferem se dedicar ao aprofundamento de estudos sobre a vida e a obra de personalidades centrais na produção científica internacional.

Clóvis Pereira da Silva, já estabelecido em sua carreira de matemático como professor da Universidade Federal do Paraná (UFPR), enveredou pela pesquisa histórica e optou pelo caminho árduo e difícil. Como resultado, brinda-nos agora com um estudo da Matemática brasileira desde os primeiros anos do período colonial até os anos que precederam a queda da Primeira República. Trata-se de um livro único na história da Matemática brasileira, o primeiro a abordar sistematicamente esse período. O autor dedica, justificadamente, maior atenção ao período que vai de 1810, ano da criação da Academia Real Militar, no Rio de Janeiro — a primeira institucionalização do ensino da Matemática Superior no país — até 1920, quando é fundada a primeira universidade em nossa pátria, a Universidade do Rio de Janeiro, reunindo a Escola Politécnica do Rio de Janeiro, a Faculdade de Medicina do Rio de Janeiro e a Faculdade de Direito do Rio de Janeiro — uma criação puramente formal, com o objetivo de se conceder o título de *Doutor Honoris Causa* ao rei Alberto I, da Bélgica, que, na ocasião, visitava o Brasil. Essa primeira universidade brasileira só viria a funcionar, de fato, no final da década seguinte.

Foi possível, ao autor, localizar e analisar, nesse período de 110 anos, vinte e quadro teses de doutorado em Matemática. Ele inicia o estudo dessas teses com a importante e rigorosa obra do lendário Joaquim Gomes de Sousa, o "Sousinha", em 1848, e o conclui com a também, então, muito atual e rigorosa tese de Theodoro Augusto Ramos, em 1918. Ambas, a primeira e a última das 24 teses analisadas, cujos autores acabamos de destacar, são obras de muita atualidade na época e que obedecem aos critérios de rigor então aceitos no ambiente matemático europeu. As demais teses são de profundidade muito variável, desde simples aplicações quase triviais até argumentações mais elaboradas e, geralmente, de motivação e orientação eminentemente positivistas.

Este livro nos oferece, ainda, um estudo sumário das atividades intelectuais e científicas, particularmente matemáticas, durante a colônia. O autor mostra-nos o papel das agremiações brasileiras, sociedades e academias na congregação dos nossos primeiros intelectuais, em vista da falta de uma institucionalização estimulada, ou mesmo permitida, pela metrópole. Isso tudo é precedido por breves, porém, fundamentais, capítulos sobre a Matemática na metrópole, em particular, sobre a universidade portuguesa, cuja sede se alterna, inúmeras vezes, entre Lisboa e Coimbra, e sobre as escolas jesuíticas.

Ubiratan D'Ambrosio
Ex-professor da Unicamp

APRESENTAÇÃO

Ampliamos esta edição do livro para cobrir o período da história da Matemática que vai do século XVIII ao ano de 2020.

Uma questão que julgamos pertinente é a seguinte: por que escrever uma história da Matemática no Brasil? Omitiremos a resposta clássica, porém, damos uma justificativa concreta à pergunta, que é a seguinte: é pelo fato de que a história da Matemática no Brasil não é bem conhecida pela comunidade matemática brasileira, e nem por aqueles que têm interesse pela história do saber no Brasil.

Na primeira parte do livro, que aborda o período de 1811 à década de 1920, o estudo é feito via caracterização do meio intelectual brasileiro, bem como por meio da análise das teses sobre Matemática apresentadas à Escola Militar e às suas sucessoras, para a obtenção do grau de doutor em Ciências Matemáticas e depois em Ciências Físicas e Matemáticas. Dentre as teses, analisaremos a de Joaquim Gomes de Souza, defendida em 14 de outubro de 1848, um trabalho que se destaca dos demais apresentados nesse período por sua originalidade.

Na segunda parte do livro, que parte da década de 1930, abordamos o desenvolvimento da Matemática nas faculdades de ciências, ressaltando a colaboração de matemáticos estrangeiros que vieram trabalhar no Brasil como professores visitantes e a importância, para o país, da institucionalização por parte da administração federal dos programas de pós-graduação *stricto sensu*, em Matemática no país.

Ao escolhermos a abordagem descritiva para a elaboração do texto, tivemos em mente torná-lo uma fonte de referências, bem como dar o maior número possível de informações ao leitor, seja ele professor ou aluno da disciplina História da Matemática nos cursos de graduação ou de pós-graduação, ou apenas um leitor interessado em história da ciência no Brasil. Assim, apresentamos uma ínfima parcela da parte técnica da Matemática, o que torna muito agradável a leitura da obra por parte do leitor não iniciado nos estudos da Matemática Superior.

Ao darmos uma caracterização do ambiente intelectual brasileiro do período de 1810 à década de 1920, expormos ao leitor o que significava socialmente a obtenção do grau de doutor em Ciências Matemáticas ou em Ciências Físicas e Matemáticas, ressaltarmos as reações de pequenos grupos da elite intelectual brasileira à sociedade da época e mostrarmos a qualidade do ensino superior das ciências exatas que fora transplantado da Europa para o nosso país, pretendemos, também, desenvolver um trabalho que aborde um pouco da história social do desenvolvimento da Matemática Superior no Brasil.

Nosso primordial interesse é pelo desenvolvimento da Matemática Superior realizado nas Escolas de Engenharia até a década de 1920 e nas Faculdades de Ciências a partir da década de 1930. Sabemos que houve o ensino da Matemática nas Academias Militares (do Exército e da Marinha), bem como na Escola Superior de Guerra, instituição criada em 1889, e em estabelecimentos de ensino como o Colégio D. Pedro II e o Imperial Colégio Militar. Talvez algum historiador da Matemática interessado no ensino da Matemática elementar possa, algum dia, realizar um trabalho de pesquisa abordando essas duas últimas instituições de ensino.

No contexto de nosso trabalho, é possível identificarmos as primeiras manifestações de pensamento científico ocorridas no país, que resultaram do choque entre as diversas culturas trazidas pelos descobridores-colonizadores e a cultura indígena brasileira. Assim, encontramos tentativas para se desenvolver, no Brasil, uma ciência em estilo e padrão da ciência que se fazia nos países do Velho Continente.

A partir daí, surgiu no Brasil uma ciência periférica, sem importância, sem influência e de nenhuma contribuição para a ciência europeia de então. Emergiu em nosso país, a partir da segunda metade do século XIX, uma ciência arcaica em seu aspecto conceitual e fortemente influenciada pela ideologia positivista de Auguste Comte, a qual foi combatida por alguns homens de ciência, como Otto de Alencar Silva, e, a partir de 1916, pelos membros da Sociedade Brasileira de Ciências (SBC), atual Academia Brasileira de Ciências (ABC).

Contudo, julgamos que o valor do presente trabalho está no fato de ele resgatar uma parte da memória do saber nacional, e de que o livro nos auxilia a entender a evolução do pensamento, das ideias e dos ideais de dominação da elite intelectual brasileira da época (ver, por exemplo, a criação da Universidade de São Paulo (USP), em 1934). O texto ainda nos auxilia a entender a evolução das instituições de ensino e pesquisa e das sociedades científicas e literárias criadas no país, sem a pretensão de ser uma história institucional, informando-nos de que as ciências e, em particular, a Matemática não foram introduzidas em nosso país em épocas recentes.

A presente edição foi revista e aumentada, em função de nossas pesquisas sobre história da Matemática e da necessidade de se incluirem novas informações que não foram, por motivos óbvios, incluídas na versão anterior. A partir da 2ª edição, o livro sofreu mudanças em sua estrutura. Os capítulos foram reescritos, para maior clareza na apresentação de todo o texto, e foi acrescentado o Capítulo 8. O livro está constituído de oito capítulos e fartas referências bibliográficas. Os cinco primeiros capítulos formam o bloco de informações gerais que julgamos necessárias para que o leitor e o pesquisador em história da Matemática se situem no contexto de todo o trabalho.

Com esse pensamento, o Capítulo 8 foi atualizado e aumentado a partir de novas informações que obtivemos em nossas pesquisas. Esperamos que o leitor descubra que o conhecimento da história da Matemática no Brasil é de grande valia para a formação acadêmica dos jovens estudantes e para a parte culta da sociedade do país.

Desejamos externar nossos agradecimentos ao Prof. Dr. Milton Vargas, da USP; ao Prof. Dr. Luis AdautoMedeiros, da Universidade Federal do Rio de Janeiro (UFRJ); e ao Prof. Dr. Alberto de Azevedo, da Universidade de Brasília (UnB), pelas valiosas informações que nos forneceram durante elaboração da edição anterior.

Nosso agradecimento especial, *in memorian,* ao Prof. Dr. Paulo Pardal, da UFRJ, pelas informações que nos forneceu por meio de nossas conversas e pela paciente leitura dos originais da edição anterior, indicando-nos as incorreções. As incorreções renitentes nesta edição, porém, são de nossa inteira responsabilidade.

Clóvis Pereira da Silva
Curitiba, outono de 2022

CAPÍTULO 1
AS ORIGENS DA UNIVERSIDADE PORTUGUESA: UNIVERSIDADE DE LISBOA E UNIVERSIDADE DE COIMBRA

Neste primeiro capítulo, fazemos uma breve introdução sobre as origens e o estabelecimento das universidades europeias, para, então, situarmos a criação e o desenvolvimento da universidade portuguesa, em particular a Universidade de Coimbra, que exerceu forte influência na organização dos estudos superiores no Brasil.

Assim, surge naturalmente a seguinte indagação: por que o especial interesse pela Universidade de Coimbra? Como este livro se refere à história da Matemática no Brasil pós-colonial, e como a maioria dos primeiros professores do curso básico (o Curso Matemático) da Academia Real Militar foi graduada pela Faculdade de Matemática dessa universidade, surge, então o especial interesse pela criação, organização e desenvolvimento da Universidade de Coimbra.

Como sabemos, a essa universidade foi a instituição de ensino superior que mais influenciou o Curso Matemático da Academia Real Militar, quer em sua criação e estruturação, quer em sua organização e distribuição das cadeiras (disciplinas) nos diversos anos.

Em face do exposto, fazemos inicialmente algumas considerações a respeito do surgimento das universidades europeias, para, em seguda, fixarmo-nos nas considerações à universidade portuguesa.

Embora os detalhes sejam confusos, não há dúvidas de que a criação das universidades europeias foi fruto de um raro entusiasmo pela educação escolar que surgira em diversas épocas nas cortes bárbaras do Velho Continente (MINOGUE, 1977). Por detalhes confusos, queremos dizer que não há registros oficiais que nos possam precisar as datas de fundação de tais instituições de ensino, por exemplo, anteriores ao reinado de

Carlos Magno (742–814). Informações confiáveis a esse respeito só estão disponíveis a partir do reinado desse rei franco e imperador do Ocidente.

Durante o reinado de Carlos Magno, no século VIII, bem como na corte de Alfredo, o Grande, no século IX, foram criadas algumas escolas religiosas. Carlos Magno, não pretendendo ficar atrelado à direção da Igreja Católica, em Roma, e já prenunciando um afrouxamento do sistema feudal, em face do desenvolvimento artesanal e comercial motivado, pelo crescimento urbano, considerou como seu dever elevar o nível educacional do clero em seu vasto reino. O clero, na época, era formado, em quase sua totalidade, por religiosos analfabetos ou semianalfabetos, com exceção feita à cúpula religiosa. O rei também desejava que as crianças urbanas e camponesas fossem iniciadas nas primeiras letras.

Dessa forma, uma das ideias do monarca era que, uma vez alfabetizados, os religiosos pudessem compreender e melhor ensinar a fé cristã. E, ainda mais, que pudessem ajudá-lo no domínio de seu vasto império, subjugando, ao lado de seus exércitos, a crescente população das cidades. Outro forte motivo que impeliu Carlos Magno a criar escolas internas e externas aos mosteiros foi a necessidade de pessoas qualificadas para supervisionar e administrar suas várias propriedades.

Por escolas internas, queremos nos referir àquelas que atenderiam aos monges, aos filhos dos nobres e aos futuros clérigos, e, por escolas externas, as que passariam a atender às crianças pobres das cidades e às camponesas que residiam nas vizinhanças dos mosteiros. Essas escolas foram posteriormente fechadas, em 817, por ordem do então imperador Luís I, o Piedoso, por ocasião da grande reforma da ordem beneditina.

Com esse propósito, Carlos Magno mandou vir da Grã-Bretanha o sábio Alcuíno (735–804), que foi encarregado pelo monarca da criação da Academia Palatina. O monarca e sua família compareciam regularmente às reuniões dessa entidade. Alcuíno também foi encarregado pelo rei da elaboração do texto definitivo da Bíblia, a partir dos textos então existentes. Diz Le Goff a respeito da participação de Alcuíno no reinado de Carlos Magno: "Alcuíno, por exemplo, é antes de tudo um alto funcionário, ministro da Cultura de Carlos Magno [...]" (Cf. LE GOFF, 1988, p.21).

A partir do reinado de Carlos Magno, ampliou-se no Velho Continente a criação das escolas religiosas, bem como a criação das escolas dos palácios (fundadas para atender aos filhos dos nobres), as quais, nos séculos seguintes, foram transformadas em escolas urbanas em virtude de mudanças profundas nas estruturas e nas relações comerciais e sociais dos povos da Europa Ocidental. Essas escolas foram o fértil terreno no qual floresceram as universidades europeias.

Como nosso interesse é pelo surgimento da universidade portuguesa, fixamo-nos, inicialmente, em dois exemplos de escolas religiosas em Portugal. Em 1072, a catedral da cidade de Braga já possuía uma dessas escolas, e, em 1127, a catedral da cidade de Coimbra também já possuía uma escola religiosa.

Com o nascer das cidades medievais e o surgimento da pequena burguesia, e também por causa das já mencionadas profundas mudanças econômicas, sociais e políticas da Europa Ocidental a partir do século XI, houve uma evolução da escola religiosa urbana, a qual sofrera pressão da crescente população, em particular da pequena burguesia, que, por sua vez, passou a exigir das autoridades competentes um novo tipo de escola para seus filhos: uma escola que fosse distinta da escola religiosa.

Nesse contexto, a influente pequena burguesia passou a reivindicar, um ensino de nível mais elevado que o ministrado nas escolas religiosas. A partir daí, passaram a ser formados, com a permissão dos monarcas e das autoridades eclesiásticas, lugares de estudos fora dos templos, não só na Península Ibérica, mas em quase toda a Europa Ocidental cristã. A esse respeito, informa-nos Le Goff: "A evolução da escola se inscreve na revolução urbana dos séculos X a XIII [...]" (Cf. LE GOFF, 1988, p.1).

Passaram a ser criados os *lugares de instrução*, que, de modo geral, funcionavam fora das igrejas locais. Onde quer que houvesse um bom mestre, juntavam-se os discípulos, criando, dessa forma, um centro de estudos. Relembramos que as escolas reservadas exclusivamente à formação do pessoal do clero continuaram a existir.

Em virtude das lentas, mas constantes transformações econômicas e sociais, e também por força da revolução urbana que acontecia motivada pela crescente população, surgiram, no século XII, os chamados *studia*, que foram diminutos na Europa Ocidental. Em função da ampla divulgação da qualidade de seu ensino, bem como da fama de seus mestres, essas novas escolas passaram a atrair estudantes (que podiam pagar) de quase toda a Europa cristã. Finalmente, em virtude do significado universal de seu ensino, o *studiorum* passou a denominar-se *Studiorum generale*. Os primeiros e mais famosos, foram o da cidade de Bolonha, na Itália, criado em 1088, atual Universidade de Bolonha, e o *studia* da cidade de Paris, na França, criado em 1170, atual Universidade de Sorbonne. Rapidamente, vários outros foram fundados em diferentes partes da Europa. A Península Ibérica não ficou imune a essa febre de criação de escolas superiores.

Ainda durante o século XII, a cúpula da Igreja Católica, em Roma, ficou preocupada com a rápida proliferação desse tipo de escola (que motivou, inclusive, o surgimento de uma nova elite intelectual não controlada pela Igreja). Ficou também preocupada com uma possível perda de prestígio perante a população culta e inculta, e decidiu controlar tais escolas. Assim, o sumo pontífice, a partir do século XII, a autorizou, via bula, a criação de vários *studia generalia*. O contraditório é que tais escolas passaram a gozar de maior prestígio perante a sociedade a partir do momento em que obtinham autorização papal ou para serem criadas ou para continuarem em funcionamento (uma espécie de credenciamento). Citamos, como exemplo o *studiorum generale* de Paris, que, em 1231, obteve permissão do papa Gregório IX, via bula *Pares Scientiarum*, para alterar seu estatuto. Enfim, a Igreja Católica passou a direcionar — ou, pelo menos, tentou direcionar — o surgimento da elite intelectual no mundo ocidental.

Contudo, o apoio a tais escolas não foi desinteressado, pois a cúpula da Igreja, de imediato, passou a reconhecer o valor e a importância, para a sociedade, da atividade intelectual que estava emergindo na Europa. Ao apoiar a criação de novas escolas, *studia generale* (depois chamadas de universidades), ou ao credenciar as escolas existentes, o papa retirava seus mestres e alunos do controle laico, ou mesmo do controle da Igreja local, para colocá-los sob a jurisdição de Roma. Esse fato transformou a universidade medieval em uma corporação eclesiástica.

O século XII foi um século de desenvolvimento urbano na Europa Ocidental, em que artesãos, intelectuais, entre outros, organizaram-se em um gigantesco movimento corporativo que culminou em um grande movimento comunal. Em cada cidade onde havia um ofício estabelecido, seus praticantes passaram a organizar-se em defesa de seus interesses. Os estudiosos (mestres e discípulos) também agiram dessa forma. No século XIII, as corporações urbanas de estudiosos deram lugar às universidades europeias. A esse respeito, diz-nos Le Goff: "Foi o século das universidades porque foi o século das corporações [...]" (Cf. LE GOFF, 1988, p.59).

É nessa imensa onda que inundou o Velho Continente durante o século XIII que se insere a criação dos *Estudos Gerais de Lisboa*, depois Universidade de Lisboa, mais tarde transferida para a cidade de Coimbra.

A partir desse momento, fixamo-nos na criação da universidade portuguesa. Com efeito, em 12 de novembro de 1288, pressionados por intelectuais e pela burguesia portuguesa, os superiores religiosos de algumas comunidades de Portugal, como Alcobaça, Santa Cruz de Coimbra, São Vicente de Lisboa, Santa Maria dos Guimarães, dentre outras, com o apoio do monarca português, solicitaram ao papa Nicolau IV que os autorizasse a criar os Estudos Gerais de Lisboa (SERRÃO, 1979, p. 231), informando-lhe que pretendiam aplicar uma parte dos rendimentos de suas comunidades na manutenção dessa escola. Em suas justificativas ao papa, disseram que objetivavam criar, em Lisboa, um foco de cultura que também fosse um estímulo para os religiosos de Portugal, e que aquela escola contribuiria para impedir que estudantes portugueses fossem estudar no exterior.

À época, era comum que o monarca português concedesse auxílio financeiro a alguns jovens para desenvolverem seus estudos no exterior. Ainda segundo os solicitantes, a criação dos Estudos Gerais de Lisboa traria grandes vantagens para a burguesia, para os religiosos e, portanto, para o reino português (SERRÃO, 1979, p. 232).

Em 9 de agosto de 1290, isto é, pouco menos de dois anos depois, o papa Nicolau IV concedeu autorização para a criação da escola solicitada. Nesse mesmo ano, o rei D. Dinis (1261–1325), também chamado de "Rei Trovador", pois foi poeta e protetor de trovadores e jograis e incentivador das Letras, criou os Estudos Gerais de Lisboa, ou a Universidade de Lisboa.

Em sua bula, o papa autorizou o ensino de Humanidades, Direito Canônico, Leis, Medicina e Artes. Autorizou também que o vigário da Sé lisbonense concedesse o grau de licenciado aos graduados e, ainda, que a Igreja portuguesa pagasse os salários dos lentes (professores) dos Estudos Gerais de Lisboa.

Convém observar que o ensino sistemático da Matemática não fez parte do conjunto das ciências a serem estudadas na Universidade de Lisboa. Essa ausência perdurou por muitos anos. Em verdade, no século XIII, os estudos da Matemática não estavam bem desenvolvidos na Europa Ocidental. Encontramos na Universidade de Bolonha, Itália, o ensino da Matemática e da Astronomia via obras de Euclides e de Ptolomeu. É verdadeira a afirmação de que, durante muitos anos, não houve em Portugal quem tivesse interesse em ensinar Matemática na Universidade de Lisboa. Nesse período, tampouco houve alguém que pudesse dimensionar a importância do ensino sério da Matemática aplicada para as necessidades futuras da nação.

E, assim, o ensino da Matemática na Universidade de Lisboa foi postergado. Com efeito, foi na Escola de Sagres, criada pelo infante D. Henrique (1394–1460), que o ensino da Matemática em Portugal adquiriu seu caráter institucional. Como se sabe, D. Henrique, filho do rei D. João I (1357–1433), foi o iniciador do grande ciclo dos descobrimentos portugueses. Homem de ciência, ele reunira em Sagres, no Algarve, os maiores especialistas europeus em navegação, cartografia, geografia, astronomia e construção naval, criando, dessa forma, o mais moderno e completo centro de estudos náuticos da época. Esse centro foi destinado a preparar pilotos e marinheiros, bem como a aperfeiçoar navios e instrumentos náuticos.[1]

Somente vários anos mais tarde, isto é, durante o século XVI, é que se iniciou em Portugal o ensino da fase teórica da Matemática com sentido pedagógico. Isso aconteceu com o matemático português Pedro Nunes (1502–1578), na qualidade de professor da Universidade de Coimbra. Nunes foi, em Portugal, o mais brilhante matemático de sua geração, e seu ensino nessa instituição, objetivava unir a teoria à prática, isto é, unir a Matemática à solução de problemas de navegação marítima. Sobre Nunes, escreveu Vetura:

> Na cátedra da cidade do Mondego, Pedro Nunes soube colocar-se entre a posição ex-cathedra e a do homem prático, incorporando a sua experiência e a sua pedagogia ao serviço da aprendizagem e do ensino, a seu modo — discreto, impecavelmente prudente. A seu jeito, procurou atingir objectivos eloquentes de "uma revolução pedagógica": reduzir a distância entre pedagogia universitária e o ensino a pilotos; introduzir nos conteúdos escolares conhecimentos comuns a todas as culturas; sensibilizar as pessoas para a problemática científica da Expansão ultramarina e, de certa maneira, para a importância do método experimental [...] (VENTURA, 1985, p. 31).

Posteriormente, daremos mais informações a respeito da atuação de Pedro Nunes na Universidade de Coimbra. Voltemos à Universidade de Lisboa. Para o funcionamento dessa instituição, jamais foi construída uma sede própria, ao menos não em seu alvorecer. Suas instalações foram casas alugadas, e os alunos não residentes em Lisboa moravam em casas de famílias. Em seus primeiros anos de existência, a importância dessa instituição de ensino jamais foi entendida por grande parte dos cidadãos comuns de Lisboa. Dentre outras coisas, uma parte da sociedade lisbonense não apreciava a presença jovial e ruidosa dos estudantes nas ruas da cidade. Dessa forma, por várias vezes, os descontentes tentaram influenciar o rei a acabar com os Estudos Gerais, sugerindo, por exemplo, a transferência da universidade para a cidade de Coimbra.

Assim aconteceu a primeira mudança da Universidade de Lisboa para a cidade de Coimbra, em 15 de fevereiro de 1306. A ordem real para tal mudança baseou-se em conflitos de rua ocorridos entre estudantes da instituição e pacatos cidadãos de Lisboa. Contudo, Freire assim se manifestou sobre isso:

[1] Estudava-se em Sagres Matemática, navegação náutica, cartografia, construção naval etc. De lá partiam, regularmente, expedições de exploração para a costa Oeste da África. Quando da viagem de Colombo, em 1492, já era bem conhecido dos navegantes o padrão das correntes marítimas e das correntes de vento na área do Oceano Atlântico situada entre os Açores e as Ilhas Canárias. Foi fundamental a contribuição dos conhecimentos desenvolvidos em Sagres para a tomada de Ceuta, no Norte da África, em 1415. Em Sagres, foi feita uma Matemática aplicada à navegação marítima.

> A Universidade portugueza, que dezeseis annos mas tarde, em 1306, foi transferida para Coimbra, cidade que, por ser mais quieta e livre do bulicio da côrte, por sua posição central, como no coração do reino, pela amenidade do seu clima, e pela abundancia de tudo o necessario para os commodos da vida, pareceu mais apropriada para assento da Athenas lusitana. Mas ainda então não foram contemplados na sua organização os estudos mathematicos [...] (Cf. FREIRE, 1872, p. 9).

No entanto, em 1338, o rei D. Afonso IV (1290–1357) decidiu que a universidade deveria regressar à cidade de Lisboa. Dentre os possíveis motivos pelos quais o monarca tomou tal decisão, encontramos os seguintes: a) grande parte da população de Coimbra não apreciava a presença ruidosa dos estudantes nas ruas da cidade; b) o rei desejava, na temporada de inverno, transferir a corte para Coimbra: a cidade não dispunha de aposentos suficientes para acomodar todos, e a universidade ocupava o paço real. Onde se alojaria o monarca? c) os estudos estavam decadentes, e havia interesse, por parte do rei, em atrair professores do estrangeiro e, com isso, fomentar a vida escolar, melhorar a qualidade do ensino: e para tanto, a cidade de Lisboa teria mais condições para atender a futuras exigências de professores vindos do exterior. Em 1354, porém, o monarca ordenou nova transferência da Universidade de Lisboa para a cidade de Coimbra. Os motivos, dessa feita, teriam sido: a) novos conflitos de rua entre estudantes e cidadãos de Lisboa; b) a peste negra, que assolou a cidade de Lisboa nesse ano.

Em 1377, contudo, o rei, D. Fernando I (1345–1383), transferiu a Universidade de Coimbra para a cidade de Lisboa. À época, a instituição passava por grave crise, motivada pela falta de alunos e de bons professores. O monarca justificou seu ato dizendo que pretendia contratar bons lentes (professores), mas que os que haviam sido convidados disseram não estar dispostos a residir senão na cidade de Lisboa. Motivo pelo qual, posteriormente, o rei D. João I criou o cargo de protetor de estudos para a Universidade de Lisboa. A partir de então, a instituição adquiriu maior prestígio escolar. Esse cargo foi primeiro ocupado por João das Regras, então chanceler do reino. Após seu falecimento, em 1404, assumiu o cargo de protetor de estudos Gil Martins. De 1418 a 1460, assumiu esse cargo o Infante D. Henrique. Foi nesse período que a Universidade de Lisboa adquiriu grande prestígio cultural e científico perante a comunidade acadêmica.

Em 1431, D. Henrique criou na instituição as chamadas *artes liberais*, em cujo conjunto se ensinavam Aritmética, Geometria e Astrologia. Ainda em 1431, D. Henrique deu à universidade um imóvel de sua propriedade na cidade de Lisboa. Posteriormente, comprou outros imóveis para a instituição, nos quais ela permaneceu por cerca de 100 anos.

D. Henrique é considerado o criador dos estudos matemáticos em Portugal, pois também se dedicou à Escola de Sagres. Mesmo com seu interesse e apoio, o ensino sério da Matemática na universidade portuguesa não prosseguiu nos séculos seguintes, devido à falta de lentes interessados em ministrar essa ciência. É verdade que, após a criação da Companhia de Jesus, em 1545, alguns de seus membros se dedicaram ao ensino da Matemática e da Astronomia na universidade portuguesa, mas, de modo geral, o ensino e o estudo da Matemática em Portugal, do século XV ao XVII, jamais esteve à altura do desenvolvimento dessa ciência em outros países da Europa Ocidental, como a França e a Itália.

Nesse período, foram tão precários o ensino e o estudo da Matemática em Portugal que, em 1518, o rei D. Manuel I (1469–1521), conhecido pelo cognome de "o Venturoso", empolgado com a chegada de Vasco da Gama à Índia e de Pedro Álvares Cabral ao Brasil, para impulsionar o desenvolvimento da ciência e da prática da navegação marítima, criou, na Universidade de Lisboa, uma cadeira de Astronomia, na qual também se estudava a Matemática. No entanto, tal cadeira foi entregue a seu médico pessoal, mestre Philippe, em 1513. No ano de 1522, a mesma cadeira foi entregue ao médico Tomás Torres.

A regência dessa cadeira foi entregue a esses médicos porque não havia outras pessoas mais qualificadas para o cargo. Devemos relembrar que, à época, vários jovens portugueses estudavam em universidades da Espanha e da França, com bolsa concedida pelo rei de Portugal. Todavia, ao regressarem a Portugal com os estudos concluídos, nenhum deles se interessava em lecionar Matemática na Universidade de Lisboa. Aliás, de 1612 a 1653, não houve professor de Matemática na nessa universidade, fato que nos faz conjecturar que, nesse período, tal disciplina não foi ali ensinada. Em verdade, o ambiente matemático (ensino e pesquisa) português do século XV ao XVII e de parte do século XVIII foi incipiente, apesar da atuação de Pedro Nunes (1502–1578) no século XVI (DUARTE; SILVA; QUEIRÓ, 1997). Os séculos XVII e XVIII foram de completa estagnação nos estudos da Matemática em Portugal (DE OLIVEIRA, 1981–1982). A esse respeito, escreveu Freire o seguinte:

> Achava-se o ensino das Mathematicas tão decahido e desprezado entre nós naquelles tempos, que ainda então se confundia o nome de mathematico com o de astrologo; e por isso eram os mathematicos tidos em menos consideração, não só pelo vulgo, mas ainda pela aristrocacia litteraria de então, que os desprezava como de categoria inferior [...] (FREIRE, 1872, p. 24).

A partir da década de 1520, a cidade de Lisboa tornou-se agitada. Era intensa a movimentação de seu porto, de sua vida social e de seu comércio. Esses fatos contribuíram para o retorno da velha discussão: a transferência em definitivo da universidade para uma cidade de vida mais calma. Também a partir dessa década, a instituição de ensino se transformou em um foco de dissenção política, bem como de autonomia eclesiástica. Com isso, a universidade escapou do controle do rei. Assim, o monarca tomou algumas providências, visando à restruturação da instituição, bem como à sua possível transferência em definitivo para a cidade de Coimbra. Essa última providência somente foi tomada mais tarde, por D. João III (1502–1557), o Piedoso, célebre por seu patrocínio à Inquisição portuguesa e aos jesuítas. Na verdade, a transferência definitiva da universidade para a cidade de Coimbra se deu por problemas políticos e culturais, e não porque Lisboa se transformava em grande cidade. A respeito da transferência, assim escreveu Marques:

> Mas mais determinado de que seu pai e culturalmente melhor orientado também, D. João III veio por fim a empreender uma reforma completa, com o propósito definido de se ver livre da Universidade de Lisboa e de fundar, algures, escola mais dócil e renovada. Diga-se de passagem que a qualidade do ensino descera porventura ao seu nível mais baixo, preferindo os licenciados portugueses ir doutorar-se em Salamanca ou a outras partes [...] (MARQUES, 1973, p. 275).

Por fim, em março de 1537, D. João III ordenou a transferência da Universidade de Lisboa para a cidade de Coimbra, mas o fato é que surgiu uma nova instituição em Coimbra. Durante os primeiros anos, houve problemas, como a falta de alojamentos para os alunos, lentes (professores) e funcionários. Pouco a pouco, os problemas foram resolvidos. Lentes contratados a partir de Salamanca, na Espanha, chegaram para lecionar na nova Universidade de Coimbra, e não há dúvidas de que, a partir de 1537, tem início uma nova época para a universidade portuguesa. A nova instituição de ensino passou também a ser um instrumento de poder do monarca.

O reitor passou a ser nomeado pelo rei, fato que não acontecia na Universidade de Lisboa. A partir de 1541, uma lei do monarca proibiu que jovens portugueses recebessem grau acadêmico em outro país. E mais: a nova Universidade de Coimbra passou a copiar o padrão de estudos (cadeiras) estabelecido na Universidade de Salamanca. Foi criado, na Universidade de Coimbra, o Colégio das Artes, ou seja, as Escolas Menores, mas somente em 21 de fevereiro de 1548 é que foi feita a abertura solene das aulas nessa instituição de ensino gratuito, com direção não subordinada à direção da universidade e encarregada dos estudos propedêuticos para ingresso nos cursos da universidade, exceto para o curso de Leis e Cânones (Faculdade de Direito).

Os estudos da Matemática foram introduzidos na Universidade de Coimbra. Para tal, o matemático Pedro Nunes foi o primeiro lente (professor) provido na cadeira de Matemática e Astronomia, por provisão de 16 de outubro de 1544. Ele permaneceu como lente da Universidade de Coimbra até o ano de 1557. Também foi professor de Matemática em Lisboa, entre 1529 e 1532. Em Coimbra, ensinou, na cadeira de Matemática: Geometria Euclidiana; o Tratado da Esfera, de Sacrobosco e a Teoria dos Planetas, de Purbáquio. Em Lisboa, ministrou aulas em apoio à formação de pilotos marítimos. Nunes foi considerado o principal matemático da Península Ibérica do século XVI.[2] Suas contribuições para a náutica astronômica foram muito valiosas, tendo sido ele constantemente consultado pelos navegadores portugueses. Sobre Nunes, escreveu Ventura o seguinte:

> Utilizando a agulha de marear, que dava aproximadamente a direcção do meridiano, os navegadores de Quatrocentos obrigavam o barco a seguir uma trajectória cuja direcção fizesse um ângulo constante (rumo) com o dito meridiano — trajectória a que então chamavam linha de rumo e hoje se designa por loxodromia, em honra a Pedro Nunes [...] (VENTURA, 1985, p. 56–57).

O matemático português Francisco Gomes Teixeira (1851–1933) escreveu também sobre Pedro Nunes o seguinte: "O século XVI poderá ser chamado na História da Matemática ibérica o século de Pedro Nunes [...]" (TEIXEIRA, 1925, p. 57).

Logo após o matemático francês Oronce Fine (1494–1555) ter publicado o livro intitulado *de rebus mathematicis, hactenus desideratis* (1556), no qual apresentou a solução de vários problemas clássicos, dentre eles a "Quadratura do Círculo" e a "Duplicação do Cubo", dois dos três famosos problemas da Grécia antiga, Pedro Nunes publicou a obra *De erratis orontii finaei* (Coimbra, 1546 e Basel, 1592), na qual apontou erros

[2]Para detalhes a respeito da importância de Pedro Nunes para o ensino da Matemática em Portugal no século XVI, (cf. DE SARAIVA, 1997; DUARTE; SILVA; QUEIRÓ, 1997).

nas demonstrações feitas por Oronce Fine. Como sabemos, os três problemas gregos somente foram resolvidos no final do século XIX: foi demonstrado que eles não possuem solução pelo método das construções geométricas usando-se apenas régua (sem marcas) e compasso. Em verdade, o Teorema citado a seguir responde à questão.

Com efeito, a demonstração da impossibilidade de solução desses problemas usando-se apenas esses instrumentos somente foi possível após a criação de sofisticada ferramenta matemática, a partir da década 1880. No ano de 1882, o matemático C. L. F. Lindemann (1852–1939) demonstrou que o número π é transcendente (LINDEMANN, 1882).[3] Esse fato implica a impossibilidade de se construir, usando-se apenas régua (sem marcas) e compasso, um quadrado cuja área seja igual à área de um círculo dado, pois um teorema da Álgebra Abstrata afirma que: *todo número construtível é algébrico sobre o corpo Q dos números racionais, e seu grau é uma potência de 2.* A partir daí, temos o seguinte fato: não é possível construir um segmento de comprimento x, dado um segmento de comprimento unitário, tal que:

$$x^2 = \pi \implies x = \sqrt{\pi}, \text{pois } \pi \text{ é transcendente.} \tag{1.1}$$

Essa equação decorre dos seguintes fatos: a área do quadrado de lado x é dada por $A' = x^2$; a área do círculo de raio r é dada por $A = \pi \cdot r^2$; para um segmento de comprimento unitário, teremos $r = 1$, o que nos remete à Equação (1.1), pela igualdade $A = A'$. Sabemos, ainda, que o número π é obtido pela relação: $\pi = \frac{C}{d}$, em que C é o comprimento da circunferência do círculo, e d é o diâmetro do círculo de raio r. O outro famoso problema grego foi a "Trissecção de um Ângulo". Esses três problemas foram um legado dos matemáticos da Grécia antiga (DA SILVA, 1983), surgidos por volta de 500 a.C.

Pedro Nunes não se preocupou em formar discípulos, os que seriam os continuadores de seu trabalho. Assim, após seu jubilamento, em 1562, os estudos matemáticos em Portugal entraram em decadência. Em relação a isso, escreve J. Tiago de Oliveira o seguinte:

> No que diz respeito à cadeira de Matemática na Universidade de Coimbra, a seguir a Pedro Nunes vem um período de decadência de século e meio em que tanto havia ensino em Coimbra como não havia. Se André de Avelar ensina de 1589 a 1620, a cadeira esteve vaga após a saída de Pedro da Cunha em 1563(1653?) e é intermitentemente provida de 1653 até 1681 quando D. Pedro II chama de Friburgo a João König (dos Reis) que a rege de 1682 a 1685. Mas o renovar, mais uma vez, se frustra [...] (Cf. DE OLIVEIRA, 1986, p. 82).

O sucessor de Pedro Nunes na cátedra de Matemática na Universidade de Coimbra foi André de Avelar; aliás, esse foi o mais célebre dos seus sucessores na cadeira universitária.[4] Eis o que encontramos a respeito de André de Avelar nas Atas das Congregações da Faculdade de Matemática da Universidade de Coimbra: "O mais célebre

[3]Lindemann demonstrou, inicialmente, que a equação $e^{xi} + 1 = 0$ não pode ser satisfeita para x algébrico, que responde negativamente ao problema da quadratura do círculo, usando-se apenas régua e compasso. Suprimir o que está riscado.

[4]André de Avelar foi preso pelo Santo Ofício em 1620.

dos sucessores de Pedro Nunes na cadeira universitária [...]. Um matemático medíocre a avaliar pela obra impressa e inédita [...]" (UNIVERSIDADE DE COIMBRA, 1982–1983, p. 166).

Com a aposentadoria de Pedro Nunes, os estudos matemáticos em Portugal entraram em profunda decadência, conforme já dissemos. Francisco Gomes Teixeira mencionou as causas dessa decadência:

> Concorreu principalmente para a decadência da cultura científica em Portugal o êxodo dos Judeus no tempo de D. Manuel I; A esta causa da decadência da Filosofia e das ciências em Portugal está ligada outra: a introdução no país por D. João III do Tribunal do Santo Ofício; Ainda no tempo de D. João III surgiu outro motivo para a decadência da cultura científica em Portugal que vamos ver [...] Mas em breve prejudicou ele próprio [D. João III] a sua obra [reforma da Universidade] porque, receando talvez que pela escola entrasse no país o vírus herético que lavrava no norte da Europa, entregou o ensino universitário e depois todo o ensino nacional à Companhia de Jesus, que fora recentemente fundada [...] Outro facto que concorreu para a decadência da cultura matemática em Portugal foi o descrédito em que dia a dia ia caindo a indústria astrológica, um dos amparos da Astronomia, pelo progresso do espírito crítico-científico, que rapidamente crescia desde o começo das navegações e pela justa reprovação pela igreja católica dos vaticínios que se referissem à alma; Com este declinar da navegação decaiu também a cultura matemática em Portugal, por lhe faltar o estímulo que lhe deu origem e impulso a esta cultura [...] (TEIXEIRA, 1934 *apud* DE OLIVEIRA, 1986, p. 83–84).

Em 1654, alguns lentes da Universidade de Coimbra, preocupados com o estado de abandono em que se encontrava o ensino dessa disciplina nessa instituição, resolveram sugerir às autoridades competentes que o ensino da Matemática passasse a ser obrigatório para os cursos de Medicina e de Teologia. Dentre os seus argumentos, informaram que a ausência do ensino da Matemática estava dificultando o progresso dos alunos nos citados cursos. Contudo, a sugestão não foi aceita pelo monarca, e os estudos matemáticos continuaram em profundo marasmo na universidade portuguesa.

Deve ser mencionada, de passagem, a presença, no Colégio das Artes da Universidade de Coimbra, do jesuíta Inácio Monteiro (1724–1812), que lecionou Matemática de 1753 a 1755, foi um erudito e escreveu importantes obras, dentre elas *Compendio dos elementos de Mathematica* e *Philosophia Libera Seu Eclectica Raionalis, Et Mechanica Sensuum*, que foi a mais extensa de suas obras.[5]

O objetivo central deste capítulo é registrar a fundação da universidade portuguesa e, nesse contexto, caracterizar o ensino da Matemática. Assim, relembramos que, em 1559, foi criada outra universidade em Portugal: a Universidade de Évora (porém, conservando-se as escolas menores ou secundárias). Com efeito, após alguns anos de esforços, devido à oposição dos dirigentes da Universidade de Coimbra, D. Henrique (1512–1580), arcebispo de Évora, solicitou ao papa Paulo IV que o Colégio do Espírito Santo, uma instituição pertencente aos jesuítas, fosse transformado em Estudos Gerais,

[5]Para detalhes a respeito de Inácio Monteiro, sugerimos o trabalho de Rosendo (1996).

isto é, em universidade (deve-se ressaltar que a Matemática secundária foi ensinada no Colégio de Évora desde sua abertura, mas apenas para os jesuítas).

Em 15 de abril de 1558, o papa autorizou a fundação da Universidade de Évora, cujo principal objetivo foi a formação de teólogos, tendo iniciado as aulas em outubro de 1559. A Matemática não fez parte do ensino das ciências nessa instituição, pelo menos em seus primeiros anos de existência. Aliás, os estudos da Matemática foram iniciados na Universidade de Évora no ano de 1692, pelo jesuíta Alberto Buckowski. Vejamos, a respeito da criação dessa universidade, a opinião do escritor português José Silvestre Ribeiro: "Como chamar universidade a um estabelecimento científico no qual nem o direito civil, nem a parte contenciosa do direito canônico, nem a medicina, nem ramo algum das ciências naturais era professado? [...]" (RIBEIRO, 1871–1883, n.p).

A universidade europeia de então foi uma instituição tipicamente eclesiástica, com um fim muito claro: o monopólio local. Esteve por muitos anos sob o domínio da Igreja Católica, porém, de modo geral, ela trouxe riqueza e prestígio ao reino a que pertencia. No caso particular da universidade portuguesa (Lisboa, Coimbra e Évora), passou a constituir-se no local onde os monarcas portugueses recrutavam seus altos funcionários. Com o objetivo de aguçar a mente do leitor, colocamos a seguinte indagação: por que antes do ano 1290 os monarcas portugueses não se interessaram em fundar uma universidade? Relembramos que, a partir do ano 1000, a Itália e posteriormente a França já possuíam *studia*.

CAPÍTULO 2
AS ESCOLAS JESUÍTAS NO BRASIL E A REFORMA DA UNIVERSIDADE DE COIMBRA EM 1772

2.1 AS ESCOLAS JESUÍTAS NO BRASIL

Antes de abordarmos o ensino e o desenvolvimento da Matemática Superior no Brasil, bem como a reforma ocorrida na Universidade de Coimbra, julgamos conveniente focalizar, de modo breve, o ensino da Matemática elementar ministrado nas primeiras escolas criadas pelos inacianos em nosso país. Desse modo, teremos uma visão panorâmica sobre a qualidade desse ensino nas escolas secundárias do Brasil Colônia. Teremos, ainda, condições de verificar a qualidade de nossa herança matemática, em conjunto com o ensino dessa ciência nas escolas superiores do Brasil a partir do século XIX.

Nesse contexto, verificamos que, antes da expulsão dos inacianos do Brasil, em 1759, por ordem do primeiro-ministro português, Sebastião José de Carvalho e Melo (1699--1782), o Marquês de Pombal, vários matemáticos jesuítas estiveram no Brasil a partir do século XVII. Alguns lecionaram nas escolas secundárias dessa ordem religiosa, outros, não. A ordem até manteve no Colégio de Salvador, Bahia, uma Faculdade de Matemática, muito embora não reconhecida pela metrópole, instituição na qual estudou o matemático e então jesuíta José Monteiro da Rocha. Sobre esse matemático português, falaremos mais adiante.

Como é sabido, da descoberta do Brasil até o ano de 1808, a metrópole proibiu em nosso país a criação de escolas superiores e a circulação e impressão de livros, panfletos e jornais, bem como a existência de tipografias. O brasileiro Hipólito José da Costa Pereira Furtado de Mendonça (1774–1823), porém, um maçom que se refugiou em Londres, na Inglaterra, após fugir de Portugal, editou de lá o jornal *Correio Braziliense*, com circulação mensal, que foi vendido clandestinamente no Brasil até o ano de 1822. Regularmente, esse jornal publicava matérias consideradas subversivas pelas autoridades portuguesas (RIZZINI, 1945).

A criação das escolas jesuítas em nosso país decorreu dos seguintes fatos: os propósitos missionários da Companhia de Jesus e a política colonizadora para o Brasil, iniciada pelo D. João III, monarca que fez, aliás, uma reforma nos estudos em Portugal (CARVALHO, 1986). Assim, com a armada de Tomé de Souza, que chegou ao Brasil em 29 de março de 1549, veio o Padre Manuel da Nóbrega, que no mesmo dia, tomou as primeiras providências para a criação de uma escola de primeiras letras. Em 15 de abril de 1549, em Salvador na Bahia, era fundada a primeira escola (de ler e escrever) no Brasil. O jesuíta Vicente Rijo Rodrigues (1528–1600), nascido em São João de Talha, na margem direita do rio Tejo, perto de Lisboa, foi o primeiro mestre-escola do Brasil. Faleceu no Colégio do Rio de Janeiro, em 9 de junho de 1600. Quando de sua fundação, a Companhia de Jesus não tinha o ensino como um dos seus objetivos imediatos. A esse respeito escreveu Rosendo:

> Quando Inácio de Loiola e os seus companheiros fundaram a Companhia de Jesus, parece não haver nenhuma intenção de que um dos seus objectivos seja o ensino, e até mesmo a Bula Papal que aprova esta Ordem não se refere a isso. No entanto, vamos encontrá-la nas "Constituições" da Companhia que, apesar de terem começado a ser escritas por Inácio de Loiola em 1539, só foram aprovadas em 1558 [...] (ROSENDO, 1996, p. 17).

No ano seguinte, chegou a São Vicente em São Paulo, o jesuíta Leonardo Nunes. Com ele, vieram doze órfãos da metrópole. Nessa localidade, foi construído um pavilhão de taipa, no qual funcionou também uma escola primária. Essas foram as duas primeiras escolas do país, e nelas não havia aulas de Matemática.

O primeiro curso de Artes (um curso de nível mais avançado) foi criado em 1572, no Colégio de Salvador, Bahia, mantido pelos inacianos. Nesse curso estudavam-se, durante três anos, Matemática, Lógica, Física, Metafísica e Ética. O curso conduzia seus alunos ao grau de bacharel ou licenciado. Trabalharam no Colégio da Bahia, dentre outros, os seguintes jesuítas: Inácio Stafford, Aloísio Conrado Pfeil, Manuel do Amaral, Valentim Estancel, Filipe Bourel, Jacobo Cocleo (ou Jacques Cocle), Diogo Soares, Domingos Capassi e João Brewer. Nesse Colégio, o ensino da Matemática se iniciava com Algarismos ou Aritmética e ia até o conteúdo matemático que era lecionado na Faculdade de Matemática, fundada em 1757. Nessa instituição, estudavam-se, dentre outros tópicos, Geometria Euclidiana, Perspectiva, Trigonometria, alguns tipos de equações algébricas, razão, proporção, juros.

Dos dezessete colégios mantidos pelos jesuítas no Brasil Colônia, em apenas oito funcionavam os cursos de Artes ou de Filosofia. Em geral, esses colégios destinavam-se a formar pessoal para a ordem inaciana, pois o ensino dos inacianos, que era de inspiração e intenção religiosa, tinha por objetivo educar os moços para a Igreja. A educação para Deus era o objetivo do ensino dos inacianos, e a formação científica era um meio para alcançar esse fim. Todavia, os bancos dos colégios dos inacianos também foram frequentados por muitos alunos que não entraram para a Ordem. Em 1573, os jesuítas fundaram um colégio na cidade do Rio de Janeiro, no qual, posteriormente, criou-se o curso de Artes, de cujo currículo fazia parte o estudo da Matemática. No ano de 1575, o Colégio da Bahia concedeu os primeiros graus de bacharel e de licenciado a seus alunos. Em 1578, a mesma instituição concedeu os primeiros graus de mestre em Artes, e, em 1581, os primeiros graus de doutor a seus alunos do curso de Teologia. Esse curso tinha a duração de quatro anos.

Dessa forma, o ensino da Matemática, no Brasil começou com os jesuítas. Em algumas escolas elementares, eram ensinadas as quatro operações algébricas, e nos cursos de Arte, eram ministrados tópicos mais adiantados, como Geometria Euclidiana. No ano de 1605, havia aulas de Aritmética no Colégio de Salvador, na Bahia, no de Recife, em Pernambuco, e no da cidade do Rio de Janeiro. Dentre os tópicos ensinados, estavam razões e proporções, bem como Geometria Euclidiana. Observa-se, portanto, a gradação positiva e permanente do ensino da Matemática elementar por parte dos inacianos até o ano de 1757, quando foi criado, no Colégio de Salvador, a Faculdade de Matemática. Nessa instituição, conforme já mencionado, estudou o matemático português José Monteiro da Rocha, que chegou ao Brasil em 15 de outubro de 1752 e entrou para a Companhia de Jesus. Nessa faculdade, ele estudou Filosofia, com o brasileiro Jerônimo Moniz, e Matemática, com o jesuíta alemão João Brewer.

Após a expulsão dos jesuítas, em fins de 1759, Monteiro da Rocha se desligou, em 1760, da ordem inaciana, mas continuou a viver na Bahia, onde recebeu a ordenação sacerdotal. Ao regressar a Portugal, obteve, em 1770, o bacharelado em Cânones pela Universidade de Coimbra. Ele foi convocado pelo Marquês de Pombal para compor a comissão que reformou, no século XVIII, a Universidade de Coimbra, criando, inclusive, a Faculdade de Matemática, em 1772. Ele fez parte do primeiro corpo docente dessa faculdade (mais adiante daremos mais informações a esse respeito). A Matemática ensinada na Faculdade de Matemática de Salvador era, em parte, a mesma ensinada na Universidade de Coimbra pré-pombalina.

Durante vários anos, a metrópole não reconheceu como legais os graus acadêmicos concedidos pelos colégios dos jesuítas sediados no Brasil. Esse impedimento legal criou embaraços aos jovens graduados que desejavam prosseguir seus estudos na Universidade de Coimbra, pois eles eram, nessa instituição, obrigados a repetir o curso já realizado no Brasil, ou a prestar exame de equivalência, mesmo sendo dos jesuítas o Colégio das Artes, da Universidade de Coimbra. Passavam pelo Colégio das Artes os alunos que pretendiam fazer qualquer um dos cursos ofertados pela Universidade de Coimbra, exceto os que se dirigiam à Faculdade de Direito. Em 1689, porém, o Reino conferiu estatuto civil aos colégios dos jesuítas sediados no Brasil, eximindo os estudantes graduados nesses colégios de prestarem o exame de equivalência ou repetirem o curso em Coimbra.

Na década de 1550, a ordem dos jesuítas obteve permissão do rei D. João III para manter na Universidade de Coimbra o Colégio das Artes. A respeito da influência dos inacianos no sistema de ensino português de então, vejamos o que escreveu o matemático português F. Gomes Teixeira.

> Foi assim dado o primeiro passo para a intervenção da ordem de Santo Inácio de Loyola na instrução pública portuguesa. Depois esta Ordem, lutando com a pertinácia que a caracteriza contra as resistências que se lhe opunham, subiu pouco a pouco em influência até conquistar o domínio completo da instrução universitária

> e depois o de toda a instrução nacional. Decaíram todos os ensinos, excepto o da Filosofia racional e o da Teologia, únicas ciências que mereceram a atenção dos invasores do ensino português [...] (TEIXEIRA, 1934, p. 25 *apud* DE OLIVEIRA, 1986, p. 17).

Devemos registrar que, após a expulsão dos jesuítas do Brasil, ficou um vazio na parte da instrução primária. De imediato, algumas ordens religiosas, como beneditinos, carmelitas e franciscanos, abriram suas escolas de primeiras letras, com a permissão da metrópole. Os franciscanos chegaram a elaborar um projeto para a abertura de uma faculdade, na qual se estudaria retórica, hebraico, grego, filosofia, história eclesiástica, teologia dogmática, teologia moral e teologia exegética. O estudo da Matemática ficou de fora. A metrópole aprovou a instalação da faculdade com um alvará de 11 de junho de 1776, aprovando os estatutos da instituição, que, aliás, copiavam os Estatutos Novíssimos da Universidade de Coimbra. A fundação da faculdade, entretanto, não ocorreu.

Nessa primeira fase de escolas elementares no Brasil, as aulas eram frequentadas apenas por meninos. Posteriormente é que foram criadas escolas elementares para meninas. A partir da segunda metade do século XVI, existiram no país classes dirigidas por não religiosos. Por exemplo, em 1578, na cidade do Rio de Janeiro, o escrivão Francisco Lopes lecionou Aritmética para classes particulares. Nas escolas elementares, o ensino da Matemática, quando havia, não ultrapassava as quatro operações algébricas. Nas escolas dos jesuítas, foram utilizados livros didáticos de autores inacianos, como *Elementos matemáticos* e *Teoremas matemáticos*, ambos escritos pelo jesuíta Inácio Stafford (1599–1642) e impressos em Lisboa, em 1636.

Nos séculos XVII e XVIII, estiveram no Brasil vários matemáticos inacianos. Alguns deles se dedicaram ao ensino, outros, não. Citaremos alguns nomes. Inácio Stafford, já mencionado, foi professor de Cosmografia, de 1630 a 1635, no colégio jesuíta de Santo Antão, em Lisboa,[1] e esteve na Bahia no período de 1640 a 1641. Manuel do Amaral (1660–1698) foi professor de Matemática na Universidade de Coimbra, no período de 1686 a 1689, e viveu no Maranhão. Jacobo Cocleo (1628–1710) foi professor de Matemática em Portugal, em 1660, vindo para o Brasil como cartógrafo. Filipe Burel (1659–1709) foi professor de Matemática na Universidade de Coimbra e esteve no Rio Grande do Norte. Diogo Soares (1684–1748) ensinou Filosofia e Humanidades, durante quatro anos, na Universidade de Évora. Ele foi professor de Matemática, por quatro anos, na Aula de Esfera no Colégio de Santo Antão, Lisboa. Foi nomeado geógrafo régio, e partiu para o Brasil em 1729, junto com Domingos Capassi; faleceu em Minas Gerais.

A Diogo Soares e a Domingos Capassi deve-se o primeiro levantamento das latitudes e longitudes de grande parte do território brasileiro. Valentim Estancel (1621–1705) foi professor de Matemática nas Universidades de Praga e de Olmutz, Morávia. Foi, também, professor de Matemática no Colégio de Elvas e da Aula de Esfera no Colégio de Santo Antão, em Lisboa. Lecionou Arte de Navegar, de 1660 a 1663. Viveu no Brasil durante 42 anos. João Brewer (1718–1789), na década de 1750, foi professor

[1] Foi no Colégio de Santo Antão que a Companhia de Jesus abriu a primeira aula pública de Matemática em Portugal, em 1590, a qual se destinava a dar formação aos pilotos marítimos. O ensino predominante foi de Cosmografia e aspectos práticos de uso dos instrumentos náuticos e astronômicos. Ali também foram ensinadas: Astrologia, Arte de navegar, Geografia e Hidrografia; a aula de Matemática ficou conhecida por "Aula de Esfera". Foi uma aula independente do curso geral que foi ministrado pelo colégio.

de Matemática na Faculdade de Matemática do Colégio de Salvador, Bahia. Inácio Szentmártonyi (1718–1806) veio para o Brasil em 1753, para trabalhar como cartógrafo. Quando estava em Portugal, ele trabalhou para o monarca D. João V na demarcação de fronteiras entre Portugal e Espanha. Domingos Capacci, em Portugal, foi encarregado pelo rei de estudos sobre a geografia portuguesa. Em 1726, foi enviado para o Brasil para fazer estudos sobre a geografia brasileira, bem como para realizar observações astronômicas. Relembramos que os colégios dos jesuítas em terras lusitanas foram extintos em 1759, data da expulsão dos jesuítas pelo Marquês de Pombal.

É verdade que os matemáticos inacianos que estiveram no Brasil entre os séculos XVII e XVIII não possuíam uma cultura matemática comparável à de outros cientistas seus contemporâneos, como Leonard Euler, Daniel Bernoulli, Jokob Bernoulli, Pierre de Fermat (um magistrado), G. W. Leibniz, para citarmos apenas esses. Contudo, eles tinham conhecimentos necessários para ensinar a Matemática que era ministrada nas universidades portuguesas pré-pombalinas. Devemos relembrar que, no Colégio Romano, em Roma, havia jesuítas mais atualizados com o desenvolvimento científico da época do que seus colegas que vieram para o Brasil (relembramos o julgamento de Galileu Galilei, entre 1564 e 1642 pela inquisição de Roma, o qual ocorreu entre 1615 e 1633).

Dentre os jesuítas mais atualizados cientificamente, citaremos os seguintes: Christoph Clavius (1537–1612), conhecido como o *Euclides do século XVI* e autor da obra *Euclidis Elementorum*, Libri XV, publicada em 1603 e adotada como texto nas escolas europeias do século XVII; Orazio Grassi (1582–1654), que se envolveu em disputa científica com Galileu; e Gregório de Saint-Vincent (1584–1667), que, em virtude de seus trabalhos matemáticos, recebeu elogios por parte de G. W. Leibniz (1646–1716). A ele foi atribuída, por G. W. Leibniz e J. Wallis (1616–1703), a autoria do teorema:

$$\log x = \int \frac{dx}{x}. \tag{2.1}$$

Sabemos, também, que Saint-Vincent deu importantes contribuições para a teoria dos logaritmos. Por exemplo, ele demonstrou em sua obra *opus geometricum quadraturae circuli et sectionum coni*, publicada na Antuérpia em 1647, que:

"*Se* $f(a,b)$ *representa a área do segmento hiperbólico* $a \leq x \leq b$

$$0 \leq y \leq \frac{A}{x}, \text{ então a relação } \frac{b'}{a'} = \left(\frac{b}{a}\right)^n \text{ implica } f(a',b') = nf(a,b)."$$

Posteriormente, seu aluno e comentador Alphonso Antonio de Sarasa (1617–1667), em *Solutio Problematis [...]*, também publicado na Antuérpia, mas em 1649, acrescentou a observação de que "as áreas $f(a,b)$ podem fazer o papel de logaritmos" (BOURBAKI, 1994, p.172). Enfim, somos da opinião de que, se houvesse interesse por parte das autoridades competentes (brasileiras e portuguesas), desde o século XVIII o ensino da Matemática Superior poderia ter sido implantado de modo contínuo no Brasil. Como veremos mais adiante, vários brasileiros estudaram Matemática na Universidade de Coimbra.

2.2 REFORMA DA UNIVERSIDADE DE COIMBRA (1772)

Iniciamos nossas considerações a respeito da reforma do ensino público português no período imediatamente anterior ao governo do Marquês de Pombal. Até o reinado de D. João V, que governou Portugal de 1706 a 1750, os jesuítas, junto com os dominicanos, praticamente dominaram a nação portuguesa. Essas duas ordens religiosas exerceram grande influência sobre as elites dominantes — os dominicanos, por meio da Santa Inquisição, e os inacianos, pelo controle do ensino em Portugal, em todos os níveis, a ponto de se tornarem *a consciência das classes dominantes.* O Colégio de Jesus, em Coimbra, foi fundado em 1542, e, na cidade de Évora, foi fundado outro Colégio, em 1551. Esses foram os dois primeiros Colégios dos inacianos fundados em Portugal, que se destinavam à formação dos religiosos da Ordem.

Dessa forma, as duas ordens cobriram Portugal com um verdadeiro manto, isolando-o culturalmente dos demais países do velho continente. Acrescentemos a isso o fato de que, a partir de 1º de dezembro de 1640, por problemas políticos com a Espanha, Portugal fechou suas fronteiras, para manutenção e fortalecimento de sua independência, o que prejudicou a renovação cultural e científica da nação, pois praticamente impediu o contato de seus cientistas com os cientistas de outros países do Velho Continente.

Apenas os diplomatas que percebiam o atraso científico e cultural em que estava imerso Portugal. O país fechara-se em si mesmo pela repressão cultural. Porém, uma parte da elite cultural do país, que permaneceu aberta ao desenvolvimento cultural e científico que ocorria na Europa, sobreviveu e juntou-se ao esforço feito pelos militares. A influência e a força desses grupos pavimentaram o caminho que foi trilhado pelo governo posterior, representado pelo Marquês de Pombal. A respeito da qualidade do ensino jesuíta da época, vejamos a opinião do matemático português F. Gomes Teixeira:

> Mas, depois que no século XVII a Astronomia e a Física helénicas caíram, os jesuítas portugueses ficavam como estonteados diante das novas ciências que as substituíram, como se ameaçassem a própria Igreja Católica, e continuavam a ensinar as velhas doutrinas astronómicas e físicas dos antigos mestres, convencidos certamente de que estavam apenas diante de uma crise das doutrinas escolásticas, diante de uma vaga destruidora que passasse [...] (TEIXEIRA, 1934 *apud* DE OLIVEIRA, 1986, p. 84).

No final do reinado de D. João V, houve um acontecimento de grande importância, relacionado aos anseios de parte da elite intelectual progressista portuguesa. Foi a publicação, em 1746, em Napoli, na Itália, da obra em dois volumes, de Luis António Verney, intitulada *Verdadeiro método de estudar.* A edição italiana dessa obra foi confiscada pela Inquisição ao entrar em Portugal. Providenciou-se uma nova edição, dessa feita em Valença, Espanha, no mesmo ano. Essa edição conseguiu entrar em Portugal. Logo após, fez-se outra edição. Dentre outras coisas, a obra, apresentada sob a forma de dezesseis cartas escritas por um Barbadinho da Congregação de Itália a um religioso doutor e professor da Universidade de Coimbra, criticava o sistema pedagógico dos inacianos (métodos e conteúdos) e pregava uma reforma no sistema de ensino português, ao mesmo tempo que chamava a atenção das autoridades competentes para a importância do ensino da Física e da Matemática, então decadente em Portugal.

O autor criticava o isolamento de Portugal dos demais países europeus, fato que impedia a circulação das ideias e provocava o atraso cultural do país. Também apontava o rumo da experiência para a ciência, fato que já estava ocorrendo em outros países do Velho Continente. Nessa obra, o autor ainda mostrava-se um profundo conhecedor do ensino português e do movimento progressista europeu que ocorreu nas diferentes áreas do saber de então. O *Verdadeiro método de estudar* foi um marco no sistema educacional português, provocando um impulso na evolução do ensino desse país.

Em 1744, portanto antes da publicação da obra de Verney, foi publicada outra obra que chamou a atenção dos intelectuais portugueses: *Lógica racional, geométrica e analítica*, do engenheiro Manoel de Azevedo Fortes. Essa obra também chamava a atenção das autoridades para o abandono e a decadência do ensino da Matemática no país. Foram, sem dúvida, duas obras revolucionárias para os padrões da sociedade portuguesa da época.

Desse modo, quando o Marquês de Pombal, então primeiro-ministro do rei D. José I, assumiu o governo, encontrou solo fértil para as reformas que pretendia realizar. À época, a situação de Portugal era grave. Por exemplo, o Erário público estava arruinado, e o estado do saber, muito baixo. Ao tomar conhecimento do péssimo estado do ensino público português, o primeiro-ministro tomou várias providências para reformá-lo, em particular, secularizando-o. O foco central era que o Estado deveria tomar para si a tarefa de instrutor e educador dos jovens. Em seguida, ele criou, em 1752, a Aula de Comércio; em 1759, expulsou os jesuítas de Portugal e domínios, ao mesmo tempo que organizou as Aulas Régias (chamadas de estudos menores) e extinguiu a Universidade de Évora (o curioso é que foi na atividade dos inacianos, dedicada à causa do ensino, que se viu o grande mal da influência da ordem em Portugal e domínios).

Em 1761, o primeiro-ministro fundou, em Lisboa, o Colégio dos Nobres, uma tentativa de criar o ensino científico, a fim de atrair os jovens aristocratas para profissões de natureza técnica, bem como para os quadros das Forças Armadas. O projeto do Marquês falhou por completo. Em 1762, ele criou a Aula de Artilharia de São Julião da Barra; em 1764, a Aula de Náutica do Porto e, por fim, reformou a Universidade de Coimbra, em 1772.

Um dos objetivos da reforma do ensino feita pelo primeiro-ministro português foi substituir os métodos tradicionais utilizados pelos inacianos. Outro objetivo era renovar a mentalidade imperante em Portugal. A reforma do ensino atingiu sua mais alta expressão ao alcançar, em 1772, a Universidade de Coimbra, que teve novos estatutos.

Para o Colégio Real dos Nobres, instituição que contou com bom corpo docente, o primeiro-ministro contratou, também, professores estrangeiros. Assim, para o ensino das Ciências e de Desenho, ele contratou os italianos Miguel Franzini, Miguel Ciera e João Ângelo Brunelli. As cadeiras de Letras Mortas ficaram a cargo de professores irlandeses. Foi João Ângelo Brunelli quem traduziu para o português a versão em língua inglesa *Os elementos*, de Euclides, para ser usada nas aulas de Geometria, no reino e domínios. Em verdade, no que dizia respeito à Matemática, o Colégio Real dos Nobres excedeu as ambições pretendidas pelos reformadores do ensino português. No dizer de historiadores da Matemática em Portugal, essa instituição começou com ensino e corpo docente, e foi a base para a Faculdade de Matemática da Universidade de Coimbra, que foi criada em 1772.

No primeiro ano, havia a cadeira (disciplina) de Geometria, que englobava os seguintes assuntos: Aritmética, Geometria e Trigonometria (com os teoremas de Arquimedes). Como livro didático, usavam-se os seis primeiros livros de *Os elementos*. Os livros 10º e 11º (sobre sólidos) eram usados nas aulas de Geometria Elementar. No segundo ano do colégio, havia a cadeira de Álgebra, que englobava Álgebra, Aplicações Geométricas e Análise Infinitesimal (Cálculo Infinitesimal). No terceiro ano, estudavam-se princípios de Astronomia. Com respeito à cadeira do segundo ano, que ficou a cargo de Miguel Franzini, assim nos informa um dos historiadores da Matemática em Portugal: "A cadeira do segundo ano, a cargo de Miguel Franzini, era porém facultativa; e, admitindo sem custo que alguma álgebra nela se lesse e aplicasse, não é de presumir se atingisse o Cálculo Integral: não tínhamos texto nosso, nem a matéria se ajustava à idade dos alunos [...]" (Cf. Actas das Congregações da Faculdade de Matemática (1772/1820), vol. I, Coimbra,1982, p. 7; vol. II, Coimbra, 1983). O colégio foi destinado aos filhos dos nobres, com idades entre 7 e 13 anos. Ali estudavam também Grego, Latim, Retórica, Poética, Lógica, História, Francês, Inglês, Italiano, Geografia Náutica e Arquitetura Militar.

Como já dito, a reforma do ensino português levada a cabo pelo Marquês de Pombal alcançou seu clímax em 1772, ao atingir a Universidade de Coimbra por meio de seus novos estatutos. O programa pedagógico dessa *nova* instituição de ensino se definiu como uma doutrina contrária ao sistema de ensino até então vigente. Em linhas gerais, os Estatutos Novíssimos da Universidade de Coimbra procuraram traduzir o progresso das investigações positivas no que dizia respeito aos problemas da Filosofia, Medicina e Matemática, e, no domínio do pensamento Teológico e Jurídico, o ideal de uma doutrina rebelde ao verbalismo escolástico, bem como um esforço de integração da ideologia iluminista na vida intelectual portuguesa do século XVIII. Os objetivos mais significativos da reforma do Marquês de Pombal relacionavam-se com os propósitos de integração do programa cultural proposto pela Junta de Providência Literária no quadro da vida social e política da nação portuguesa.

O espírito renovador incidiu, em particular, sobre o ensino das disciplinas científicas. A partir daí, esperava o primeiro-ministro conseguir homens preparados para a grande revolução industrial que se processava na Europa culta. O Marquês de Pombal criou a Junta de Providência Literária para, dentre outras iniciativas, elaborar a redação dos novos estatutos da Universidade de Coimbra, e José Monteiro da Rocha foi um dos convidados por ele para compor a Junta. Monteiro da Rocha chegou a Lisboa em 1771 e lá permaneceu até 1772, trabalhando nos planos das ciências naturais e no plano geral da fundação da *nova* Universidade de Coimbra.

Dentre outras providências, a Junta sugeriu a criação da Faculdade de Matemática, bem como a criação da Faculdade de Filosofia para a Universidade de Coimbra. Sugeriu também a renovação do corpo docente da universidade, com a contratação de professores estrangeiros e talentosos jovens portugueses. Para essas faculdades, foram transferidos alguns professores estrangeiros que trabalhavam no Colégio dos Nobres. Além disso, foram contratados outros estrangeiros, como o químico italiano Domingos Vandelli e o brasileiro José Bonifácio de Andrada e Silva.

Informamos ao leitor que nossa abordagem histórica a respeito da *nova* Universidade de Coimbra restringe-se ao período que vai de 1772 até 1808, data da chegada da família real portuguesa ao Brasil. Não é nosso objetivo abordar os fatos e consequências ocorridos nas ciências em Portugal no período conhecido por *Viradeira*. Devemos registrar que a reforma do ensino português executada pelo primeiro-ministro afetou também a vida cultural, científica e comercial do Brasil, pois, de 1772 a 1785, 300 jovens brasileiros matricularam-se nos diversos cursos ofertados pela Universidade de Coimbra, e muitos deles regressaram ao Brasil para exercer suas profissões. Em verdade, no período de 1550 a 1808, cerca de 2.500 jovens brasileiros passaram pelos bancos dessa instituição de ensino.

Em 28 de outubro de 1772, o monarca português assinou uma carta por meio da qual dava plenos poderes ao seu primeiro-ministro para executar a reforma da Universidade de Coimbra. Essa carta deu a ela novos estatutos, bem como confirmou o trabalho realizado pela Junta de Providência Literária. Nessa data, os Estatutos Novíssimos foram aprovados com grande pompa, na presença do primeiro-ministro. Com respeito à Faculdade de Matemática, fundada em 1772, a Junta de Providência Literária considerou também o que segue:

> Que a Matemática, alem da excellencia privativa, de que goza pelas Luzes da evidencia mais pura, e pela exactidão mais rigoroza, com que procede nas suas Demonstrações, e com que dirige praticamente o Entendimento, habituando a pensar sólida, e methodicamente em quaesquer outras matérias [...]. Por isso, pareceu que devia ser estabelecido hum curso fixo, e completo de Mathematicas, destinado para a Manutenção, e Ensino Publico destas Sciencias (Cf. Actas das Congregações da Faculdade de Matemática (1772/1820), vol. I, pp. 6–7, Coimbra, 1982).

Era, assim, criada uma nova Faculdade, como sucedeu com a Filosofia, no quadro do ensino universitário. Para simplificar o plano de estudos, as cadeiras foram reduzidas a quatro: Geometria, Cálculo, "Phoronomia" (disciplina que estudava as leis dos movimentos de sólidos e fluidos) e Astronomia. E, para que nada faltasse, foi criado um observatório "digno da Universidade", "provido de todos os Instrumentos precizos para as Observações Astronomicas" (UNIVERSIDADE DE COIMBRA, 1982–1983, v. 1, pp. 6–7). Pode-se ver o plano de estudos para os primeiros anos de funcionamento da Faculdade de Matemática da Universidade de Coimbra está no Quadro 2.1.

Ano	Cadeiras	Professor responsável	Livros-textos
Primeiro	Geometria	Dr. José Anastácio da Cunha	Elementos, Euclides
Segundo	Cálculo	Dr. Miguel Franzini	Compêndio, E. Bezout
Terceiro	Ciências Físico--Matemáticas (Foronomia)	Dr. José Monteiro da Rocha	Mecânica, C. M. Bossut
Quarto	Astronomia	Dr. Miguel Antonio Ciera	Compêndio, N. L. Lacaille

Quadro 2.1 – Plano de estudos para os primeiros anos de funcionamento da Faculdade de Matemática da Universidade de Coimbra.

Anexa a essas cadeiras (disciplinas), foi criada a cadeira de Desenho e Arquitetura, cujo professor responsável ficou subordinado à Congregação de Matemática. Os alunos deveriam fazer também essa cadeira e mais algumas da Faculdade de Filosofia. Além disso, seria compulsória a todos os alunos da universidade a cadeira de Geometria do primeiro ano da Faculdade de Matemática. A respeito da criação da cadeira de Desenho e Arquitetura, escreveu o professor F. C. Freire:

> Apezar da importancia que nos Estatutos se ligava à creação da cadeira de desenho e architectura, annexa à Faculdade de Mathematica, o seu provimento começou logo desde a Reforma a encontrar embaraços na falta de professor. Tendo o Sr. D. Francisco de Lemos proposto para aquella cadeira o romano Stopani, foi-lhe respondido, por aviso de 15 de Dezembro de 1773, que o indicado professor não possuia os conhecimentos necessarios para dar lições d'aquellas artes, e que por isso não convinha dar-lhes principio na Universidade com um máo mestre [...] Tendo falhado outras tentativas para o provimento d'esta interessante cadeira, só ha poucos annos se conseguiu levar à execução a determinação dos Estatutos a este respeito [...] (FREIRE, 1872, p. 40).

Nesse contexto, em 10 de outubro de 1772, o Dr. José Monteiro da Rocha fez a abertura da Faculdade de Matemática, proferindo a aula inaugural. Na parte de legislação sobre essa Faculdade, encontramos um decreto de 11 de setembro de 1772 que nomeava lentes (professores) de Álgebra, Foronomia e Ciências Físico-Matemáticas e Astronomia, respectivamente, Miguel Franzini, José Monteiro da Rocha e Miguel Antonio Ciera. Já uma provisão de 3 de outubro de 1772 ordenava que, no ano letivo de 1772–1773, o Dr. Miguel Franzini lecionasse Aritmética, Geometria e Trigonometria Teórica e Prática, e que no ano seguinte passasse a ministrar Álgebra. Ordenava, ainda, que os doutores Miguel Ciera e José Monteiro da Rocha lecionassem nas outras Faculdades da Universidade, "repartindo-se os estudantes pelos referidos três professores para que assim possam melhor aproveitar-se" (CARVALHO, 1887, p. 23).

Uma provisão de 7 de outubro de 1772 determinava que, no dia 9 de outubro de 1772, recebessem o grau de doutor os professores Miguel Franzini, Miguel Ciera e José Monteiro da Rocha, e que esses fossem incorporados à Faculdade de Matemática. Foram os primeiros doutores titulados pela Faculdade Matemática da Universide Coimbra.

Uma carta régia de 10 de novembro de 1772 ordenou que o estudo das ciências Matemáticas, que, até então, fazia-se no Colégio dos Nobres, somente poderia continuar, dessa data em diante, na Universidade de Coimbra. Em 5 de outubro de 1773, uma provisão nomeava José Anastácio da Cunha, "que até então se empregou na companhia de bombeiros do regimento de artilharia da Praça de Valença do Minho" (UNIVERSIDADE DE COIMBRA, 1982–1983, p. 172), como professor de Geometria, devendo logo dar início às aulas e ser incorporado à Faculdade de Matemática, como havia sido feito com os outros professores. Com o provimento da cadeira de Geometria por José Anastácio da Cunha, completou-se o quadro docente da Faculdade de Matemática. Em um ofício de 5 de outubro de 1773, o Marquês de Pombal encareceu ao reitor da Universidade de Coimbra o merecimento desse professor e mandou que lhe fossem concedidos dois substitutos para a regência da sua cadeira, autorizando que José Anastácio da Cunha recebesse o grau de doutor depois de provido na cadeira.

Uma carta régia de 4 de junho de 1783 nomeou quatro lentes proprietários e dois substitutos na Faculdade de Matemática, a saber: Dr. José Monteiro da Rocha, lente de Astronomia (ele também foi nomeado primeiro diretor do Observatório Astronômico da Universidade, que pertencia à Faculdade de Matemática); Dr. Miguel Franzini, lente de Foronomia; Dr. Manuel José Pereira da Silva, lente de Cálculo; Dr. Vitruvio Lopes Rocha, lente de Geometria; Dr. Manuel da Maia e Dr. Francisco José da Veiga, lentes substitutos.

Dentre os livros didáticos usados, *Os elementos*, de Euclides, e o *Compêndio*, de E. Bezout, foram as traduções para a língua portuguesa feitas, respectivamente, por João Ângelo Brunelli e José Monteiro da Rocha. Um alvará de 16 de outubro de 1773 transferiu para a Universidade de Coimbra "o privilégio exclusivo para as impressões dos livros clássicos dos estudos matemáticos, havendo cessado o fim com que antes fora concedido e doado ao Colégio Real dos Nobres" (Cf. Actas das Congregações da Faculdade de Matemática, 1772/1820, vol. I, 1982, p. 173).

Devemos ressaltar que, mesmo depois de reformada, em 1772, a Universidade de Coimbra continuou sendo uma instituição medieval, pois o saber ali transmitido era o saber existente. Em outras palavras, essa instituição continuava restrita à conservação e à transmissão dos conhecimentos já constituídos. Seus dirigentes não se interessaram por buscar e investigar a verdade nos diversos ramos da ciência, por criar e transmitir conhecimentos, por fazer ciência por meio de um esforço criativo de pesquisa básica continuada e repassar os resultados das pesquisas para o ensino e para a sociedade portuguesa, contribuindo, dessa forma, para a evolução e transformação dessa sociedade. Esse, aliás, é um ponto muito importante, pois a Europa somente viria a possuir uma universidade não medieval a partir da década de 1810, quando o linguista e educador Friedrich Wilhelm C. K. Ferdinand (1767–1835), conhecido por Barão von Humboldt, fundou a Universität zu Berlin, na cidade de Berlim, Alemanha. Essa instituição moderna foi fundada para ser o centro de criação e difusão da cultura e da pesquisa científica associada ao ensino. Surgiram, a partir dessa moderna instituição, os cursos de pós-graduação. Essa universidade influenciou gestores de outras instituições de ensino europeias e norte-americanas que foram a Berlim obter informações sobre o projeto de criação e administração da universidade.

Não se entenda com isso que menosprezamos o valor e os objetivos da universidade medieval; compreendemos seu valor e sua natureza. Ela existiu para preparar o monge, o professor, o frade, o religioso, dentre outros, e desempenhou seu papel. Certamente devemos respeitá-la.

O ensino e a pesquisa da Matemática introduzidos na *nova* Universidade de Coimbra jamais traduziram os padrões do ensino e da pesquisa científica dessa ciência realizados em instituições universitárias de outros países da Europa Ocidental. Enfim, não houve, por parte do primeiro-ministro português, a preocupação em contratar, no exterior, excelentes matemáticos para impulsionar o ambiente científico em Portugal, bem como para formar discípulos. O Marquês de Pombal contratou engenheiros italianos que, por motivos óbvios, não tinham interesse em pesquisa básica na Matemática, bem como em fazer escola. Mesmo assim, a Faculdade de Matemática causou um grande impacto na elite intelectual portuguesa, pois iniciou algo novo em Portugal: o treinamento de homens especializados em Matemática, ao ser instituído o grau de doutor. De 1772 a 1800, foram concedidos vinte graus de doutor em Ciências Matemáticas.

Dentre os jovens talentos portugueses que foram contratados, citamos José Monteiro da Rocha e José Anastácio da Cunha, que também não se preocuparam em fazer escola. Mesmo assim, tiveram vários discípulos, alguns dos quais se tornaram matemáticos. Outros se dedicaram ao ensino secundário. José Anastácio da Cunha foi mais talentoso que Monteiro da Rocha; porém, em um determinado momento de sua vida, muito se preocupou em não ser apanhado pelos tentáculos do Santo Ofício, o que não adiantou, pois o alcançou a Inquisição de Coimbra, e sua carreira acadêmica foi destruída.

Esses fatos oriundos das ações do Santo Ofício em Portugal, que retardaram a introdução, naquele país, os estudos da Matemática avançada da época, influenciaram negativamente a implantação do ensino da Matemática Superior no Brasil, pois os brasileiros e portugueses que estudaram Matemática em Portugal (na Universidade de Coimbra e nas escolas militares) no século XVIII vieram para o Brasil com a família real, e alguns deles fizeram parte do primeiro corpo docente da Academia Real Militar, fundada em 1810, na cidade do Rio de Janeiro, como veremos a partir do Capítulo 3. Mais de duas dezenas de jovens brasileiros, a partir de 1772, passaram pelos bancos da Faculdade de Matemática, dos quais apenas alguns obtiveram o grau de doutor em Ciências Matemáticas, de 1772 a 1857. Citaremos alguns deles.

Francisco José de Lacerda e Almeida (1772–1802), natural de São Paulo, doutorou-se em 21 de dezembro de 1777. Veio ao Brasil para trabalhar na demarcação de fronteiras, regressando a Portugal em 1790. Faleceu na África, onde estava a serviço do rei. Antônio Pires da Silva Pontes Leme (1750–1805), natural da Bahia, doutorou-se em 24 de dezembro de 1777. Após isso, veio ao Brasil para realizar trabalhos sobre demarcações de terras, regressando a Portugal em 1790. Em 1791, foi nomeado professor da Academia Real dos Guardas-Marinhas, de Lisboa. Em 1798, voltou ao Brasil na qualidade de governador da província do Espírito Santo. Foi membro da Academia das Ciências de Lisboa. Fez traduções, para a língua portuguesa, de obras de S. F. Lacroix. Antônio Francisco Bastos, natural de Pernambuco, doutorou-se em 24 de julho de 1785, e foi professor da Faculdade de Matemática da Universidade de Coimbra. Thomaz Antônio de Oliveira Lobo, natural do Rio de Janeiro, doutorou-se em 31 de julho de 1857.

Mesmo não tendo sido graduado nem obtido o doutoramento pela Universidade de Coimbra, devemos registrar o que segue. João Antônio Coqueiro (1837–1910) nasceu na cidade de São Luiz, província do Maranhão. Aos 18 anos de idade, foi estudar na Escola Central de Artes e Manufaturas de Paris, França. Em 1860, publicou em Paris, com o auxílio do governo da província do Maranhão, o livro *Tratado de Aritmética*.[2] Quando ainda estava na Escola Central, passou a frequentar aulas na Faculdade de Ciências de Paris. Nessa instituição, recebeu o grau de bacharel em Ciências. Foi, durante dois anos, preparador auxiliar da cadeira de Física Experimental da Faculdade de Ciências. Em 1862, recebeu o grau de doutor em Ciências Físicas e Matemáticas

[2]Ele também publicou as seguintes obras: *Curso elementar de mathematica* (São Luiz: [s.n.], 1869–1874, 2 v.); *Primeiras noções de cálculo* (São Luiz: [s.n.], 1871); "Cálculo das secções angulares" (*Rev. dos Cursos Esc. Poli.* , Rio de Janeiro, nº 5, 1909, pp. 63–170) e *Théorie des approximations numériques et du calcul abrégé* (Paris: Gauthier Villars, 1909).

pela Universidade de Bruxelas, na Bélgica. Ainda em Bruxelas, trabalhou sob a direção de Adolphe Quetelet (1796–1874). Posteriormente, regressou ao Maranhão, onde trabalhou como professor do ensino secundário. Em 1901, foi nomeado diretor do Colégio D. Pedro II, na cidade do Rio de Janeiro e faleceu nessa cidade. Não foi aproveitado como professor na Escola Central do Rio de Janeiro, antecessora da Escola Politécnica, nem na Escola Politécnica do Rio de Janeiro, talvez por não ser engenheiro.

Devemos ter em mente as exigências da Faculdade de Matemática da Universidade de Coimbra para obtenção do grau de doutor em Matemática. A respeito dessas regras, vejamos o que escreveu o professor Freire:

> Os bachareis formados, que pretendiam prosseguir nos actos grandes, eram obrigados a frequentar mais um anno, tornando a ouvir as lições do 3º e 4º anno do curso mathematico. No fim podiam requerer para serem admitidos ao acto de repetição, que consistia na defesa de theses escolhidas pelo repetente [...] Depois do acto de repetição seguia-se o exame privado, no qual a Faculdade, sem apparato e como em familia, explorava a capacidade do candidato, e o habilitava com a sua approvação para o gráu de doutor, conferindo-lhe previamente o gráu de licenciado [...] (FREIRE, 1872, p. 26).

Ao lermos a obra de Freire, percebemos claramente a ausência, entre 1772 e 1872, de pesquisa matemática básica na Faculdade de Matemática da Universidade de Coimbra. Na parte referente à bibliografia matemática da instituição, notamos a ausência de periódicos e encontramos apenas traduções de livros didáticos de autores estrangeiros, bem como algumas notas de aulas abordando assuntos contidos nos livros. Nenhum trabalho original na Matemática por parte dos professores da instituição. Contudo, com o advento dos Estatutos Novíssimos, a pesquisa científica tornou-se uma das exigências da Universidade de Coimbra. Para gerenciar a pesquisa, foi criado um órgão especial, o qual nunca chegou a ser ativado na instituição. Sabemos, ainda, que tampouco foi implementado na universidade um programa de incentivos para contatos dos professores da instituição com matemáticos estrangeiros.

Devido a esse isolamento científico, muitos dos resultados obtidos por matemáticos portugueses foram redescobertos, depois, por matemáticos de outros países. Somente na segunda metade do século XIX é que foi quebrado esse isolamento, quando, em 1877, o professor Francisco Gomes Teixeira fundou o periódico *Jornal de Sciencias Mathematicas e Astronomicas.*

Todavia, há que se louvar o espírito reformador do Marquês de Pombal, homem de visão, apesar de déspota, que, ao compreender a urgente necessidade de reformar o ensino português, ordenou também a criação de uma Faculdade de Matemática para estimular o estudo e o desenvolvimento da Matemática em Portugal. Não há dúvidas de que essa instituição de ensino foi o marco inicial de uma trajetória bem-sucedida para a formação de matemáticos em Portugal.

A reforma pombalina da Universidade de Coimbra foi um dos acontecimentos da segunda metade do século XIX que contribuíram decisivamente para a mudança de rumo do ensino da ciência e da cultura em Portugal. As Ciências Físicas, a Matemática, a Química e as Ciências Naturais alcançaram, pela primeira vez, uma posição de prestígio no quadro das disciplinas ensinadas na Universidade de Coimbra, que abriu as portas aos métodos da Ciência Moderna.

Voltemos às informações a respeito da faculdade de Matemática. Para o início do curso matemático, houve três tipos de alunos, segundo os Estatutos Novíssimos: os ordinários, os obrigados e os voluntários. Os primeiros seriam os alunos que desejavam realizar o curso completo, e, portanto, graduarem-se em Matemática. Os segundos, os alunos que deveriam frequentar apenas algumas cadeiras (disciplinas) a título de subsídio para os estudos em outras faculdades, como Medicina, Direito, Teologia ou Filosofia. Os alunos classificados na terceira categoria seriam os que não desejavam estudar Matemática como profissão; fariam algumas cadeiras por diletantismo, caso dos nobres que eram militares.

Sobre os primórdios da Faculdade de Matemática da Universidade de Coimbra, daremos mais detalhes a respeito dos dois importantes matemáticos portugueses que lá lecionaram: José Monteiro da Rocha e José Anastácio da Cunha. Ambos foram autodidatas. Aquele teve ativa participação no programa de reforma da instituição, levado a cabo pelo Marquês de Pombal, conforme mencionamos. Este, mais talentoso que Monteiro da Rocha. Sobre Anastácio da Cunha, celebrou-se em Portugal, em 1987, o bicentenário de sua morte. O grande movimento nacional gerado com as várias celebrações ocorridas nas Universidades de Coimbra, Évora e Lisboa teve como objetivo homenagear esse homem injustiçado, grande matemático, poeta e inovador no campo das ideias, pois ele enxergou mais longe que muitos de seus contemporâneos.

José Anastácio da Cunha foi preso pela Inquisição de Coimbra em 1º de julho de 1778, julgado e condenado. Foi acusado de livre-pensador, herege e libertino. Sua pena: três anos de reclusão na Casa das Necessidades, seguidos de quatro anos de desterro para a cidade de Évora. Sofreu, ainda, confisco de seus bens e foi proibido de voltar para Coimbra ou para Valença do Minho, onde residia. Eis mais algumas informações sobre ambos.

José Monteiro da Rocha nasceu em Canavezes, uma vila situada às margens do rio Tamega, próximo de Amarante, em 25 de junho de 1734. Viajou para o Brasil muito jovem, entrando para a Companhia de Jesus aos 18 anos de idade, em 15 de outubro de 1752, em Salvador, Bahia. Estudou Matemática com o jesuíta João Brewer, na Faculdade de Matemática do Colégio da Bahia. Deixou a ordem dos inacianos em 1760, após a expulsão dos jesuítas, em 1759. Continuou a viver na Bahia, onde recebeu a ordenação sacerdotal. Ao regressar para Portugal, foi para Coimbra, onde frequentou a Universidade, e nessa instituição se bacharelou em Cânones, em junho de 1770.

Foi chamado a Lisboa pelo Marquês de Pombal, por indicação de D. Francisco de Lemos de Faria Pereira Coutinho, bispo de Coimbra e depois reitor da Universidade, para colaborar com a redação dos novos estatutos da Universidade de Coimbra, na parte das Ciências Naturais. Foi o principal artífice dos estatutos da Faculdade de Matemática. Permaneceu na Corte trabalhando nos estatutos da Universidade de Coimbra de 1771 a 1772. Criou e organizou o Observatório Astronômico da Universidade de Coimbra. Foi nomeado lente (professor) da cadeira de Ciências Físico-matemáticas da recém-criada Faculdade de Matemática. Assumiu, ainda, o encargo de prover essa unidade da universidade de livros didáticos apropriados para o ensino.

Traduziu, para a língua portuguesa, algumas obras do matemático francês E. Bezout (1730–1783). Uma delas foi *Elementos de Aritmética*, impressa pela primeira vez em 1773. Nessa obra, além de inserir aditamentos, acrescentou um método especial para a extração da raiz cúbica, que ficou conhecido por *método de Monteiro*. Outra obra traduzida foi *Elementos de Trigonometria Plana e Álgebra*, livro impresso pela primeira vez em 1774, no qual adicionou uma coleção de fórmulas trigonométricas. A primeira das traduções, Elementos de Aritmética, feita por Monteiro da Rocha da obra de Bezout foi a obra que maior divulgação alcançou em Portugal. Monteiro da Rocha traduziu também, para a língua portuguesa, outras obras de matemáticos franceses.

Regeu a cadeira de Ciências Físico-matemáticas até 1783, e depois regeu a cadeira de Astronomia até 1795. Foi jubilado (aposentado) em 1795. Mas, por carta régia de 15 de abril 1795, foi nomeado, na qualidade de decano, diretor perpétuo da Faculdade de Matemática e do Observatório Astronômico da Universidade de Coimbra. Por carta régia de 2 de junho de 1801, Monteiro da Rocha foi agraciado com a comenda de Portalegre da Ordem de Cristo. Anteriormente, ele havia obtido a cadeira de cônego Magistral da Sé de Leiria. Monteiro da Rocha foi membro da Academia das Ciências de Lisboa e da Sociedade Real da Marinha. Foi vice-reitor da Universidade de Coimbra no período de outubro de 1783 a maio de 1804, vice-presidente da Junta da Direção Geral dos Estatutos dessa instituição e conselheiro do príncipe regente D. João, de 23 de maio de 1804 até a vinda da família real para Brasil, em dezembro de 1807. Nessa data, a família real transferiu a corte para o Brasil, após os exércitos de Napoleão Bonaparte invadirem Portugal. Os trabalhos científicos de Monteiro da Rocha estão concentrados nas áreas de Métodos Numéricos e de Astronomia. A maioria dos trabalhos de Astronomia de Monteiro da Rocha foi publicada em Paris, sob o título *Mémoires d'Astronomie Pratique* (Paris, 1808). José Monteiro da Rocha faleceu em 11 de dezembro de 1819, em uma quinta de sua propriedade, situada nas proximidades de Lisboa.

José Anastácio da Cunha nasceu em Lisboa, em 11 de maio de 1744, filho de uma família humilde. Seu pai, Lourenço da Cunha, foi considerado o melhor pintor português de sua época no gênero de arquitetura e perspectiva. Desde criança, José Anastácio da Cunha mostrou grande facilidade de compreensão do que lhe era ensinado. Foi educado na Casa de Nossa Senhora das Necessidades, uma instituição dos padres oratorianos. Assentou praça, em 1762, no Regimento de Artilharia do Porto, em Valença do Minho. À época, a França e a Espanha estavam em guerra contra Portugal. Ali, foi promovido a segundo tenente e fez rápido progresso nos estudos de Matemática, Artilharia e Fortificação. Nessa ocasião, as tropas portuguesas eram dirigidas pelo conde de Schaumburg-Lippe, um prussiano. O quadro de oficiais das tropas portuguesas era composto, em sua maioria, de estrangeiros contratados (os chamados "mercenários" dos dias atuais). O comandante de José Anastácio da Cunha foi racionalista e pedreiro-livre (maçom), como quase todos os oficiais à época. Obras de A. Pope (1688–1744), poeta e satirista inglês, e Voltaire (1694–1778), escritor francês, foram muito lidas pelos oficiais do Regimento. José Anastácio da Cunha muito se influenciou pelo teísmo que dominou quase toda a Europa culta da época. Essa influência havia de lhe trazer grandes dissabores, quando ele foi fisgado por um dos tentáculos da Inquisição.

Em 1769, José Anastácio da Cunha escreveu, a pedido de um oficial britânico de seu regimento, um trabalho intitulado *Carta físico-mathematica sobre a theoria da pólvora em geral e a determinação do melhor comprimento das peças em particular*, no qual ele analisou os manuais estrangeiros usados para a instrução militar sobre o assunto. Nesse trabalho, José Anastácio da Cunha apontou vários erros contidos nos manuais, ao mesmo tempo que apresentou novas teorias a respeito do assunto. O conde de Schaumburg-Lippe, ao tomar conhecimento do trabalho, notou que nele tinham sido citados autores não autorizados pelo regulamento, e ordenou a detenção de Anastácio da Cunha. Posteriormente, esse comandante reconheceu o valor contido na obra de José Anastácio e escreveu ao primeiro-ministro, louvando os méritos científicos de seu subordinado. Em carta datada de 5 de outubro de 1773 ao reitor da Universidade de Coimbra, assim se expressou o Marquês de Pombal a respeito de Anastácio da Cunha:

> O dito militar é tão eminente na Sciencia Mathematica, que, tendo--o eu destinado para ir à Allemanha aperfeiçoar-se com o Marechal general, que me tinha pedido dois ou tres moços portuguezes para os tornar completos, me requereu o Tenente General Francisco Marican que não o mandasse, porque elle sabia mais que a maior parte dos Marechaes de França, de Inglaterra e de Allemanha; e que é um d'aquelles homens raros que nas nações cultas costumam aparecer [...] (FREIRE, 1872, p. 34).

Dessa forma, quando da reforma da Universidade de Coimbra, o Marquês de Pombal lembrou-se de José Anastácio e indicou-o, em 1773, para a cadeira de Geometria da Faculdade de Matemática. Em 1774, já na qualidade de lente (professor) da cadeira de Geometria, Anastácio da Cunha recebeu o grau de doutor, por ordem do Marquês de Pombal. Com a morte do rei D. José I, em 1777, o Marquês caiu em desgraça política, pois fizera muitos inimigos, e, com isso, veio a fase mais difícil na vida de José Anastácio da Cunha.

No reinado de D. Maria I, que ensandecera após quinze anos de coroação, Anastácio da Cunha foi preso, em 1º de julho de 1778, pela Inquisição de Coimbra. Em seguida, foi julgado e condenado, perdendo seu posto acadêmico na Universidade de Coimbra. Ao ser libertado, em 23 de janeiro de 1781, sem emprego, José Anastácio foi convidado pelo intendente geral da Polícia, Diogo de Pina Manique, para lecionar Matemática no Colégio de São Lucas, da Real Casa Pia do Castelo de São Jorge, em Lisboa. Nessa instituição permaneceu até sua morte.

Quando foi interrogado pelos inquisidores, José Anastácio da Cunha informou que havia completado, após doze anos de trabalho, um livro sobre Matemática, intitulado *Princípios mathematicos*,[3] considerado o principal trabalho matemático de Anastácio da Cunha. O livro contém 302 páginas e foi publicado em Lisboa, em 1790, em sua forma completa, isto é, três anos após sua morte. A reprodução *fac-símile* da edição de 1790 foi feita em 1987, pelo Departamento de Matemática da Faculdade de Ciências e Tecnologia da Universidade de Coimbra, como parte das comemorações dos duzentos anos da morte desse matemático. Essa obra de Anastácio da Cunha teve duas versões em língua francesa, uma publicada em 1811, em Bordeaux, e outra publicada em 1816, em Paris — esta, sob a responsabilidade de João Manuel de Abreu, amigo e um dos discípulos de Anastácio da Cunha. Foi assim que essa obra de Anastácio da Cunha foi divulgada no restante da Europa.

[3]Cujo título inicial foi *Arithmetica universalis*, segundo nos informa Gonçalves (1976–1977, p. 57).

O livro de Anastácio da Cunha contém uma grande parte da Matemática conhecida na época. Seu conteúdo inicia (livro I) com as primeiras noções de Geometria Plana, continuando com Aritmética, Álgebra, abordando Geometria Diferencial e Cálculo das Variações. O livro contém axiomas, definições, proposições e demonstrações com notável rigor matemático, considerando-se os padrões da ciência da época. Contém, ainda, no final, várias páginas com desenhos de figuras planas, referentes aos diversos capítulos. São fatos que nos fazem conjecturar que propósitos o autor tinha em mente ao idealizar a obra.

O matemático português José Vicente Martins Gonçalves (1896–1985) fez um estudo sobre o livro 9 dessa obra, no qual Anastácio da Cunha trata dos vários aspectos da teoria das séries infinitas. Nesse trabalho, J. Vicente Gonçalves (1940)[4] descreve, inicialmente, a situação em que se encontravam os estudos, na Europa, sobre as séries infinitas, no período que vai do fim do século XVIII ao início do século XIX, focalizando a pouca importância que deram os matemáticos às questões de convergência. O professor Vicente Gonçalves chama a atenção para a Definição I do Livro IX, p. 106, da obra de Anastácio da Cunha, que diz respeito à série convergente. Ele nos informa que essa definição de convergência dada por Anastácio da Cunha é exatamente idêntica à *condição necessária e suficiente ou critério de convergência*, obtida por A. L. Cauchy e apresentada em sua obra Cours d'analyse *(1821)*. Eis, em gramática atual, a definição apresentada por Anastácio da Cunha, em sua obra publicada em 1790:

> Série convergente chamam os Matemáticos àquela cujos termos são semelhantemente determinados, cada um pelo número dos termos precedentes, de sorte que sempre a série se possa continuar e, finalmente venha a ser indiferente o continuá-la ou não, por se poder desprezar sem erro notável a soma de quantos termos se quisesse juntar aos já escritos ou indicados; e estes últimos indicam-se escrevendo &c. depois dos primeiros dois ou três ou quantos se quiser; é porém necessário que os termos escritos mostrem como se poderia continuar a série, ou que isso se saiba por outra via (ANASTÁCIO DA CUNHA, 1987, p. 106).

A definição de série convergente ou de critério de convergência dada por Anastácio da Cunha foi objeto de análise por parte de vários matemáticos. Foi objeto de análise por A. J. Franco de Oliveira, em particular, a parte da definição citada que diz: "por se poder desprezar sem erro notável a soma de quantos termos se quisesse ajuntar aos já escritos ou indicados [...]". Escreveu ele:

> Para Cunha dizer que a convergência está assegurada se negligenciarmos sem erro considerável a soma (e não a série) de qualquer número de termos, a partir de algum termo em diante, seja ele qual for; em notações modernas, isso significa que se na série (de reais positivos, digamos)
>
> $$u_1 + u_2 + \cdots, \tag{2.2}$$

[4]Segundo Vicente Gonçalves, no livro *Princípios mathemáticos* "se estabelecem as bases da teoria das séries, fundamento essencial na análise moderna, e se expõem os princípios do cálculo exponencial, pela primeira vez organizados com unidade e clareza. Criador nas séries, reformador nas potências, em umas e outras levou Cunha boa dianteira às maiores figuras do tempo [...]" (GONÇALVES, 1940, pp. 123–140)

> dado $\varepsilon > 0$, o termo u_n pode ser obtido tal que qualquer soma finite
>
> $$u_{n+1} + \cdots + u_{n+p} \tag{2.3}$$
>
> seja menor que, então a série converge [...] (Cf. DE OLIVEIRA, 1988, p. 5).

O matemático português J. V. Gonçalves concluiu que, nessa parte da definição de Anastácio da Cunha, estaria uma antecipação do critério de convergência dado, muitos anos depois, por Cauchy.

Na continuação do assunto, Anastácio da Cunha demonstrou a convergência da série exponencial para qualquer valor do argumento. Em seguida, ele definiu potência de expoente qualquer, a partir da série exponencial (como se faz atualmente), mostrando que sua definição também é válida quando a base da exponencial é positiva. A partir daí, ele deduziu várias propriedades fundamentais das potências e tratou, também, da função logaritmo. Esse fato chamou a atenção de C. F. Gauss, em 1811, após ler seu livro. Gauss gostou das definições de função exponencial e de função logaritmo dadas por José Anastácio da Cunha (Cf. YOUSHKEVITCH, 1978).[5] Ainda sobre essa obra de Anastácio da Cunha, foram publicadas algumas resenhas no início e no final do século XIX e no início do século XX. Uma delas, sem autor especificado, porém, com detalhes da obra, foi publicada em *Göttingische gelehrte Anzeigen*, em 14 de novembro de 1811; outra, escrita pelo matemático e físico escocês J. Playfair, foi publicada no *Edinburgh Review*, em novembro de 1812; outra, em duas páginas de um livro russo, escrita por I. Yu Timtchénko, em 1894; e a quarta mencionada em um artigo de F. Cajori, em *Vorlesungen über Geschichte der Mathematik*, de Moritz Cantor (1908, v. 4).

Segundo historiadores da matemática portuguesa, provavelmente o conteúdo dos primeiros capítulos dessa obra era usado por Anastácio da Cunha em suas aulas na Universidade de Coimbra e, posteriormente, no Colégio de São Lucas. Assim, podemos conjecturar a respeito do alto nível de suas aulas ministradas nessas instituições de ensino. O professor A. J. Franco de Oliveira escreveu o seguinte:

> Deve-se notar o fato de que Princípios não foi escrito de uma só vez; parece ter sido escrito ao longo de um período de mais de dez anos, em duas ou três partes distintas, talvez inicialmente não destinadas a serem reunidas, apesar de referências cruzadas e uma intenção visível de coerência lógica como um todo. No entanto, algumas mudanças de terminologia parecem ocorrer (particularmente no que diz respeito às noções de cálculo, a partir do Livro XV), e é natural que durante esse período Cunha tenha aguçado ou mesmo mudado alguns de seus pontos de vista (DE OLIVEIRA, 1988, p. 5).

Anastácio da Cunha também produziu outros trabalhos. Dentre eles, citamos: *Ensayo sobre os principios de Mechanica* (1807); *Carta físico-Mathemática sobre a theoria da polvora em geral e a determinação do melhor comprimento das peças em particular* (1769);

[5] Diz Youshkevitch: "Pouco depois, o próprio C. F. Gauss elogiou lisonjeiramente uma das ideias inovadoras de da Cunha, e em particular, a sua definição do exponencial e do logaritmo. Essa apreciação de Gauss é apresentada em sua carta a F. W. Bessel de 21 de novembro do mesmo ano. [...]" (Cf. YOUSHKEVITCH, 1978, pp. 327–332)

Notícias literárias de Portugal (1780); *Ensaio sobre as minas*. Essa obra ficou inédita até 1994, quando foi publicada na Coleção Estudos e Manuscritos (obra nº 3), do Arquivo Distrital de Braga e Universidade do Minho, graças ao tenaz trabalho de pesquisa da Profa. Dra. Maria Fernanda Estrada, do Departamento de Matemática da Universidade do Minho, que encontrou, em 1987, a obra no Arquivo Distrital de Braga, ao lado de um manuscrito da obra poética de José Anastácio da Cunha. Essa edição de 1994, que foi preparada a partir do texto integral do manuscrito nº 526 do Arquivo Distrital de Braga, contém introdução e notas da professora Maria Fernanda Estrada.

Dentre os poucos discípulos de Anastácio da Cunha, mencionemos também Manuel Pedro de Mello (1765–1833), um dos mais importantes matemáticos portugueses do século XIX. Mello foi o primeiro professor de hidráulica na Universidade de Coimbra.

Este capítulo nos forneceu uma visão panorâmica da qualidade e do direcionamento do ensino da Matemática em Portugal e no Brasil na fase em que o ensino em Portugal e domínios estiveram sob o domínio dos inacianos. Ele também nos indicou as condições gerais do ensino dessa ciência em Portugal no período em que esteve à frente do governo o Marquês de Pombal. Por intermédio das informações aqui contidas, poderemos aquilatar o estágio de desenvolvimento do ensino da Matemática na instituição na qual, a partir de 1772, estudaram os primeiros professores do curso básico (o curso matemático) da Academia Real Militar.

CAPÍTULO 3
A CHEGADA DE D. JOÃO AO BRASIL: A FUNDAÇÃO DA ACADEMIA REAL MILITAR EM 1810

Com a invasão de Portugal e da cidade de Lisboa, em 30 de novembro de 1807, por tropas do exército de Napoleão Bonaparte (1769–1821), a família real portuguesa fugiu com sua corte para o Brasil, em 29 de novembro de 1807, um dia antes de a pequena tropa comandada pelo general Junot entrar em Lisboa. A família real veio protegida pela esquadra britânica, comandada pelo contra-almirante Sir William Sidney Smith. Em verdade, a transferência da corte portuguesa para o Brasil também representou uma espetacular manobra, acompanhada de vitória, da diplomacia britânica, pois os ingleses tinham interesses comerciais e estratégicos para apoiar a transferência da corte portuguesa para a colônia.

Como sabemos, os ingleses pretendiam (e conseguiram) a liberdade de comerciar com as colônias portuguesas, em particular, com o Brasil, pois até 1807 todo o comércio era feito via porto de Lisboa. E, com a chegada da comitiva real ao Brasil, em 23 de janeiro de 1808, os ingleses intensificaram as pressões políticas junto ao príncipe regente, de modo que D. João expediu carta régia, datada de 28 de janeiro de 1808, abrindo os portos do Brasil às nações amigas.[1] Esse ato do príncipe regente, além de seu significado comercial, pondo fim ao regime do monoPólio de mercadorias por parte da

[1] Os ingleses penetraram no Brasil e aqui estabeleceram sua predominância (Cf. CALDEIRA, 1995). A predominância econômica inglesa frente aos portugueses foi mantida graças ao "Tratado de Comércio", assinado entre os dois países em 27 de dezembro de 1703, conhecido como "Tratado de Methuen" ou de "Methwen", renovado em 19 de fevereiro de 1810 sob o nome de "Tratado de Aliança, Comércio e Navegação". Com ele, a Inglaterra completou seus planos para arruinar Portugal economicamente. Por exemplo, por meio do tratado, foram destruídas as manufaturas existentes em Portugal. Por fim, em 21 de julho de 1835, aquele tratado foi tornado sem efeito pelo duque de Palmela, então ministro dos Negócios Estrangeiros do Brasil.

metrópole (regime que mais fortemente caracterizava o estatuto colonial do Brasil), também significou algo muito importante para os brasileiros que não podiam estudar na Europa, pois, logo em seguida, o príncipe criou escolas superiores no Brasil. Outra importante medida tomada por D. João foi a elevação, em 1815, do Brasil a Reino Unido a Portugal e Algarves, medida que igualou politicamente o Brasil a Portugal.

Devemos, portanto, a Napoleão Bonaparte a verdadeira descoberta do Brasil por parte da metrópole, bem como a institucionalização do ensino superior. Com efeito, além de trazer com a corte uma Academia Naval, ao chegar à Bahia em 1808, o príncipe regente, por carta régia de 18 de fevereiro de 1808, autorizou o cirurgião da Casa Real, o brasileiro Dr. José Correia Picanço, a escolher professores e a criar, de acordo com sua proposta, uma aula de cirurgia em um hospital militar da cidade de Salvador. Foram escolhidos os cirurgiões José Soares de Castro, português, e Manoel José Estrella, brasileiro (este foi nomeado para ensinar Cirurgia Especulativa e Prática). Foi assim instituído o ensino médico no Brasil. Por Carta Régia de 29 de dezembro de 1815, o ensino médico nessa instituição foi reformado, criando-se um curso de cinco anos de duração. A aula de cirurgia deu origem à Faculdade de Medicina de Salvador, Bahia, a mais antiga Faculdade de Medicina do Brasil e que é uma das unidades da Universidade Federal da Bahia (UFBA).

Ao instalar a corte na cidade do Rio de Janeiro, onde aportou em 7 de março de 1808, D. João entrou em grande atividade administrativa, iniciando, assim, o desenvolvimento do Brasil. Por exemplo, ele autorizou, em 5 de maio de 1808, a instalação da Academia Real dos Guardas-Marinhas (atual Escola Naval do Rio de Janeiro), nas hospedarias do Mosteiro de São Bento. Posteriormente, criou outras importantes instituições para o Brasil, dentre elas as seguintes: Imprensa Real (tipografia oficial, na qual foi permitida a impressão do jornal *Gazeta do Rio de Janeiro,* com primeiro número em 10 de setembro de 1808); Biblioteca Real, Museu Real, Observatório Astronômico; Escola Real de Ciências, Artes e Ofícios; Real Fábrica de Ferro do Morro de Gaspar Soares.

Por decreto régio de 5 de novembro de 1808, o príncipe regente estabeleceu, na cidade do Rio de Janeiro, uma escola de anatomia, cirurgia e médica, instituição que, depois, transformou-se na Faculdade de Medicina dessa cidade. Fundou, por carta régia de 4 de dezembro de 1810, a Academia Real Militar, instituição a partir da qual se desenvolveu o ensino da Matemática Superior no país. A seguir, transcrevemos parte da carta régia que criou essa importante instituição de ensino:

> Dom João, por graça de Deos, Príncipe de Portugal e dos Algarves, d'Aquem, e d'Alem Mar [...] Faço saber a todos que esta Carta virem, que tenho consideração ao muito que interessa ao Meu Real Serviço, ao bem Público dos Meus Vassalos e à defensa e segurança dosMeus vastos Dominios, que se estabeleça no Brazil, e na Minha actual Corte e Cidade do Rio de Janeiro, hum Curso regular das Sciencias exactas, e de Observação, assim como de todas aquellas, que são applicações das mesmas aos Estudos Militares e Práticos, que formão a Sciencia Militar em todos os seus difficeis e interessantes ramos, de maneira, que dos meus Cursos de estudos se formem habeis Officiaes de Artilharia, Engenharia, e ainda mesmo Officiaes da Classe de Engenheiros Geographos e Topographos [...] Hei por bem, que na Minha actual Corte e Cidade do Rio de Janeiro, se estabeleça huma Academia Real Militar para hum Curso completo de

> Sciencias Mathematicas, de Sciencias de Observação, quaes a Physica, Chymica, Mineralogia, Metallurgia, e Historia Natural [...] (Carta Regia que estabelece a Academia Real Militar, 1940).

Essa foi uma das medidas tomadas por D. João e representou um importante avanço para o Brasil, pois, por meio dela, houve a possibilidade institucional de ser ministrado no país o ensino de ciências e da técnica. Mas a livre entrada de livros no Brasil só foi efetivada em 1821, na regência de D. Pedro I (1798–1835). A Academia Real Militar foi uma instituição de ensino e regime militares, destinando-se a formar oficiais topógrafos, geógrafos e das armas de engenharia, infantaria e cavalaria para o exército do rei. Foi constituída por um curso de sete anos, assim distribuído: nos quatro primeiros anos, o chamado curso matemático; a seguir, o curso militar, com três anos de duração. No entanto, nem todos seus alunos eram obrigados a completar o curso de sete anos, conforme nos informou J. Motta: "Os alunos destinados à Infantaria e à Cavalaria apenas estudavam as matérias do primeiro ano (Matemática Elementar), e os assuntos militares do quinto. Só para artilheiros e engenheiros eram exigidos os estudos do curso completo [...]" (MOTTA, 1976, p. 20).

A Academia Real Militar passou a funcionar em 23 de abril de 1811, tendo assistido ao ato de abertura dos cursos seu criador e ministro da Guerra, D. Rodrigo de Souza Coutinho (1745–1812). Inicialmente, ela ocupou algumas salas da Casa do Trem de Artilharia, situada na Ponta do Calabouço, Rio de Janeiro. Em 1º de abril de 1812, ela foi transferida para o prédio do largo de São Francisco de Paula, construção que seria originalmente destinada à catedral do Rio de Janeiro. Listamos, a seguir, as disciplinas (cadeiras) ministradas na Academia a partir de 1811:

- 1º ano – Aritmética, Álgebra, Geometria, Trigonometria, Desenho;
- 2º ano – Álgebra, Geometria, Geometria Analítica, Cálculo Diferencial e Integral, Geometria Descritiva, Desenho;
- 3º ano – Mecânica, Balística, Desenho;
- 4º ano – Trigonometria Esférica, Física, Astronomia, Geodésia, Geografia Geral, Desenho;
- 5º ano – Tática, Estratégia, Castrametração (arte de assentar acampamentos), Fortificação de Campanha, Reconhecimento do Terreno, Química;
- 6º ano – Fortificação Regular e Irregular, Ataque e Defesa de Praças, Arquitetura Civil, Estradas, Portos e Canais, Mineralogia, Desenho;
- 7º ano – Artilharia, Minas, História Natural.

A primeira composição do corpo docente do curso Matemático foi a seguinte: Antônio José do Amaral (1782–1840), brasileiro, bacharel em Matemática pela Universidade de Coimbra, lecionou Aritmética, Geometria e Trigonometria; Francisco Cordeiro da Silva Torres e Alvim (1775–1856), português, graduado pela Academia Real dos

Guardas-Marinhas de Lisboa, lecionou Álgebra, Geometria Analítica, Cálculo Infinitesimal. Motta (1976, p. 53) nos informa que Torres e Alvim foi professor de engenharia militar e civil no 6º ano da Academia, tendo uma eventual e breve passagem pelo curso básico (o Matemático). José Saturnino da Costa Pereira (1773–1852), brasileiro, bacharel em Matemática pela Universidade de Coimbra, lecionou Mecânica, Hidrostática e Hidrodinâmica; José Victorino dos Santos e Souza (1780–1852), brasileiro, bacharel em Matemática pela Universidade de Coimbra, lecionou Geometria Descritiva; Manuel Ferreira de Araújo Guimarães (1777–1838), brasileiro, graduado pela Academia Real dos Guardas-Marinhas de Lisboa, lecionou Trigonometria Esférica, Ótica, Astronomia, Geodésia.

Esses foram os homens que formaram, no Brasil pós-período colonial, a primeira geração de engenheiros-matemáticos. Eles foram formados em instituições portuguesas cujo o forte não era a pesquisa matemática básica atrelada ao ensino. As escolas militares tinham seus objetivos próprios; a Universidade de Coimbra, mesmo reformada pelo Marquês de Pombal no século XVIII, continuou sendo uma instituição medieval, conforme já explicitamos. Por sua vez, José Monteiro da Rocha e José Anastácio da Cunha não foram suficientes para criar um ambiente em pesquisa na Matemática, pois estiveram muito ocupados gerenciando suas ambições pessoais, e, mesmo assim, formaram alguns poucos discípulos. Portanto, mesmo que houvesse condições propícias no Brasil, os professores que acabamos de citar não estariam preparados cientificamente para iniciar os alunos brasileiros nos estudos sérios da Matemática de vanguarda da época.

Contudo, devemos registrar a preocupação dos organizadores dos cursos da Academia Real Militar quanto à qualidade e seriedade deles, levando-se em consideração os padrões científicos e culturais da época. Por exemplo, constava em seus estatutos o fato de que os professores eram obrigados a organizar textos didáticos moldados sobre livros adotados, geralmente de autores franceses, para uso de seus alunos. Esse foi o forte motivo pelo qual foram feitas traduções, para a língua portuguesa, de várias obras matemáticas de alguns autores para uso na Academia. Mas nem sempre a autoridade maior cumpria com sua parte, que era financiar a publicação dos compêndios compilados e os traduzidos. Mesmo assim, foram feitas traduções e publicações de obras de L. Euler, A. M. Legendre, S. F. Lacroix, N. L. Lacaille, dentre outros. Para algumas dessas traduções, muito contribuiu o professor Manuel F. Araújo Guimarães, que se destacou como um dos intelectuais da época.

Após a independência do Brasil, em 1822, a Academia Real Militar passou a denominar-se Academia Imperial Militar. O Decreto Imperial de 9 de março de 1832 declarou extinta a Academia Imperial Militar e instituiu a Academia Militar e de Marinha do Brasil. Por um curto período, houve a junção das duas Escolas Militares, pois o Decreto Imperial de 22 de outubro de 1832 determinou a separação das duas escolas, passando a do Exército a denominar-se Academia Militar da Corte, ou Academia Militar do Império do Brasil. Em 14 de janeiro de 1839, o Decreto Imperial nº 25 alterou os estatutos da Academia Militar, denominando-a Escola Militar, que passou a ser regida por um novo regulamento, aprovado em 22 de fevereiro de 1839. Segundo o regulamento, a reorganização era destinada a habilitar devidamente os oficiais das três armas, infantaria, cavalaria, artilharia, bem como a classe de engenheiros militares e a do Estado-Maior. O novo Regulamento da Escola Militar manteve para os professores a obrigação de organizarem textos didáticos moldados nos livros adotados.

Nesse período, foram feitas traduções para a língua portuguesa de obras de autores franceses. Surgiram textos didáticos, como: *Elementos de Geometria*, de Francisco Villela Barbosa, Marquês de Paranaguá, que havia estudado Matemática na Universidade de Coimbra; *Compêndio de Cálculo e Mecânica*, de José Saturnino da Costa Pereira; *Compêndio de Mecânica*, de Pedro D'Alcantara Bellegarde, dentre outros.

Em virtude de mudanças sociais, políticas e econômicas que estavam ocorrendo no país, por exemplo, construções de fábricas, portos, estradas, urbanização de cidades, dentre outras, as elites dominantes perceberam a urgente necessidade de serem formados engenheiros civis e passaram a pressionar o imperador para ser criada uma Escola de Engenharia. Dessa forma, o "Decreto nº 140, de 9 de março de 1842", instituiu modificações nos estatutos da Escola Militar. Dentre estas, ampliou disciplinas de Engenharia Civil no 7º ano do curso dessa instituição. Era o prenúncio da criação de uma Escola de Engenharia separada de uma instituição militar. Foi também mantido, na Escola Militar, o curso Matemático, que passou a conter as seguintes cadeiras (disciplinas):

- 1º ano – Aritmética, Álgebra Elementar, Geometria e Trigonometria Plana, Desenho;
- 2º ano – Álgebra Superior, Geometria Analítica, Cálculo Infinitesimal, Desenho;
- 3º ano – Mecânica Racional aplicada às máquinas, Física Experimental, Desenho;
- 4º ano – Trigonometria Esférica, Astronomia e Geodésia.

O decreto em pauta também instituiu, na Escola Militar, algo muito importante para o ensino e desenvolvimento da Matemática no Brasil: o grau de doutor em Ciências Matemáticas. A instituição desse grau acadêmico despertou interesse e desejo em alguns alunos de estudar, por conta própria, alguns tópicos da Matemática não desenvolvidos no curso da Escola. Porém, a concessão desse título só foi regulamentada em 1846, ano a partir do qual foram concedidos, por decreto, os primeiros graus de doutor aos professores da instituição, conforme estatuía o artigo 19 do Decreto nº 140. Foi somente a partir de 1848 que começaram a serem defendidas as primeiras teses, conforme veremos no Capítulo 7. À guisa de informação, transcrevemos o artigo do decreto que trata da criação do grau de doutor:

> Art. 19. Os alumnos que se mostrarem approvados plenamente em todos os sete annos do curso completo da Escola Militar, e se habilitarem pela fórma que fôr determinada nas Instrucções, ou Regulamento do Governo, receberão o grão de Doutor em Sciencias Mathematicas, e só os que o obtiverem poderão ser oppositores aos lugares de substitutos. Os Lentes e Substitutos actuaes receberão o referido grão sem outra alguma habilitação que o título de suas nomeações ("Decreto nº 140, de 9 de março de 1842").

A aprovação plena do aluno em todos os sete anos do curso da Escola significava que ele deveria ter sido aprovado em cada cadeira (disciplina) com nota igual ou superior a 7,00.

Mesmo depois de realizada essa última reforma em seus estatutos, a Escola Militar continuava não surtindo os efeitos desejados pelas autoridades competentes. Dessa forma, o Decreto Imperial nº 1.536, de 23 de janeiro de 1855, criou outra instituição de ensino para o Exército: a Escola de Aplicação do Exército, destinada exclusivamente ao ensino militar, que foi instalada em 1º de maio de 1855, na Fortaleza de São João, na cidade do Rio de Janeiro. Em 1857, a Escola de Aplicação do Exército instalou-se na Praia Vermelha.

A Escola Militar continuava não satisfazendo às necessidades do país em relação à formação de engenheiros, pois não formava engenheiros civis. A partir de 1850, o Brasil começou a se modernizar (Cf. GRAHAM, 1973). Foram iniciadas as construções de estradas de ferro, tão necessárias, inclusive nos dias atuais, para o transporte de pessoas e mercadorias. Para tanto, o país necessitava de engenheiros civis, pois, além da construção das ferrovias, construíam-se, também, portos, estradas, casas, prédios etc.

Dessa forma, os ministros da Guerra, Pedro D'Alcantara, em 1855, e depois o Marquês de Caxias, em 1856, insistiram, junto ao imperador, sobre a necessidade de separar o ensino militar do ensino civil, criando-se para este um curso superior próprio, o de Engenharia, no qual deveriam constar as cadeiras (disciplinas) de um curso de Engenharia Civil. Com a concordância do imperador, foi decidido que o ensino militar e o ensino civil seriam reformulados. Foi, portanto, preparado um decreto que, depois de aprovado pelo imperador, recebeu o número 2.116, com data de 1º de março de 1858. Transcrevemos, a seguir, parte desse documento:

> Approva o Regulamento reformando os da Escola de Applicação do Exército e do curso de infantaria e cavallaria da Provincia de S. Pedro do Rio Grande do Sul, e os estatutos da Escola Militar da Corte. Art. 1º – As actuaes escolas, Militar da Corte e de Applicação do Exército, e o curso de infantaria e cavallaria da Provincia de S. Pedro do Rio Grande do Sul passarão a denominar-se, a primeira Escola Central, a segunda Escola Militar e de Applicação, e a terceira Escola Militar Preparatoria da Provincia de S. Pedro do Rio Grande do Sul. Art. 2º – A Escola Central he destinada ao ensino das mathematicas e sciencias physicas e naturaes, e tambem ao das doutrinas proprias da engenharia civil [...] Art. 5º – A Escola Central compor-se-ha, alem de três aulas preparatorias, de dous cursos, hum de mathematicas e de sciencias physicas e naturaes, ensinado em quatro annos, e hum outro supplementar de engenharia civil, em dous annos [...] (BRASIL, 1858).

O curso de Matemáticas e de Ciências Físicas e Naturais referido tinha as seguintes cadeiras (disciplinas):

- 1º ano – Álgebra, Trigonometria Plana, Geometria Analítica, Física Experimental, Meteorologia, Desenho Linear, Topográfico e de Paisagem;
- 2º ano – Geometria Descritiva, Cálculo Infinitesimal, Cálculo das Probabilidades, das Variações e Diferenças Finitas, Química, Desenho Descritivo e Topográfico;
- 3º ano – Mecânica Racional e Aplicada às Máquinas em Geral, Máquina a Vapor e suas Aplicações, Mineralogia, Geologia e Desenho de Máquinas;

- 4º ano – Trigonometria Esférica, Ótica, Astronomia, Geodésia, Botânica, Zoologia, Desenho Geográfico.

O artigo 148 do "Decreto nº 2.116, de 1º de março de 1858", estatuía que fossem graduados doutores os lentes (professores) catedráticos, bem como os diretores da Escola Central e da Escola Militar e de Aplicação que fossem portadores do curso completo da Escola Militar ou do curso de Matemáticas e Ciências Físicas e Naturais da Escola Central. O artigo 149 do mesmo decreto estatuía a obtenção do grau de doutor aos alunos graduados pela Escola Central e por sua antecessora, a Escola Militar, que com aprovação plena em todas as cadeiras do curso tivessem defendido tese e obtido aprovação.

Mesmo assim, ainda não houve a separação definitiva dos ensinos civil e militar. A Escola Central continuou sendo o centro dos estudos científicos necessários à formação de engenheiros militares, civis, à formação de oficiais para as armas do Exército, bem como para o Estado-Maior. Todavia, com a evolução que se processava no mundo, com relação à ciência e à técnica, havia necessidade de que tais conhecimentos fossem ministrados, quer aos militares, quer aos civis, e, nas décadas seguintes, isto é, entre 1860 e 1870, houve forte pressão junto ao imperador para que houvesse a separação definitiva entre o ensino militar e o ensino civil. Assim, na década de 1870, foi feita grande reforma nos estatutos da Escola Central, transformando-a em uma escola civil e passando o ensino dos militares a ser feito exclusivamente por uma instituição militar.

Com efeito, o "Decreto nº 5.600, de 25 de abril de 1874", deu novos estatutos à Escola Central, transformando-a em Escola Politécnica, isto é, uma escola exclusiva para o ensino das engenharias e subordinada a um ministro civil, o ministro do Império. Fugiu, portanto, do controle dos militares. Assumiu interinamente a direção da Escola Politécnica o professor mais antigo, o Dr. Inácio da Cunha Galvão. Contudo, em setembro de 1875, foi nomeado seu diretor o professor José Maria da Silva Paranhos, Visconde de Rio Branco, que assumiu a função em 11 de outubro de 1875. Eis parte do primeiro Artigo do Decreto citado:

> Art. 1º – A atual Escola Central passará a denominar-se Escola Politécnica e se comporá de um curso geral, e dos seguintes cursos especiais: 1º – Curso de Ciências Físicas e Naturais; 2º – Curso de Ciências Físicas e Matemáticas; 3º – Curso de Engenheiros Geógrafos; 4º – Curso de Engenharia Civil; 5º – Curso de Minas; 6º – Curso de Artes e Manufaturas [...] (BRASIL, 1874).

O curso geral referido tinha dois anos de duração e era constituído pelas seguintes cadeiras (disciplinas):

1º ano – Álgebra (estudo das equações algébricas e dos logaritmos), Geometria no Espaço, Trigonometria Retilínea, Geometria Analítica, Física Experimental, Meteorologia, Desenho Geométrico e Topográfico;

2º ano – Cálculo Diferencial e Integral, Mecânica Racional e Aplicada às Máquinas Elementares, Geometria Descritiva (primeira parte), Trabalhos gráficos a respeito da solução dos principais problemas de Geometria Descritiva, Química Inorgânica, Noções Gerais de Mineralogia, Botânica, Zoologia.

Esse curso tinha caráter introdutório e era obrigatório para todos os alunos que ingressavam na escola.

Conjecturamos que esse modelo de escola foi inspirado em escolas francesas, pois a École Polytechnique, de Paris, fundada em 1794, tinha e tem como objetivo central preparar diversas categorias de engenheiros, por meio de um curso básico de dois anos de duração. Em seguida, os alunos são enviados para as escolas profissionalizantes.

Temos especial interesse pelo Curso de Ciências Físicas e Matemáticas, sucessor do Curso Matemático da Academia Real Militar. Com efeito, o citado curso tinha a duração de três anos e foi mantido na Escola Politécnica até 1896. Foram as seguintes as disciplinas estudadas: Séries, Funções Elípticas, Cálculo Infinitesimal, Cálculo das Variações, das Diferenças e das Probabilidades, Aplicações às tábuas de mortalidade, aos problemas de juros compostos, às amortizações pelo sistema de Price, aos cálculos das sociedades tontinas e aos seguros de vida.

Temos, dessa forma, uma visão panorâmica da Matemática ensinada em uma escola de engenharia no Brasil de fim do século XIX, único espaço, aliás, onde se ensinava de modo continuado a Matemática Superior no país. Notamos nesta listagem a inserção de um dos assuntos da Matemática cujo ensino fora proibido pela cúpula do Apostolado Positivista do Brasil: Funções Elípticas. Entretanto, notamos a ausência de vários outros assuntos, incorporados, à época, ao ensino regular da Matemática Superior. Para citarmos apenas alguns poucos: Funções Analíticas, Geometria Diferencial, Álgebra Moderna (Teoria dos Grupos, Anéis, Corpos), Análise Matemática.

O artigo 67 do "Decreto nº 5.600, de 25 de abril de 1874", já referido, manteve a concessão, na Escola Politécnica, do grau de doutor em Ciências Físicas e Matemáticas e do grau de doutor em Ciências Físicas e Naturais. No entanto, o grau somente seria conferido a quem fosse graduado bacharel e tivesse obtido aprovação plena em todas as cadeiras do curso que realizou,[2] e após defender sua tese e ser aprovado. Os novos estatutos da Escola Politécnica acabaram com a concessão do grau de doutor aos professores que não tivessem defendido tese. Dessa forma, a partir de 1874 somente receberam o grau de doutor em Ciências Físicas e Matemáticas e em Ciências Físicas e Naturais os candidatos que foram aprovados em defesa de tese.

No início do período republicano, foi promulgado o "Decreto nº 2.221, de 23 de janeiro de 1896", dando novos estatutos à Escola Politécnica e denominando-a Escola Politécnica do Rio de Janeiro (aliás, essa nova denominação somente foi usada a partir de 19 de setembro de 1899). Essa reforma nos estatutos da Escola extinguiu os chamados cursos científicos: o curso de Ciências Físicas e Matemáticas e o curso de Ciências Físicas e Naturais. Portanto, o ensino da Matemática Superior no Brasil passou, a partir de 1896 até 1933, a ser feito exclusivamente como disciplinas dos cursos de engenharia. Cessou nesse período, a formação do engenheiro-matemático no Brasil. Talvez esteja aí uma resposta para a explicação do pobre desenvolvimento da Matemática em nosso país em um dos períodos críticos da instalação do ensino superior no Brasil.

[2]Os engenheiros civis não podiam obter o grau de doutor (Cf. PARDAL, 1986, p. 37)

A partir de 1934, com a fundação da USP e sua Faculdade de Filosofia, Ciências e Letras da Universidade de São Paulo (FFCL-USP), é que o ensino e o desenvolvimento da Matemática retornaram com toda a força ao país, por meio de um curso próprio. A esse respeito falaremos mais adiante. O artigo 1º do Decreto nº 2.221 estatuía o seguinte, dentre outras coisas:

> A Escola Politécnica se comporá de um curso geral (dois anos de duração) e dos seguintes cursos especiais: curso de engenharia civil, curso de engenharia de minas, curso de engenharia industrial, curso de engenharia mecânica, curso de engenharia agronômica (BRASIL, 1896).

As disciplinas do curso geral (o curso básico) ligadas à Matemática eram as seguintes: Geometria Analítica, Cálculo Infinitesimal, Geometria Descritiva, Desenho Geométrico, Desenho de Aguadas e sua aplicação às sombras, Cálculo das Variações, Mecânica Racional, Desenho Topográfico. Um pobre elenco da Matemática, mas que estava de acordo com as necessidades para a formação de engenheiros na época. Relembramos que a Escola Politécnica foi uma escola destinada à formação de engenheiros, não de matemáticos.

Observamos, ainda, que o artigo 86 do "Decreto nº 2.221, de 23 de janeiro de 1896", facultava ao engenheiro graduado por um dos cursos da Escola Politécnica do Rio de Janeiro a obtenção do grau de bacharel. O artigo 87 do mesmo decreto estatuía a obtenção do grau de doutor em Ciências Físicas e Matemáticas e o de doutor em Ciências Físicas e Naturais aos bacharéis que fossem aprovados em concurso público de defesa de tese. Assim, ainda encontramos em 1918, um engenheiro civil obtendo o grau de doutor em Ciências Físicas e Matemáticas, que foi Theodoro A. Ramos, de quem voltaremos a falar no Capítulo 7.

Ao analisarmos as grandes reformas ocorridas nos estatutos da Escola Militar e de suas sucessoras até a Escola Politécnica do Rio de Janeiro, observamos claramente a ausência do ensino da Matemática de vanguarda de então, bem como a ausência de pesquisa científica básica atrelada ao ensino da Matemática. Percebemos que as cadeiras (disciplinas) sobre Matemática abordavam o ensino de uma Matemática arcaica, que, aliás, era voltada aos interesses imediatos do ensino das engenharias da época.

Relembramos que essas instituições de ensino (as escolas de engenharia) foram os únicos espaços no Brasil em que, até o ano de 1933, foi ensinada, de modo continuado, a Matemática Superior. E mais: durante muitos anos, as citadas instituições formaram engenheiros-matemáticos. É verdade que, nesse quadro, surgiram alguns brilhantes engenheiros-matemáticos que também se dedicaram à pesquisa científica. Citaremos alguns nomes: Joaquim Gomes de Souza, Otto de Alencar Silva, Manuel Amoroso Costa, Theodoro Ramos e Lélio Gama. Seus trabalhos, porém, foram fruto de seus esforços próprios, sem orientação acadêmica de algum mestre, sem um bom treinamento matemático formal. Eles pertenceram à geração de cientistas brasileiros autodidatas, que chamaríamos de pioneiros. Em verdade, eles pertenceram a uma classe de pessoas especiais que vivem à frente de seu tempo. São as pessoas que definem seu próprio treinamento científico e abrem caminhos para as novas gerações. No Capítulo 7 falaremos sobre algumas delas.

Para concluirmos este capítulo, relembramos que, entre 1811 e 1875, o ensino da Matemática Superior no Brasil esteve limitado à cidade do Rio de Janeiro. Somente em 1876 é que ele seria introduzido em Minas Gerais, com a fundação da Escola de Minas de Ouro Preto (criada por Decreto Imperial de 6 de novembro de 1875). No ano de 1894, foi introduzido no estado de São Paulo, quando foi inaugurada, em 15 de fevereiro de 1894, a Escola Politécnica de São Paulo (criada pela Lei Estadual nº 64, de 24 de agosto de 1893). Certamente, um quadro desolador para o ensino da Matemática Superior no país de fins do século XIX.

Em verdade, durante o período aqui abordado, houve desinteresse governamental pela elevação do nível da cultura científica em nosso país. Por quê? Talvez uma resposta seria o fato de ser o Brasil um país periférico, que foi descoberto e colonizado por um país europeu de relativa pobreza científica e, de certa forma, isolado dos países ricos do Velho Continente. No dizer de José Saramago, Portugal é um país sem vocação europeia (SARAMAGO, 1986).

Foi a partir de meados da década de 1910 que um grupo de homens ligados à ciência resolveu trabalhar em prol da elevação do nível da cultura científica em nosso país. Mesmo assim, persistiam as indagações: que tarefas haveria para um matemático? Como obter recursos governamentais para financiar o estudo sério e continuado da Matemática? Nessa década, foi fundada a Sociedade Brasileira de Ciências, depois transformada em Academia Brasileira de Ciências, e iniciaram-se os debates em torno da necessidade de criação de uma Faculdade de Ciências. Manuel Amoroso Costa foi um dos grandes batalhadores em prol dessa ideia.

CAPÍTULO 4
AS TENTATIVAS DE FUNDAÇÃO DE UNIVERSIDADES NO BRASIL

Ao fazermos um estudo histórico do ensino e desenvolvimento da Matemática no Brasil, devemos, forçosamente, incluir um esboço histórico a respeito das tentativas de criação de universidades. Tais tentativas foram feitas a partir de século XVII, culminando na criação da USP em 1934.

Durante a fase imperial, foram apresentados vários anteprojetos, tentando-se criar universidades no Brasil, mais exatamente 42 anteprojetos, mas alguns historiadores consideram o ano de 1538 como o marco inicial dos debates para a criação de uma universidade no país.

A primeira tentativa para a criação de uma universidade em nossa pátria ocorreu no século XVII, na Bahia, por iniciativa dos inacianos. Nessa oportunidade, foi redigida uma petição pela Câmara de Salvador, em 20 de dezembro de 1662, que foi enviada à metrópole por intermédio do procurador do Estado do Brasil. Nesse documento, que foi rejeitado pelo Monarca, os jesuítas e parte da população de Salvador desejavam que os cursos de Artes e de Teologia, ambos ministrados pelo Colégio da Bahia, fizessem parte de uma universidade e fossem reconhecidos pelas leis de Portugal. Eles pretendiam a equiparação à Universidade de Évora. No ano seguinte, isto é, em 1663, chegou à corte outro documento, também subscrito pela Câmara de Salvador, reiterando o documento anterior, porém, dessa vez, requerendo a equiparação dos cursos à Universidade de Coimbra. Esse segundo documento também foi rejeitado pelo Rei de Portugal.

Conforme mencionamos em capítulo anterior, o Colégio da Bahia, mantido pelos inacianos, manteve no século XVIII uma Faculdade de Matemática. Esse Colégio era conhecido por Estudos Gerais.

Relembramos que a designação "Estudos Gerais" foi usada em Portugal para designar uma universidade, o que nos faz conjecturar que, para os inacianos, o Colégio da Bahia era uma universidade. Em verdade, esse Colégio concedeu a seus alunos graus de mestre em Artes e até o grau de doutor, conforme mencionamos em capítulo anterior.

Quando da invasão dos holandeses ao Nordeste do Brasil, no século XVII, o Príncipe João Maurício de Nassau (1604–1679), que foi governador-geral da colônia holandesa no Brasil de 1637 a 1644, tinha um projeto para fundação de uma universidade em Recife, Pernambuco, a qual não foi instalada. Talvez a substituição, pelo governo holandês desse governador-geral tenha frustrado a iniciativa. Mesmo assim, o príncipe mandou instalar um observatório astronômico em uma torre do Palácio Friburgo. Esse foi o primeiro observatório astronômico do Brasil.

No século XVIII, os mentores da Inconfidência Mineira pensavam na instalação de uma universidade na cidade de Ouro Preto, caso vingasse o projeto político da Inconfidência. Conjecturamos que, nesse projeto, não havia espaço para uma Faculdade de Ciências. Em 1820, José Bonifácio de Andrada e Silva elaborou um anteprojeto visando à criação de uma universidade. A instituição seria constituída de vários cursos, inclusive de Ciências Matemáticas. Foi nesse esboço preparado por José Bonifácio que encontramos, pela primeira vez, a intenção de se criar, no Brasil, um curso de Matemática após a extinção da Faculdade de Matemática dos inacianos. Por fim, o anteprojeto não foi aprovado.

Em 12 de junho de 1823, ainda na euforia da Independência do Brasil, o deputado à Assembleia Constituinte José Feliciano F. Pinheiro propôs a fundação de uma universidade em São Paulo, fato que motivou, posteriormente, a apresentação, por parte da Comissão de Instrução Pública, de um anteprojeto mais amplo. A Comissão elaborou um anteprojeto que contemplava a criação de duas universidades, uma na cidade de São Paulo e outra na cidade de Olinda, Pernambuco. Nesse esboço, que constava de cinco artigos, não estava prevista a criação de uma Faculdade de Ciências. Mais uma vez, o esforço era relegado ao esquecimento. Como sabemos, em 12 de novembro de 1823, o imperador D. Pedro I dissolveu a Assembleia Constituinte, acabando com a euforia dos deputados. Em 25 de março de 1824, foi promulgada uma Constituição para o Brasil. Nessa carta, o artigo 179, em seu parágrafo 33, previa a criação de uma universidade. Novamente, a criação de uma universidade não sairia das intenções.

No ano de 1842, foi elaborado mais um anteprojeto. O esboço, assinado por José Cesário de M. Ribeiro, foi preparado pela secção do Conselho de Estado, encarregada dos negócios do Império. Nele propunha-se criar uma universidade nos moldes da Universidade de Coimbra reformada. O artigo 1º do anteprojeto em pauta estatuía que a instituição tivesse a denominação de Universidade Pedro II, a ser sediada na capital do Império. O artigo 2º dava a constituição da universidade, que seria formada por: Faculdade de Teologia, Faculdade de Direito, Faculdade de Matemática, Faculdade de Filosofia, Faculdade de Medicina. O artigo 46º do referido anteprojeto extinguia os cursos jurídicos existentes no país, e o artigo 47º extinguia a Faculdade de Medicina de Salvador, Bahia. Claramente, percebemos ser esse um belo exemplo de ensino centralizador. A ideia era centralizar o ensino superior na corte. Esse anteprojeto teve como destino os arquivos. A mencionada Faculdade de Matemática teria como modelo a Faculdade de Matemática da Universidade de Coimbra. O curso Matemático teria a duração de quatro anos, e seriam as seguintes as cadeiras (disciplinas) a serem ministradas:

- 1º ano — Geometria;
- 2º ano — Álgebra, Cálculo Diferencial e Integral;
- 3º ano — Mecânica;
- 4º ano — Astronomia.

Em verdade, um pobre elenco de disciplinas matemáticas, mesmo para os padrões da época. Relembramos que, no ano de 1842, foi instituído o grau de doutor em Ciências Matemáticas pela Escola Militar. Talvez tenha havido alguma conexão entre a instituição desse grau e o esboço de projeto para a criação de uma universidade.

Em 3 de julho de 1843, o senador Manoel do Nascimento C. e Silva apresentou um anteprojeto para criar uma universidade no país. Não havia espaço para a criação de uma Faculdade de Ciências nesse esboço. A exemplo dos anteriores, esse anteprojeto também não foi aprovado.

Em 1847, o deputado Bernardo José da Gama, visconde de Goiana, apresentou à Câmara dos Deputados um anteprojeto, criando uma universidade em nossa pátria. A instituição seria constituída pelas seguintes unidades: Faculdade de Direito, Faculdade de Medicina, Faculdade de Filosofia, Faculdade de Teologia, Faculdade de Matemática. Nesse esboço, as faculdades existentes nas províncias seriam mantidas, porém subordinadas à direção da universidade, que teria sua sede na corte. Esse anteprojeto também não foi aprovado.

Percebemos claramente que, durante a primeira metade do século XIX, alguns homens pertencentes a um segmento progressista da sociedade brasileira buscaram, a todo custo, a fundação de universidades no país, o que, diga-se de passagem, já se fazia necessário. Contudo, forças conservadoras expressivas impediram que as tentativas tivessem êxito. Perdeu o Brasil, pois teve de esperar pelo século seguinte — o século XX — para ter sua primeira universidade.

Durante vários anos, depois de 1847, o tema ligado à criação de uma universidade ficou adormecido no Congresso Nacional. No ano de 1870, ano do Manifesto Republicano, Paulino José de Souza, então ministro do Império, apresentou ao Congresso um anteprojeto referente à instrução pública, no qual, entre outras coisas, propunha a criação de uma universidade na Corte.

Em 6 de agosto de 1870, ao defender no Congresso o anteprojeto em pauta, assim se expressou o ministro:

> Proponho-a [a criação da universidade], incorporando nella a Faculdade de Medicina aqui existente e a Escola Central, verdadeira Faculdade de Sciencias [...] Peço dous créditos, um para construcção do edifício da universidade e outro par ir levando a effeito os outros melhoramentos da instrucção pública [...] (SOUZA, 1870a, pp. 12–17).

O anteprojeto em pauta também não foi aprovado pelo Congresso; porém mobilizou os políticos interessados na matéria a prosseguirem com as discussões relativas aos problemas do ensino superior no país. O Manifesto Republicano mencionado criticava, além dos problemas políticos do país, a ausência de liberdade no ensino, que, traduzida para o ensino superior, significava dizer frequência livre e liberdade na prestação de exames por parte dos alunos; isto é, os alunos não seriam obrigados a realizar provas durante o curso. Significava também a introdução da livre-docência no ensino superior, tendo por base o modelo alemão. O concurso para a livre-docência é conhecido da comunidade acadêmica em sua forma atual. No final dessa década, isto é, em abril de 1879, o ministro do Império, Dr. Carlos Leôncio de Carvalho (1847–1912), elaborou um decreto que foi aprovado pelo imperador D. Pedro II (1825–1891) e recebeu o número 7.247, de 19 de abril de 1879. Esse decreto ficou conhecido por decreto da Reforma do Ensino Livre e foi objeto de muita polêmica e atrito entre o ministro e o então diretor da Escola Politécnica, professor Ignácio Cunha Galvão. Os ânimos acirraram-se de tal forma que, de um lado ficou o ministro e, do outro lado, o diretor, os professores e alunos da Escola Politécnica, repudiando o decreto. Por esse motivo, a Escola Politécnica permaneceu fechada por um mês.

Entre outras coisas, o decreto em pauta (de inspiração positivista comtiana) instituía a liberdade de ensino no país, o ensino livre, a livre-docência e facultava à mulher, pela primeira vez, frequentar determinados cursos superiores: Medicina, Farmácia, Odontologia e o curso Obstétrico, todos ligados à área de saúde. Mesmo assim, as mulheres deveriam sentar-se, nas salas de aulas, em local separado dos homens. Até então, a mulher brasileira não tinha o direito de frequentar cursos superiores.[1]

Em 1881, o ministro Francisco I. M. Homem de Melo apresentou ao imperador um anteprojeto, propondo a criação de uma universidade, com sede na Corte. Esse esboço foi peculiar. Segundo o ministro, a universidade seria constituída das seguintes unidades: Faculdade de Ciências Matemáticas, Físicas e Naturais, Faculdade de Medicina, Faculdade de Direito, Faculdade de Letras, Faculdade de Teologia. Deveriam ser incorporadas à universidade as Faculdades existentes na cidade do Rio de Janeiro, e a ela ficarem subordinadas as Faculdades de Direito de São Paulo e a de Recife, bem como a Faculdade de Medicina de Salvador, Bahia, a Academia Imperial de Belas Artes do Rio de Janeiro, a Biblioteca Nacional, o Observatório Astronômico, o Museu Nacional, a Escola de Minas de Ouro Preto, Minas Gerais e, ainda, as instituições de ensino de qualquer grau existentes na Corte e nas Províncias, desde que fossem criadas e mantidas pelo governo central e não pertencessem a outros ministérios. Portanto, só ficariam de fora as escolas militares.

Eis um bom exemplo de uma universidade centralizadora. Esse modelo de instituição de ensino contrariava a liberdade de ensino que preconizava o Decreto nº 7.247, de 19 de abril de 1879. Ainda segundo o anteprojeto, a universidade seria subordinada a um Conselho Superior da Instrução Pública, que, por sua vez, seria subordinado ao ministro. E, dessa forma, o próprio ministro centralizaria em suas mãos todo o ensino superior do país, um fato, no mínimo, escandaloso.[2] Como era de se esperar, houve

[1] Para detalhes a esse respeito, consultar da Silva (1988). Também Lobo (1971) e Azevedo e Fortuna (1989).

[2] Em verdade, o ministro estava se antecipando aos tempos atuais, quando o ministro da Educação controla todo o ensino brasileiro, se bem que auxiliado por alguns órgãos.

uma forte reação nacional contrária ao anteprojeto do ministro. Por fim, o documento não foi aprovado.

A última tentativa no século XIX para a criação de uma universidade ocorreu na cidade de Curitiba, no Paraná. Em 1892, o jornalista, poeta e historiador José Francisco da Rocha Pombo (1857–1933), aos 34 anos de idade, pleno de sonhos e ideias, mas sem dinheiro o suficiente, lançou-se em uma empreitada audaciosa: fundar uma universidade em Curitiba. À época, a cidade possuía cerca de 20 mil habitantes, e o Decreto nº 7.247 permitia a criação de faculdades ou universidades particulares. Após alguns acertos, Rocha Pombo conseguiu, com a ajuda do comendador Macedo, que o então presidente do estado do Paraná, Francisco Xavier da Silva, assinasse uma lei que havia sido aprovada pelo Congresso Legislativo do Paraná: a Lei nº 63, de 10 de dezembro de 1892, que dava a José F. da Rocha Pombo a concessão, por cinquenta anos, para fundar e explorar uma universidade na cidade de Curitiba. O Artigo 4º da referida lei estatuía a composição da universidade com os seguintes cursos: "A instituição teria um curso geral e os seguintes cursos: Direito, Letras, Comércio, Agronomia, Agrimensura, Farmácia [...]" (CONGRESSO LEGISLATIVO DO PARANÁ, 1892).

Notamos a ausência de um curso de Ciências. A universidade de Rocha Pombo não foi além da pedra fundamental, que foi lançada no Campo da Cruz, atual praça Ouvidor Raphael Pires Pardinho, em terreno que obteve gratuitamente da Câmara Municipal de Curitiba, próximo ao centro da cidade. Que motivos inviabilizaram os sonhos de Rocha Pombo? Influentes políticos paranaenses, inimigos dele, teriam boicotado a implantação da universidade? Ou a sociedade curitibana não estava apta para assimilar a existência de uma universidade em seu seio? Relembramos que o ambiente cultural da cidade era diminuto, e o Paraná ainda se sentia como uma comarca de São Paulo. As famílias de posses não se empenharam na defesa das ideias de Rocha Pombo, pois enviavam seus filhos para estudar em Faculdades existentes nas cidades de São Paulo e Rio de Janeiro. Desiludido e derrotado, Rocha Pombo abandonou seus sonhos e foi residir na cidade do Rio de Janeiro.

A chegada do século XX reacendeu a chama da luta pela fundação de uma universidade no país. Na década de 1900, foram apresentados três anteprojetos ao Congresso Nacional, dois deles em 1903: um de autoria do Dr. A. A. Sodré e outro de autoria do Dr. Carlos Leôncio de Carvalho. Ambos foram enviados ao Ministério da Justiça para receberem o parecer de uma comissão de professores da Faculdade de Direito de São Paulo. Em 30 de março de 1903, a comissão emitiu seu parecer, julgando-os inoportunos. Esse parecer foi homologado pela Congregação da Faculdade de Direito em 4 de abril de 1903, e o processo, devolvido ao Ministério da Justiça e dos Negócios Interiores, que respondia pelos negócios da educação.

Damos, a seguir, algumas informações sobre os dois anteprojetos de 1903. No esboço do Dr. A. A. Sodré, a universidade teria sede na cidade do Rio de Janeiro e seria denominada Universidade do Rio de Janeiro, sendo constituída pelas seguintes Faculdades: Medicina, Jurisprudência, Letras, Ciências Físicas e Naturais, Matemáticas Puras, Escola de Engenharia. Ficariam subordinadas à Universidade do Rio de Janeiro as faculdades oficiais existentes em São Paulo, Recife e Salvador. Não nos causa surpresa ter o esboço sido julgado inoportuno por docentes da Faculdade de Direito de São Paulo.

No anteprojeto do Dr. Carlos Leôncio de Carvalho, não nos foi possível saber qual seria o nome da universidade, nem onde seria sua sede, mas conjecturamos que esta seria a cidade do Rio de Janeiro. A instituição teria a seguinte constituição: Faculdade de Medicina, Faculdade de Direito, Faculdade de Letras e Diplomacia, Academia de Comércio, Escola Politécnica. Presumimos que o ensino da Matemática estaria imerso na Escola Politécnica. Não são explicitados quais cursos teria a Escola Politécnica.

Em 1908, foi apresentado ao Congresso Nacional outro anteprojeto para se criar uma universidade no país, porém não nos foi possível obter detalhes a respeito desse esboço de projeto. Ele teve, contudo, o destino dos anteriores, isto é, foi rejeitado.

Em 5 de abril de 1911, foi promulgada a Lei Orgânica do Ensino Superior e do Fundamental na República, Decreto nº 8.659 (BRASIL, 1911), conhecida como *Lei Rivadávia*, que permitia, entre outras coisas, a criação de estabelecimentos de ensino superior pertencentes à iniciativa privada, instituindo também a livre-docência no país. A partir dessa lei, surgiram várias instituições de ensino superior. Citamos algumas. Desde o ano de 1908 que se pretendia criar, em Manaus, Amazonas, uma instituição de ensino superior para a região (foi na fase áurea da produção da borracha nesse estado). Nesse espírito, em 2 de fevereiro de 1909, parte da elite intelectual local aprovou os estatutos da Escola Universitária Livre de Manaus, que constava do seguinte: Curso de Formação de Oficiais das Armas de Infantaria, Cavalaria e Engenharia; Cursos de Engenharia Civil, Agrimensura, Agronomia e outras especialidades; Curso de Ciências Jurídicas e Sociais; Cursos de Medicina, Farmácia e Odontologia; Curso de Ciências e Letras. Essa instituição foi transformada na Universidade de Manaus, no ano de 1913. Os alunos da instituição pagavam uma taxa de mensalidade, porém, as despesas da instituição eram cobertas pelos cofres públicos do Estado e do Município.

Na cidade de São Paulo, foram criadas, a partir de 1911, as seguintes instituições de ensino superior, amparadas pelo Decreto nº 8.659, já mencionado: Instituto Superior de São Paulo, Universidade Paulistana, Superior Universidade do Estado de São Paulo e Universidade de São Paulo, todas particulares. Convém relembrar, de passagem, que algumas dessas instituições de ensino superior possuíam apenas uma sala de escritório para a venda de diplomas. Dentre elas, apenas a Universidade de São Paulo, instalada em 23 de março de 1911, levou a sério suas pretensões. Teve como reitor o médico Eduardo Augusto Ribeiro Guimarães e foi constituída pelos seguintes cursos: Medicina, Direito, Engenharia, Farmácia, Odontologia, Letras, Filosofia e Comércio, chegando a possuir 779 alunos. O curso de Medicina foi o mais procurado, e o ensino da Matemática ficou de fora na composição da instituição.

Ainda sob o amparo do decreto mencionado, foi criada em Curitiba, Paraná, em 19 de dezembro de 1912, a Universidade do Paraná (UPR), uma instituição particular, de propriedade de alguns profissionais liberais da cidade. Passou a funcionar à noite, em 24 de março de 1913, constituída pelos seguintes cursos: Odontologia, Farmácia, Obstetrícia (que, no início, não funcionou por falta de alunos), Ciências Jurídicas e Sociais, Engenharia Civil, Comércio. A instituição funcionou, inicialmente, em um prédio alugado na no centro da cidade, com 97 alunos e 26 professores, profissionais liberais e militares residentes na cidade. Sua primeira diretoria foi constituída por: Victor Ferreira do Amaral e Silva (diretor); Euclides Beviláqua (secretário); Nilo Cairo da Silva (vice-diretor); Manoel Cerqueira Daltro Filho (subsecretário); Flávio Luz (tesoureiro);

e Hugo Gutierrez de Simas (bibliotecário). Em 27 de março de 1913, o governo estadual, na pessoa de Carlos Cavalcanti, reconheceu oficialmente a instituição ao mesmo tempo que autorizou uma contribuição financeira do estado à instituição. Também não houve, nessa instituição de ensino, um curso de Ciências Matemáticas (aliás, somente na década de 1940 é que passou a existir, em Curitiba, um curso de Matemática, na Faculdade de Filosofia, Ciências e Letras do Paraná, de propriedade dos Irmãos Maristas).

A UPR foi uma instituição de inspiração positivista comtiana. Seus idealizadores jamais se preocuparam em criar uma instituição moderna, que se comprometesse com a pesquisa científica básica atrelada ao ensino e repassasse para a sociedade local os principais frutos dessa pesquisa. No modelo de universidade que criaram, não havia espaço para a criação de uma Faculdade de Ciências. Jamais se preocuparam em criar uma instituição que, com o passar dos anos, estivesse à altura da riqueza do estado. Ao contrário, a preocupação de seus fundadores foi criar uma instituição que transmitisse o saber estabelecido, já conhecido, e fornecesse o diploma, a láurea. Foi uma instituição baseada no tipo de ensino napoleônico implantado no Brasil, que se fundamentava em escolas profissionalizantes, que mais valorizavam o diploma, e nunca o saber gerador do desenvolvimento científico.

Devemos registrar a preocupação de seus fundadores em exigir, com todo o rigor, a frequência obrigatória dos alunos, bem como a obrigatoriedade de realização de exames mensais (conforme já mencionamos, o Decreto nº 8.659, que consagrou a chamada reforma Rivadávia Correia, tornava livre, no país, o ensino superior). A esse respeito, vejamos o que escreveu, no Relatório Geral de 1913, seu diretor, o Dr. Victor Ferreira do Amaral e Silva:

> A meta que collimamos era e continua a se ministrar um ensino solido e proveitoso, relegando para plano secundario a concessão de diplomas academicos, afim de não confundir a nossa Universidade com os estabelecimentos adrede fundados para o commercio illicito da mercancia de titulos academicos, rotulando os pobres de espirito e ôcas fatuidades, que à instrucção proficua e ao saber, que ennobrece, preferem as lantejoulas de arlequim, compradas na almoeda do mais sordido e immoral mercantilismo, que a complacencia das leis penaes tem tolerado. No meio da derrocada em que baqueara o ensino secundario, amesquinhado pela sordicia da maior parte dos collegios equiparados, e na frouxidão que avassallava o ensino superior, pela falta do preparo propedeutico, indispensavel aos estudos academicos, nasceu a UPR [...] (SILVA, 1913, pp. 4–5).

As instituições de ensino superior criadas a partir do Decreto nº 8.659 não sobreviveram por muito tempo. Com efeito, sendo ministro da Justiça e dos Negócios Interiores os Dr. Carlos Maximiliano Pereira dos Santos (1873–1980), a quem ficavam afetos os negócios da Educação, foi sancionado pelo presidente da República o "Decreto nº 11.530, de 18 de março de 1915", que Reorganizava o Ensino Secundário e Superior na República. A partir de 1911, houve, no Brasil, a liberdade de ensino, ou o ensino livre, conforme já mencionado. Esse fato, em conjunto com a avidez para ganhar dinheiro fácil, desenvolvida em pessoas sem escrúpulos, motivou a criação legal de fábricas de diplomas de curso superior no país. Citamos como exemplo o seguinte anúncio, publicado no jornal *O Estado de S. Paulo* em 25 de março de 1913: "Universidade brasileira reconhecida em todo o Brasil [...] É um estabelecimento de ensino fundamental superior

[...] cujo fim é conferir o grau de doutor em Medicina, doutor em Direito, Engenharia, Farmácia [...]".

Inconformado com o modo errado de se iniciar, no país, o instituto da universidade, e receptivo ao clamor de pequena parcela da sociedade brasileira, constituída de pessoas de bem, o ministro Carlos Maximiliano, resolveu acabar com esse estado de coisas, e elaborou o Decreto nº 11.530, que foi sancionado pelo presidente da República. A título de informação, Resumimos a seguir alguns dos artigos do Decreto acima citado:

- o governo federal, quando achar oportuno, reunirá em universidade as Escolas Politécnica e de Medicina do Rio de Janeiro, incorporando a elas uma das Faculdades livres de Direito, dispensando-a de taxa de fiscalização e dando-lhe gratuitamente edifícios para funcionar;
- retorno do sistema de equiparação das instituições, a fim de que os diplomas ou títulos expedidos pudessem concorrer com os congêneres emitidos por instituições oficiais;
- a cidade sede de um curso superior deveria ter no mínimo 100 mil habitantes ou ser capital de estado com mais de 1 milhão de habitantes.[3]

Somente após cinco anos de funcionamento é que a escola superior poderia requerer a equiparação prevista no decreto (Cf. BRASIL, 1915). A partir da data desse Decreto foram sendo extintas, pouco a pouco, as três universidades livres que haviam sido criadas, amparadas pelo Decreto nº 8.659, de 5 de abril de 1911. Nenhuma das universidades livres existentes poderia ser equiparada, pois o governo federal não mantinha nenhuma universidade. Em algumas das universidades livres, seus proprietários as desmembraram em faculdades, pois elas poderiam ser equiparadas com faculdades existente e mantidas pelo governo federal (Engenharia, Direito e Medicina...).

A Universidade Livre do Paraná, que fora criada em 19 de dezembro de 1912, foi extinta após o "Decreto nº 11.530, de 18 de março de 1915". A UFPR é sucessora da UPR, que foi criada em 1º de abril de 1946, e oficializada por Decreto-Lei nº 9.323, de 6 de junho de 1946, com as seguintes unidades: Faculdade de Direito; Faculdade de Engenharia; Faculdade de Medicina, com escolas anexas de Farmácia e Odontologia; Faculdade de Filosofia, Ciências e Letras.

O ensino da Matemática Superior, que existiu no estado do Paraná de 1912 à década de 1940, quando, então, passou a funcionar o curso de Matemática na Faculdade de Filosofia, Ciências e Letras do Paraná, que pertencia aos Irmãos Maristas, foi o ministrado em curso de Engenharia, por professores engenheiros, limitando-se aos seguintes assuntos: Geometria Analítica, Geometria Descritiva, Geometria Euclidiana, Trigonometria, Cálculo Diferencial e Integral Um pobre elenco de assuntos, mas, diga-se de passagem, o suficiente para o ensino da Engenharia Civil da época.

[3]Relembramos que, em 1900, a cidade de São Paulo possuía 239.820 habitantes, e a cidade de Curitiba, 49.755 habitantes. Vinte anos depois, a cidade de Curitiba possuía 78.986 habitantes, e o estado do Paraná, menos de 1 milhão de habitantes.

A Universidade Livre de São Paulo, criada em 1911, e a Escola Universitária Livre de Manaus, criada em 1909, também foram extintas após o Decreto nº 11.530.

Em 1913, o interventor federal no estado de São Paulo, João Alberto L. de Barros aprovou o Decreto nº 5.064, de 13 de junho desse ano, no qual, em seu artigo 1º, incluía a possibilidade de ser criado, mediante proposta da Congregação, um curso de Matemática na Escola Politécnica de São Paulo. A Congregação da Escola Politécnica jamais teve interesse em criar tal curso. No mesmo ano, foi fundada a Escola de Engenharia de Itajubá, Minas Gerais.

Em 1920, foi criada uma universidade federal no país. Com efeito, com o Decreto nº 14.343, de 7 de setembro de 1920, o presidente da República, Epitácio Pessoa (1865–1942), criou a Universidade do Rio de Janeiro. O artigo 1º do Decreto estatuía: "Ficam reunidas em Universidade do Rio de Janeiro, as Escola Politécnica do Rio de Janeiro, a Faculdade de Medicina do Rio de Janeiro e a Faculdade de Direito do Rio de Janeiro, dispensada da fiscalização" (FÁVERO, 2000b, p. 15).

Essa universidade funcionou por muitos anos (Cf. BRASIL, 1926). Sua sucessora é a UFRJ. Observamos, também, que não houve a preocupação em criar um curso de Matemática nessa instituição, embora já houvesse, na década de 1870, programas de estudos conduzindo ao grau de doutor em Matemática em algumas universidades europeias e norte-americanas.

Em 1927, foi criada, em Belo Horizonte, a Universidade de Minas Gerais, constituída das seguintes unidades: Faculdade de Medicina, Faculdade de Direito, Faculdade de Engenharia, Faculdade de Odontologia, Faculdade de Farmácia. Entre o final do século XIX e o início do século XX, foram criadas várias Faculdades de Engenharia no país.

A fundação de importante universidade para o país aconteceu na cidade de São Paulo, no ano de 1934: a USP. As causas pelas quais o estado de São Paulo surgiu, nas décadas de 1930, 1940 e 1950, como líder nos estudos da Matemática no Brasil devem ser buscadas nos planos político e econômico. Na década de 1920, houve o agravamento das questões políticas entre o estado de São Paulo e o governo central, atingindo o clímax na década de 1930. Em 1932, com a eclosão da Revolução Constitucionalista, São Paulo se insurgiu contra o governo central porque não concordava com o governo de Getúlio Vargas e, por isso, foi submetido a um cerco militar. Ainda na década de 1930, houve a derrota militar do estado de São Paulo, seguida de perdas políticas. Nessa mesma década, o então governador de São Paulo, Armando de Salles Oliveira (1887–1945), resolveu investir recursos em uma universidade que viesse resgatar, por meio das Ciências e das Letras, as perdas sofridas para o governo federal. O brasão da USP, aliás, contém a expressão *Scientia Vinces*.

Foi, então, criada uma Comissão Organizadora, presidida por Júlio de Mesquita Filho e tendo como outros membros Paulo Duarte e Fernando de Azevedo, para fundar a USP (SÃO PAULO, 1934), com sua FFCL-USP, que foi fundada em 12 de janeiro de 1934. Nessa instituição, teve início um novo ciclo para o ensino e desenvolvimento da Matemática Superior no Brasil, livre das influências do positivismo comtiano. Nela foi criado um curso de graduação em Matemática, formando exclusivamente matemáticos e professores de Matemática para o ensino superior e para o ensino secundário, um fato novo no país dos bacharéis.

Para a Faculdade de Filosofia, Ciências e Letras, foram contratados bons professores europeus, tarefa que ficou a cargo do Prof. Theodoro A. Ramos (1895–1935), então docente da Escola Politécnica de São Paulo e que auxiliou a Comissão Organizadora da USP. Do Velho Continente, e auxiliado pelos Profs. Georges Dumas, Paul Rivet, Jean Marx e Pierre Janet, Theodoro Ramos trouxe para a FFCL-USP, em 1934, entre outros, o matemático italiano Luigi Fantappiè (1901–1956), então com 33 anos de idade e no apogeu de sua atividade científica. Posteriormente, em 1936, veio outro matemático italiano, este por indicação de Fantappiè: Giacomo Albanese (1890–1957). Mais adiante, daremos mais detalhes sobre a criação da USP, bem como sobre a atuação desses matemáticos italianos.

Na década de 1930, também houve, na cidade do Rio de Janeiro, a convergência de ideias e ideais por parte de vários educadores liderados por Anísio Teixeira (1900–1971), que culminou na a criação, em 1935, da Universidade do Distrito Federal, uma instituição, apesar de efêmera, voltada para o ensino e para a pesquisa científica básica, atrelada ao ensino. Ela foi formada por escolas, dentre as quais a de Ciências.[4]

Retornemos à FFCL-USP. Júlio de Mesquita Filho concebeu-a como um grande centro de pesquisa científica básica e continuada, associada ao ensino e atuando em algumas áreas do conhecimento, como: Ciências Exatas, Ciências Biológicas e Ciências Humanas, centro este destinado a integrar a USP e a atuar como um catalisador das demais unidades da universidade.

Portanto, a USP foi concebida, apesar de se compor de faculdades existentes e ser uma instituição pertencente à elite paulista, como uma instituição dotada de uma filosofia bem distinta daquela das outras instituições que haviam sido criadas até então, isto é, universidades constituídas de escolas profissionalizantes, distintas e distantes entre si, em que a preocupação com a pesquisa científica básica continuada e ligada ao ensino de graduação jamais havia existido.

O curso de Matemática da USP contou, desde seu início, com a colaboração de matemáticos italianos. O primeiro a chegar, repetimos, foi Luigi Fantappiè, discípulo de Vito Volterra (1860–1940), importante matemático italiano. À época, Fantappiè estava interessado na parte da Análise Matemática conhecida como Funcionais Analíticos, em cuja área fez valiosas descobertas. Ele foi um dos grandes impulsionadores dessa área da Matemática. Antes de vir para o Brasil, Fantappiè foi catedrático de Análise Matemática na Universidade de Bolonha e diretor do Instituto Matemático Salvatore Pincherle.

Na USP, dedicou-se ao árduo trabalho de formação de uma escola matemática e de difusão da necessidade do estudo da Matemática. Passou, também, a divulgar escritos contendo suas ideias sobre a necessidade da reforma do ensino secundário, pois também se preocupou com o ensino da Matemática elementar.

De imediato, L. Fantappiè reformulou os programas das cadeiras de Cálculo Infinitesimal e Geometria, que eram ministradas na Escola Politécnica (ele ministrou aulas da FFCL-USP, bem como na Escola Politécnica da USP). Assim, iniciou o curso de Cálculo com o estudo dos Números Reais, apresentando a seus alunos a definição de *corpo*, *corpo ordenado* etc., terminando-o com o estudo das Equações Diferenciais. Em verdade, ele ministrou um curso de Cálculo bastante diferenciado dos cursos até então

[4]Para detalhes, cf. Medeiros (1997b).

ministrados na Escola Politécnica de São Paulo. Fantappiè também ministrou cursos sobre assuntos que não eram estudados pelos jovens brasileiros, como Funcionais Analíticos, Teoria dos Grupos Contínuos, Teoria dos Números,[5] Álgebra Abstrata, dentre outros.

L. Fantappiè também introduziu na USP a salutar prática da realização periódica de seminários de formação. Criou o Seminário Matemático e Físico, que atraiu a atenção dos estudantes brasileiros. Iniciou, ainda, a formação de uma biblioteca de Matemática, angariando, para tal, verbas dos governos paulista e italiano. Iniciou-se com Fantappiè a compra de coleções e assinaturas de revistas sobre Matemática, um fato até então não pensado ou não desejado pelas autoridades competentes. Ele retornou à Itália com o advento da Segunda Guerra Mundial, após o Brasil declarar guerra às nações do Eixo. Fantappiè faleceu em Viterbo, Itália, em 30 de julho de 1956. Nas décadas de 1930, 1940 e 1950, os Funcionais Analíticos foram estudados por vários jovens matemáticos brasileiros.

Logo após Fantappiè, chegou à USP Giacomo Albanese, que, à época, trabalhava em Geometria Algébrica, um dos ramos da Matemática criados pela escola italiana. Na Itália, ele recebeu o prestigiado prêmio Ulisse Dini e foi assistente do Prof. Ulisse Dini na Universidade de Pisa. Posteriormente, foi assistente do Prof. Francesco Severi na Universidade de Pádua, na cadeira de Geometria Analítica. Albanese obteve, em 1923, a livre-docência pela Universidade de Pisa. Chegou à USP em 1936, para reger a cadeira de Geometria na FFCL-USP. Depois, regeu também a cadeira de Geometria Projetiva, Analítica e Descritiva, na Escola Politécnica. Retornou à Itália durante a Segunda Guerra Mundial, mas, com o término do conflito, voltou a São Paulo, em 1946, para reger a cadeira de Geometria Analítica e Projetiva na Escola Politécnica. Faleceu em São Paulo, em 8 de junho de 1957. Fantappiè e Albanese impulsionaram o ambiente matemático em São Paulo e no Brasil. A partir da década de 1940, os estudos matemáticos se expandiram, em qualidade e quantidade, nesse estado e no país. Daremos mais detalhes a esse respeito no Capítulo 8.

Do que precede, podemos dizer que a FFCL-USP se constituiu, por mais de vinte anos, na principal fonte de formação e estudos matemáticos do Brasil. E acrescentaríamos que essa instituição foi o berço da atual Matemática brasileira, em virtude dos estudos ali desenvolvidos a partir de 1934.

Pela Lei nº 452, de 5 de julho de 1937, foi organizada, na cidade do Rio de Janeiro, a Universidade do Brasil, sucessora da Universidade do Rio de Janeiro, e pelo Decreto nº 1.190, de 4 de abril de 1939, foi criada nessa universidade a Faculdade Nacional de Filosofia da Universidade do Brasil (FNFi-UB).[6] Nessa unidade, foi criado um curso de Matemática, a partir do qual floresceram os estudos matemáticos na cidade do Rio de Janeiro. No ano de 1939, foi extinta a Universidade do Distrito Federal, segundo acordo entre o governo federal e o prefeito do Distrito Federal.

Este capítulo nos forneceu uma visão panorâmica a respeito das tentativas de criação de universidades no Brasil. Observamos, em quase todas elas, exceto na USP e na

---

[5] Sobre esse assunto, muito estudado em instituições europeias desde o século XIX, sugerimos a obra de Gauss *Disquisitiones Arithmeticae* (1995).

[6] Para uma excelente exposição a respeito da criação da Universidade do Brasil, sugerimos. Fávero (2000a).

Universidade do Distrito Federal, uma particularidade em comum: foram propostas de instituições formadas por faculdades isoladas, escolas profissionalizantes, distintas e distantes entre si, que tinham em comum apenas a direção, não havendo espaço para a pesquisa científica básica atrelada ao ensino. A preocupação maior foi com o fornecimento do diploma, a láurea. A administração federal, em função da indiferença e da falta de visão de futuro para o país, jamais criou um Plano de Política Universitária para o Brasil.

CAPÍTULO 5
UMA CARACTERIZAÇÃO DO MEIO INTELECTUAL DO BRASIL, DO FINAL DO SÉCULO XVIII À DÉCADA DE 1920

Neste capítulo, fazemos um estudo do meio intelectual brasileiro, no período que vai do final do século XVIII à década de 1920. Para tal, caracterizamos a elite intelectual brasileira da época, identificando suas ideias, seus ideais, suas críticas e lutas sociais frente aos problemas inerentes à educação e às necessidades científicas, culturais e econômicas do país. É nosso objetivo ainda detectar o desenvolvimento científico-tecnológico no país de então, a produção de bens de consumo, questionar a relação entre ciência e sociedade e analisar as propostas apresentadas, à sociedade, por entidades literárias e científicas que foram fundadas no período.

Assim fazendo, poderemos entender por que o desenvolvimento e o direcionamento das ciências, em particular da Matemática, em nosso país, não acompanharam as principais correntes que fluíam naturalmente no Velho Continente e nos Estados Unidos da América do Norte.

Sabemos, por meio da história da cultura brasileira, que houve, no Brasil Colônia, uma civilização transplantada da Europa. Atrelada a ela, veio uma cultura (SODRÉ, 1985). Nada havia, em nosso país, que fosse de interesse do descobridor-colonizador, exceto alguns produtos primários e a terra. Os nativos (índios), os europeus e os africanos compuseram a etapa de colonização do Brasil, de modo que a cultura e a composição social formadas pela união desses seres humanos em solo brasileiro refletiram a mistura das culturas dessas raças. Usaremos a definição de cultura em seu sentido genérico e que fora formulada por Edward B. Tylor (1832–1917), segundo a qual cultura é “todo aquele complexo que inclui o conhecimento, as crenças, a arte, a moral, a lei, os costumes e todos os outros hábitos e capacidades adquiridos pelo homem como membro de uma sociedade” (TYLER, 1920, Vol. I, Chapter I, p. 1).

Durante o século XVIII, a sociedade brasileira foi formada basicamente por dois segmentos: de um lado, os proprietários de terras ou fazendas, e do outro, seus escravos. O comércio e a mineração foram privilégios de poucos. É verdade que alguns proprietários de áreas de mineração também o foram de grandes fazendas. Por fim, com o término da corrida para a mineração, alguns proprietários de minas passaram a desenvolver a atividade comercial.

A partir da segunda metade do século XVIII, começou a emergir no Brasil outro segmento social: a pequena burguesia, situado entre os dois já mencionados. Em seus primórdios, foi constituída por pequenos comerciantes e ex-proprietários de terras para a mineração. Essa pequena burguesia, ampliada, transformou-se depois, na burguesia brasileira, que passou a enviar seus filhos para estudarem na Europa, em particular, na Universidade de Coimbra. Nessa instituição, mesmo depois de reformada, em 1772, os brasileiros recebiam uma educação de tipo bacharelesco e, até certo ponto, desinteressado da realidade científica europeia, em vista do seu tipo de ensino, conforme explicitamos em capítulo anterior. Contudo, a Universidade de Coimbra serviu para introduzir na elite intelectual brasileira o sopro do espírito do Iluminismo, que inundou a Europa Ocidental no século XVIII.

Mesmo assim, é verdadeira a afirmação de que a Universidade de Coimbra iniciou o que poderíamos chamar de *espírito de desenvolvimento intelectual brasileiro*. Relembramos, de passagem, que, em fins do século XVIII, foi fundado o Seminário de Olinda, Pernambuco, pelo bispo Azeredo Coutinho, egresso da Universidade da Coimbra. Essa foi a primeira instituição de ensino renovado criada no Brasil da época. Sabemos, também, que o Seminário de Olinda exerceu forte influência na formação da elite intelectual do Nordeste do Brasil de então.

O ensino secundário no Brasil Colônia, Império e nos primeiros anos do período republicano foi deficiente, desorganizado e de baixa qualidade.[1] O ensino superior também não ficou distante dessas marcas. Almeida Júnior escreveu sobre isso: "Alunos mal preparados conseguiam, pois, ingressar nas quatro Faculdades do Império, e nestas, embora sem assiduidade, sem esforço e fazendo ou exames desonestos ou maus exames, galgavam uma a uma todas as séries do curso, até a ambicionada conquista do diploma" (ALMEIDA JÚNIOR, 1956, p. 46).

Na década de 1850, as autoridades competentes tomaram algumas providências para reorganizar e moralizar e ensino público secundário no país. Dessa forma, no município do Rio de Janeiro, foi criada a Inspetoria Geral da Instrução Primária e Secundária. Foram instituídas normas para o exercício da liberdade de ensino, e foi previsto um sistema de preparação ou formação de professores primários. Essas foram medidas tomadas apenas no município do Rio de Janeiro, havendo uma sensível melhoria na organização e qualidade da instrução pública desse município. Uma forte variável que contribuiu para a execução dessas medidas foi a calmaria política do país nessa década, conseguida em virtude da chamada *Conciliação* dos partidos políticos, a respeito da qual assim se escreveu: "Época sem fisionomia, sem emoções, sem crenças entusiásticas, mas que terá a inapreciável vantagem de romper a cadeia de tradições funestas e de favorecer pela sua calma e por seu silêncio o trabalho interior de reorganização administrativa e industrial do país" (HAIDAR, 1971, p. 98).

[1] A esse respeito, cf. Haidar (1971) e Souza (1870a).

que terá a inapreciável vantagem de romper a cadeia de tradições funestas e de favorecer pela sua calma e por seu silêncio o trabalho interior de reorganização administrativa e industrial do país" (HAIDAR, 1971, p. 98).

Ainda na década de 1850, houve uma euforia direcionada para o ensino científico, mesmo em nível secundário. Com efeito, o Colégio D. Pedro II, que foi uma instituição modelo de ensino bem-sucedido, passou, em 1855, por uma reforma curricular, na qual se pretendia que o ensino científico fosse o carro chefe. Mas o imperador não concordou com a pretensão, orientado por seus assessores. Houve a reforma curricular, porém, nessa instituição, manteve-se a tradição do ensino humanista. As medidas educacionais tomadas nessa década, lamentavelmente, não tiveram continuidade nas décadas seguintes, e, dessa forma, voltaram a reinar a desorganização, o caos e a corrupção no sistema de ensino público do país.

Na década de 1870, houve uma atmosfera de instabilidade política no Brasil, a qual, como sabemos, antecedeu a derrocada do Império. Nessa década e nas décadas seguintes, as questões políticas, em conjunto com as ideológicas, econômicas e sociais, geraram, na parte culta da sociedade brasileira, sentimento de mudança e busca de solução para os graves problemas que grassavam no país. Citamos alguns: escravidão, analfabetismo, estrutura do sistema escolar, imigração, casamento civil, separação entre Estado e Igreja Católica, dentre outros. Enfim, o quadro de insatisfação geral que envolvia a sociedade brasileira balizou, por muitos anos, a vida das instituições de ensino do país, bem como da sociedade como um todo.

Na mesma década, grande parte da elite intelectual brasileira uniu-se à parte da elite dominante que ansiava por mudanças e reformas, reivindicando ao governo federal, dentre outras medidas, as seguintes: implantação do regime republicano; atualização da sociedade brasileira com o modo de vida dos países da Europa Ocidental; elevação dos níveis intelectual e cultural do povo brasileiro; reforma na estrutura educacional, visando ao desenvolvimento científico-tecnológico do Brasil; reformas políticas necessárias para o desenvolvimento do país; abolição da escravidão. Um dos intelectuais da época, Tobias Barreto (1839–1889), crítico, pensador, jurista e poeta, assim se expressou:

> Quando digo que no Brasil as coisas políticas têm uma preponderância absoluta, não quero com isso afirmar que as ideias respectivas estejam bem adiantadas. Assim deveria ser e tinhase o direito de esperar. Mas, dá-se o contrário. Os nossos grandes homens vivem de todo alheios ao progresso das ciências [...] O mundo científico viaja de dia em dia com incrível rapidez, para alturas desconhecidas. Aqui não se sabe disso. O clarão do século ainda não penetrou na consciência brasileira [...] (BARBOSA, 1942, p. 153).

Outros intelectuais, como Joaquim Nabuco, Olavo Bilac e Euclides da Cunha, denunciavam ao país, com frequência, a não existência de uma nação brasileira, bem como uma possível perda da autonomia da nação, em face da fragilidade do Estado. Relembramos que, nas décadas de 1870 e 1880, houve uma atmosfera de instabilidade política e um quadro de insatisfação geral, que, como sabemos, culminaram com a implantação da República. Nessas duas décadas, foi tão forte o sentimento de necessidade de mudanças na estrutura educacional do país que até as classes dominantes passaram a reivindicar um ensino público de boa qualidade, que fornecesse boa formação profissional ao jovem brasileiro.

Em agosto de 1870, o ministro do Império, Paulino José Soares de Souza, ao apresentar o Orçamento do Império perante a Câmara dos Deputados, também manifestou sua preocupação com a baixa qualidade do ensino público brasileiro: "O atrazo do ensino que se demonstra com dados positivos nesse documento, longe de nos fazer desanimar, deve ser o maior incentivo para cuidarmos séria e vigilantemente do objecto que tanto importa ao futuro de nossa pátria" (SOUZA, 1870b, p. 7).

As pressões das elites brasileiras surtiram efeito. Na década de 1870, a Escola Central passou à jurisdição do Ministério do Império, deixando de pertencer ao Ministério da Guerra. Seus estatutos foram reformados em 1874, e ela passou a se denominar Escola Politécnica, como uma escola exclusivamente de Engenharia. Mesmo assim, continuou formando bacharéis em Ciências até o ano de 1896. Buscou-se o intercâmbio científico-tecnológico internacional. Escolas francesas foram contatadas. Docentes da Escola Politécnica foram realizar estágios tecnológicos em países europeus. Contudo, o necessário intercâmbio científico com matemáticos europeus não se realizou.

Ainda na década de 1870, foi criada, por desejo do imperador, a Escola de Minas de Ouro Preto, Minas Gerais. Para essa instituição de ensino vieram professores franceses. A partir dessa data, houve uma grande esperança de mudanças no meio intelectual brasileiro. Iniciaram-se conferências expositivas na Escola Politécnica do Rio de Janeiro. Claude-Henri Gorceix (1842–1919), primeiro diretor da Escola de Minas de Ouro Preto, realizou algumas conferências na Escola Politécnica. Aliás, essas conferências permitiram a Gorceix julgar objetivamente o baixo nível dos estudos superiores no Brasil da época. Na mesma década de 1870, o conselheiro Manoel Francisco Correia criou as Conferências Populares da Freguesia da Glória, na cidade do Rio de Janeiro, as quais tinham por objetivo o esclarecimento da população local sobre liberdade de ensino, criação de universidades, programas de imigração, casamento civil, higiene, saneamento básico, ensino primário obrigatório, história e literatura do Brasil, entre outros.[2] Nos anos 1870 surgiu também um importante movimento cultural conhecido por *germanismo brasileiro*, do qual participaram intelectuais e políticos de várias regiões do país.

Em 1876, o cientista norte-americano Orville A. Derby (1852–1915), que veio para o Brasil para trabalhar na recém-criada Comissão Geológica do Império, trabalhou no Museu Nacional. Na década de 1870, ele enviou à revista *Science* um artigo no qual retratou fielmente o estado da ciência no Brasil. Nesse artigo, publicado sem o nome do autor, ele apontou algumas características que ainda marcam a vida científica brasileira:

> Os últimos dez ou quinze anos testemunharam um acentuado despertar do Brasil para a importância da pesquisa científica e a inauguração do que pode ser chamado com justiça de um novo movimento, do qual — pelo que sabemos — nenhuma divulgação foi até agora feita para o mundo exterior; enquanto os próprios brasileiros, em sua maioria, talvez ainda desconheçam a importância e a promessa da atividade científica desenvolvida em seu meio por um pequeno

[2] Cf. *Diário Oficial do Império*, nº 288, de 22/11/1874.

> grupo de trabalhadores dedicados. [...] Os brasileiros, com poucas e honrosas exceções, se satisfazem em receber de segunda mão os conhecimentos da história natural de seu próprio país, e raramente se empenham por conta própria em suplementar e corrigir o trabalho dos naturalistas estrangeiros, em grande parte necessariamente incompleto e incorreto. O governo, até recentemente, também não assegurou ajuda bem dirigida e regular para as investigações científicas; embora tenha mantido por muitos anos, com despesa considerável, departamentos científicos em todas as instituições superiores do saber e em estabelecimentos como o Observatório Nacional e o Museu Nacional [...] Devido à má organização ou apoio insuficiente, os resultados científicos de todos esses esforços foram, contudo, de pouco valor [...] Por longo período, o que passava por ciência no Brasil era caracterizado por uma quase total ausência de investigação; e embora houvesse muitos nomes com uma reputação local e mesmo nacional como professores ou escritores de assuntos científicos, era difícil encontrar qualquer contribuição sólida tanto no campo das ciências físicas como no das ciências naturais. Hoje ainda há muitas reputações que não têm como base um trabalho original de mérito (DERBY, 1883, pp. 214–221).

Em 1886, Orville Derby foi convidado a organizar a Comissão Geográfica e Geológica da Província de São Paulo. Ali trabalhou até o ano de 1904.

Na década de 1880, com a abolição da escravidão, em 1888, e a implantação da República, em 1889, mudanças desejadas e que deveriam trazer esperanças de solução para os graves problemas que afligiam o país não os resolveram, e, ao contrário, trouxeram outros. Elas também desagregaram parte dos intelectuais que estavam envolvidos nesses processos. A elite dominante, com o apoio de políticos desonestos, passou à disputa por cargos políticos. Nos primeiros anos de República Velha, multiplicaram-se a inocuidade política, o vazio ideológico, a corrupção, a incompetência técnico-administrativa:

> O sistema de clientela e patronagem, cujas origens remontam ao período colonial, impediu a racionalização da administração [...] As lutas políticas se definiram em termos de lutas de famílias e suas clientelas. A ética de favores prevalecia sobre a ética competitiva e o bem público confundia-se com os bens pessoais (Cf. DA COSTA, 1985, p. 9).

A partir da década de 1880, grande parte da elite intelectual brasileira passou a concentrar seus esforços na convergência de busca de soluções para os graves problemas que continuavam a afligir a nação. O analfabetismo era um desses problemas: a saúde pública era outro. Na década de 1890, para cada cem habitantes, apenas dezessete sabiam ler e escrever. Dessa forma, o político Rui Barbosa de Oliveira (1849–1923), por defender suas ideias e apresentar anteprojetos para reverter o quadro deplorável da sociedade brasileira (ele apresentou anteprojeto visando à melhoria da qualidade do ensino público do país, à criação de uma universidade, bem como à questão de sua produção científica), passou a ser o aglutinador de parte dos intelectuais. Emergiu, nesse contexto, a hegemonia da cidade do Rio de Janeiro, por ser a capital do país, uma cidade que possuía boas escolas superiores e onde havia maior dinamismo cultural, mais oferta de empregos, abrigando quase toda a produção literária nacional (SEVCENKO, 1983).

Relembramos, ainda, que, em toda a segunda metade do século XIX e nas duas primeiras décadas do século XX, predominou no meio intelectual brasileiro, a partir das escolas superiores, a ideologia positivista de Comte, com preceitos que balizaram a filosofia, a política e a ciência no Brasil. Sob a influência dessa ideologia, o ensino da Matemática Superior sofreu atraso e danos consideráveis, se tivermos como parâmetro o desenvolvimento da Matemática que ocorria no Velho Continente.[3]

Ainda na década de 1880, alguns médicos das cidades do Rio de Janeiro e de Salvador passaram a publicar trabalhos nos quais criticavam o estado e a qualidade do ensino médico no país. Criticavam também a qualidade das teses de doutoramento exigidas pelas instituições e as que eram apresentadas pelos alunos. Enfim, eles buscaram explicações para o baixo nível das teses, que não eram bem desenvolvidas e tampouco escritas em boa linguagem. Portanto, segundo alguns, não tinham o mérito de vulgarizar, em língua portuguesa, o estado da ciência médica em países do Velho Continente.

Nos estados de São Paulo, Minas Gerais e Rio de Janeiro, na década de 1890, surgiu outro importante acontecimento cultural: as pregações ou conferências, chamadas de *Conferências da Assunção*, proferidas pelo Padre Júlio Maria (1850–1916), um intelectual brasileiro. Nelas, ele abordou os mais variados temas: científicos, políticos, culturais e religiosos.

Nesse ambiente formou-se a elite intelectual brasileira e, em especial, a elite intelectual do eixo Rio de Janeiro-São Paulo de final do século XIX. Não foi por acaso que, a partir da década de 1880, foram fundadas várias instituições literárias e científicas na cidade do Rio de Janeiro, as quais irradiaram para todo o país suas influências e principais decisões. Mais adiante, daremos detalhes a respeito de algumas dessas instituições.

Ainda na década de 1890, emergiu no meio acadêmico da cidade do Rio de Janeiro outro intelectual ligado às ciências, que foi Otto de Alencar Silva (1874–1912), engenheiro civil pela Escola Politécnica do Rio de Janeiro e docente dessa instituição. Não satisfeito com a influência da ideologia positivista de Comte sobre o ensino da Matemática no Brasil, rebelou-se e passou a fazer críticas, a partir de 1898, sobre essa influência, passando a mostrar o dano sofrido pelo país ao aceitar sem contestações a ascendência de Comte sobre o ensino das Ciências Exatas. Ele também passou a defender a necessidade de renovação dos estudos da Matemática, bem como o intercâmbio científico com cientistas europeus. Otto de Alencar iniciou o que chamamos de ciclo de ruptura da influência de Comte sobre a elite intelectual brasileira.[4]

Nas primeiras décadas do século XX, esse ciclo foi continuado por engenheiros, biólogos, geólogos, astrônomos, matemáticos, enfim, por homens de ciência, como M. Amoroso Costa, Theodoro A. Ramos, Lélio Gama, F. dos Santos Reis, Oswaldo Cruz, Adolpho Lutz, Louis Cruls, Carlos Chagas, Arthur Moses, Miguel Ozório de Almeida, H. Morise, E. Roquette Pinto, entre outros.

Na passagem do século XIX para o século XX, em virtude do barateamento na impressão de jornais, surgiu um novo jornalismo brasileiro, o qual marcou profundamente o meio intelectual de nosso país. Esse jornalismo passou a ser avidamente disputado

[3] Para detalhes a esse respeito, sugerimos os artigos de da Silva (1991–1992) e da Silva, 1995.

[4] Para detalhes a esse respeito, cf. da Silva (1995).

pela nova burguesia urbana, e, dessa forma, foi-se formando uma opinião pública urbana sequiosa de juízo e orientação por parte dos intelectuais que publicavam seus trabalhos na imprensa. Os artigos publicados versavam sobre política, religião, economia e ciências. Por exemplo, Manuel Amoroso Costa publicou vários artigos sobre Matemática, Física, Filosofia, Lógica (COSTA, 1981), entre outros temas.

Assim, a elite intelectual brasileira passou a empolgar-se com seu crescente prestígio, poder de ação e de difusão de ideias, e, nesse ínterim, passou a apresentar à sociedade modelos de soluções para os angustiantes problemas nacionais. No entanto, tais modelos jamais foram aceitos pelas autoridades competentes, bem como pelas elites dominantes. Contudo, na cidade do Rio de Janeiro, a capital do país, não cessaram de ocorrer transformações sociais, culturais, literárias e científicas. A partir da primeira década do século XX, essa cidade passou por uma profunda crise intelectual e moral, evidenciada pela decadência cultural conhecida como o *vazio de ideias*, o *fim da tradição*. Segundo cronistas da época, passou-se a criticar a tecnologia, a ciência, a mecanização e a metodização da vida de então, que, segundo eles, haviam destruído os ideais do amor, da arte e do sentimento.

A organização sociofamiliar e o ambiente intelectual da cidade do Rio de Janeiro passaram por profundas mudanças. Por exemplo, os longos períodos de noivados, comuns à época, acabaram. Os noivados passaram a desenvolver-se em períodos mais curtos. Os salões das Sociedades Recreativas, em torno dos quais gravitava a vida social da cidade, foram paulatinamente substituídos pelas ruas da cidade, que estavam sendo urbanizadas. O cavalheirismo começou a desaparecer em vista do feminismo crescente. Emergiu uma grande novidade: a mulher intelectual, a qual passou a ocupar seu lugar na sociedade e no mercado de trabalho.

Relembramos que, a partir de 1879, a mulher brasileira adquiriu o direito de frequentar escolas de nível superior. Houve, portanto, uma completa reciclagem nos hábitos e nos costumes da burguesia urbana: uma mudança dos valores morais, dos valores internos para valores externos, a avidez pelo consumo de bens materiais como roupas, sapatos elegantes, carros, imóveis etc. Enfim, a burguesia urbana passou a aguardar ansiosamente pelas novidades europeias chegadas no último navio que aportado no Rio de Janeiro.

Como consequência, refletindo a atmosfera cultural de sua elite, a cidade do Rio de Janeiro passou por mudanças substanciais em sua configuração urbana. Assim, foram derrubados velhos casarões para dar lugar ao novo, ao progresso. Novas ruas e avenidas foram abertas. Mangues foram aterrados, a saúde pública passou a vacinar as pessoas. Copiando o estilo das elites europeias, a elite brasileira começou realizar reuniões sociais à tarde e saraus à noite, reuniões essas que tinham o pretexto de que seus participantes pudessem apreciar e discutir as recentes obras literárias, as obras de arte e até obras científicas chegadas da Europa.

Na década de 1910, na cidade do Rio de Janeiro, houve uma aglutinação de intelectuais em torno de ideias e ideais comuns. A Primeira Guerra Mundial, que aconteceu nessa década (de 1914 a 1918), fez com que grande parte dos intelectuais brasileiros passasse a se reunir na cidade do Rio de Janeiro para discutir e redefinir, por exemplo, o papel do homem de ciência, o cientista, seu valor para a sociedade e seu desempenho, bem como sua produção científica em face das novas necessidades e exigências da nação. Esses homens sentiam que precisavam externar, de modo rápido e seguro, suas ideias diante das mudanças de valores que estavam acontecendo no Velho Continente.

Assim, surgiu um consenso em torno da necessidade de se reformular a produção científica e cultural no país. Esses homens passaram a questionar o que representaria para a nação o trabalho científico, o trabalho literário, o trabalho artístico. Nessa década, a carreira científica no Brasil, além de obscura, foi caracterizada como uma carreira de sacrifícios, pois a ela se dedicavam as pessoas que tinham outras formas de subsistência. A carreira científica era considerada como um diletantismo.

Os intelectuais ligados à ciência passaram também a questionar o que deveria ser um bom trabalho científico, e quem deveria ser chamado de cientista. Questionavam, ainda, a necessidade de se criar uma Faculdade de Ciências ou uma Universidade, e qual o modelo para essa universidade. Ressaltamos que questões dessa natureza jamais haviam sido postas em discussão pela elite intelectual brasileira. Algo de novo aconteceu no país. Como uma das consequências, uma parte da elite intelectual do eixo Rio de Janeiro-São Paulo resolveu fundar, em 1916, na cidade do Rio de Janeiro, a SBC, atual ABC.

A partir da Escola Politécnica do Rio de Janeiro, onde funcionou incialmente a SBC, e seguindo a trilha aberta por Otto de Alencar Silva, alguns de seus discípulos reagiram e passaram a fazer críticas ao meio intelectual brasileiro, em particular ao ambiente científico. Foi ainda nessa época que o Brasil participou, pela primeira vez, do Congresso Internacional de Matemáticos, o V Congresso, realizado em 1912 em Cambridge, Inglaterra (LEHTO, 1998, p. 280), sendo o Brasil representado pelo Prof. Eugênio de Barros Raja Gabaglia, docente da Escola Politécnica do Rio de janeiro.

Manuel Amoroso Costa, o mais destacado dos discípulos de Otto de Alencar, continuou e ampliou a luta de seu mestre em prol da implantação no Brasil das novas teorias científicas, das novas técnicas matemáticas, bem como da renovação dos estudos matemáticos. Viajou para a França, onde fez cursos de aperfeiçoamento, entrando em contato com matemáticos desse país. Passou a publicar artigos expositivos em jornais da cidade do Rio de Janeiro, como parte de um trabalho para divulgação da ciência perante a população brasileira, e a realizar conferências em instituições sediadas nessa cidade. Foi membro fundador da Associação Brasileira de Educação, instituição fundada na década de 1920 e sobre a qual falaremos mais adiante.

Miguel Ozório de Almeida, um dos homens de ciência da época, ao realizar uma conferência na cidade do Rio de Janeiro, em 1925, intitulada "A alta cultura e sua organização", assim se expressou:

> Entre nós sempre se confundiu ensino superior com ensino technico e profissional. Ora, na Escola Polytechnica formam-se engenheiros, nas Facculdades de Medicina fazem-se medicos [...] O ensino em cada uma dessas escolas destina-se a preparar para uma profissão ou para um officio, e por mais interessante que sejam, essas profissões e esses officios não constituem meio de chegar à alta cultura. As sciencias fundamentais, aquellas justamente que poderiam concorrer para a grande cultura do espirito, são, e não poderiam deixar de o ser, muito resumidamente e muito elementarmente estudadas nessas escolas. A Escola Polytechnica não pode formar mathematicos. A Mathematica ahi se estuda em

> vista de certas applicações praticas e modo simples e reduzido [...] Precisamos quanto antes em nosso paiz, fornecer meios de estudo superior aos que por suas tendencias, sua intelligencia, e capacidade desejam attingir a um alto gráo de cultura [...] É indispensavel crear não somente faculdades ou escolas superiores de sciencias, como tambem faculdades ou escolas superiores de lettras (ALMEIDA, 1931, p. 158).

Percebemos nas palavras de Miguel Ozório uma reação ao meio acadêmico de então. Entre outras coisas, ele enfatiza a urgente criação de uma Faculdade de Ciências, para ali ser estudada a Matemática Superior. No caso específico do ensino da Matemática, foram várias as reações ao meio intelectual. Homens como Amoroso Costa, Theodoro Ramos, Lélio Gama, Roberto Marinho de Azevedo, dentre outros, expressaram suas angústias. Em 1916, Theodoro Ramos enviou uma carta ao diretor da *Revista Didática* da Escola Politécnica do Rio de Janeiro, em virtude de um artigo (cujo autor ele não cita) sobre Mecânica Racional (o teorema das forças vivas) publicado na revista, na qual critica o artigo, apontando erros nele. Conjecturamos que o autor do artigo foi Licínio A. Cardoso, que foi professor catedrático de Mecânica Racional na Escola Politécnica do Rio de Janeiro. Relembramos que Licínio Cardoso foi um dos adeptos da ideologia positivista de Comte e que Theodoro Ramos fez parte do grupo de brasileiros ligados à ciência, que combateu a influência de Comte sobre a elite intelectual de nosso país. Transcrevemos, a seguir, parte da missiva de Theodoro Ramos:

> Folheando o último fascículo da vossa conceituada Revista, n'elle encontramos sob o título "Notas de aula de Mecânica Racional" e sem assignatura, um trabalho referente à mecânica dos fluidos. Durante o nosso curso de Mecânica Racional em 1913 e tambem em 1914 tivemos occasião de assistir às prelecções alli feitas a respeito das equações differenciaes da Mecânica e da Mecânica dos fluidos. Sérias e bem fundadas objecções accudiram n'essa occasião ao nosso espirito, objecções essas que o recente artigo da vossa Revista veio reviver [...] Vamos pois, formular e fundamentar as nossas duvidas, aliás bem justas. Resumindo: o autor das referidas notas de aula denomina de equação geral a expressão analytica do theorema das forças vivas sob a forma differencial, isto é, à relação
>
> $$\sum \left[\left(X - m\frac{d^2x}{dt^2} \right) dx + \left(Y - m\frac{d^2y}{dt^2} \right) dy + \left(Z - m\frac{d^2z}{dt^2} \right) dz \right] = 0, \tag{5.1}$$
>
> e propõe-se a deduzir as equações do movimento de um systema de pontos cujas ligações dependem do tempo applicando o methodo dos multiplicadores de Lagrange. Ora, tal modo de proceder pecca em absoluto pela falta de rigor [...] A doutrina pregada na pag. 10 da Revista Didactica é bem commoda mas absolutamente incompativel com os principios basicos da Mecanica.
>
> Aliás, salvo casos excepcionaes (consulte-se a obra do ilustre Painlevé sobre a integração das equações da Mecanica), o theorema das forças vivas não costuma ser utilisado no estudo do movimento de um systema cujas ligações dependem do tempo.
>
> Passemos adiante. Uma observação relativa aos fluidos. Consideremos um elemento material de volume dv e de massa dm. Este elemento movendo-se soffre deformações, o seu volume póde variar, mas sua massa permanece invariavel. Portanto, a differencial

> da massa dm durante o tempo dt, tomada acompanhando o elemento no seu movimento será nulla. A tradução analytica do que acabamos de dizer nos dá precisamente a equação de continuidade. (Consulte-se para mais esclarecimentos, Appell, Traité de Mécanique, tomo III, pgs. 278 e seguintes) [...] Terminamos ahi as nossas considerações se bem que no alludido artigo ainda haja outros pontos passiveis de critica (RAMOS, 1916, pp. 45–48).

Theodoro Ramos ainda expressou, na década de 1910, sua reação contrária ao arcaísmo no ensino da Matemática no Brasil e à influência da ideologia de Comte sobre a ciência brasileira em um outro trabalho: sua tese de doutoramento, apresentada à Escola Politécnica do Rio de Janeiro, em 1918, sobre a qual teceremos considerações no Capítulo 7. Em outro trabalho, ele escreveu o seguinte:

> A organisação universitaria ideal seria aquella que a par da manutenção de cursos visando a educação de profissionaes capazes nas especialidades respectivas, estabelecesse institutos convenientemente apparelhados onde as formas mais elevadas e mais aperfeiçoadas das sciencias fossem cultivadas e ministradas ao grupo de seleccionados que se destinassem ao professorado e às pesquizas originaes. Em nosso paiz um sério obstaculo se oppõe inicialmente à criação de institutos universitarios de alta cultura; refiro-me à difficuldade que apresenta a formação do respectivo corpo de professores. Para resolver problema tão relevante e delicado, dever-se-ia cuidar sem demora do aperfeiçoamento de elementos nacionaes de comprovado valor intellectual, quer organisando alguns cursos scientificos dirigidos por professores estrangeiros contractados, quer então, e esta solução talvez seja preferivel, enviando aos centros de grande cultura taes elementos com determinados programmas de estudos a seguir (RAMOS, 1933, p. 16).

Outra reação ao meio intelectual brasileiro da época foi o trabalho desenvolvido por Lélio Gama, na cidade do Rio de Janeiro. Ele trabalhou arduamente para adaptar o ensino da Matemática Superior às novas teorias e novas técnicas matemáticas, atuais para a época, escrevendo livros contendo assuntos atualizados, como teorias desenvolvidas pelo grupo de Nicolas Bourbaki. Citamos dois de seus livros, que foram divulgados em todo o país e usados como livro texto: *Introdução à teoria dos conjuntos* e *Séries numéricas*. No primeiro, o autor aborda assuntos como Conjuntos, Axioma de Zermelo, Espaços Métricos, Conexidade, Conjuntos Lineares, Espaços de Estrutura Esferoidal, Espaço de *n*-dimensões, Conjuntos Totalmente Limitados, entre outros. No segundo, são estudados assuntos como Complemento ao Cálculo dos Limites, Noções sobre Números Reais e Complexos, Sucessões Numéricas, Séries Numéricas, Convergência das Séries de Potências, entre outros. O trabalho de Lélio Gama, a partir da cidade do Rio de Janeiro, contribuiu para a construção de um bom ambiente científico no país, no qual a Matemática pudesse florescer e prosperar.

A partir da década de 1920, o país passou por transformações políticas e econômicas. No estado de São Paulo, que se industrializou mais celeremente que outros estados, surgiu, em 1922, uma importante reação de uma parte da elite intelectual brasileira, na forma de um manifesto que ficou conhecido como *modernismo*. Foi um movimento influenciado pela imagem visual que estava surgindo com a industrialização da cultura, visando à modernização das artes brasileiras. O aspecto central desse movimento foi o seu caráter de radicalidade com relação aos padrões culturais europeus, que serviam até então para representar um contexto inexistente no meio social, econômico, político, cultural e científico de nosso país. José Oswald de Andrade, um dos mentores do movimento, escreveu o seguinte:

> É preciso compreender o modernismo com suas causas materiais e fecundas, hauridas no parque industrial de São Paulo, com seus compromissos de classe no período Áureo-burguês do primeiro café valorizado enfim com o seu lancinante divisor de águas que foi a Antropofagia nos prenúncios do abalo mundial de Wall-street. O modernismo é um diagrama da alta do café, da quebra e da revolução brasileira (ANDRADE, 1972, p. 46).

Desse movimento participaram vários intelectuais, dentre eles os seguintes: Mário Raul de Morais Andrade, José Oswald de Andrade, Annita Malfatti, Manoel Bandeira, Carlos Drummond de Andrade, Candido Portinari, Plínio Salgado, Cassiano Ricardo. A respeito do *modernismo*, assim se expressou J. E. de Barros: "Nas manifestações culturais não surgiu até hoje movimento mais importante para a independência cultural do Brasil que o Modernismo" (BARROS, 1989, p. 397).

5.1 PRODUTOS AGRÍCOLAS, INDÚSTRIA E TRANSPORTES NO BRASIL, DE 1800 À DÉCADA DE 1920

Nesta seção, é nosso objetivo fornecer breves informações a respeito de alguns produtos agrícolas, da capacidade industrial, bem como dos meios de transportes no Brasil da época. Pretendemos mostrar que, em função desses fatores, talvez também não tivesse sido possível introduzir, desenvolver e consolidar em nosso país um ambiente de pesquisa científica básica continuada.

Durante o Brasil imperial e mesmo nos primeiros anos de República Velha, acreditou-se que a agricultura seria a única grande fonte de riqueza e que, além da agricultura, apenas o setor comercial poderia se desenvolver no país como outra fonte de riqueza. Todos os investimentos foram canalizados para a compra de fazendas, de escravos e de plantações de café, principalmente nas províncias do Rio de Janeiro e de São Paulo.

Ao chegar sua época, Irineu Evangelista de Sousa (1813–1889), Barão de Mauá, resolveu acabar com essa balela. Existia na Ponta da Areia, em Niterói, Rio de Janeiro, um pequeno estaleiro ao lado de uma diminuta fundição, cujo proprietário estava com sérios problemas financeiros devido à fraca encomenda de navios. Em 11 de agosto de 1846, ao abandonar a atividade comercial, comprou esse estaleiro, bem como a fundição. A partir dessa data, ele se transformou em industrial. A indústria prosperou, e o Barão de Mauá se tornou o único fabricante de navios no país. Foi a primeira indústria digna desse nome no Brasil de então. Na década de 1850, ele já comandava várias empresas, dentre elas as seguintes: Banco do Brasil, estaleiro e fundição de Ponta da Areia, Companhia de Iluminação a Gás do Rio de Janeiro, Companhia Navegação e Comércio do Amazonas, Companhia Fluminense de Transportes, Companhia de Bondes Jardim Botânico, no Rio de Janeiro, Estrada de Ferro Rio de Janeiro-Petrópolis.[5]

[5]Cf. Coleção Mauá, código L 514–P12, Instituto Histórico e Geográfico Brasileiro, Rio de Janeiro.

Relembramos que, até a primeira metade do século XIX, o Brasil exportou basicamente o açúcar proveniente da cana, monocultura que utilizou a mão de obra escrava. As máquinas que existiam para a industrialização do açúcar eram fabricadas no exterior, exceto alguma máquina (feita de madeira) de espremer cana-de-açúcar e algum engenho de banguê. Na primeira metade do século XIX, não havia no Brasil um parque industrial capaz de construir as máquinas usadas nas usinas de açúcar. Foi a partir de 1850 que o país começou a se modernizar. Antes dessa data, existiam qui somente fábricas artesanais, a grande maioria delas localizada nas grandes fazendas. Seus produtos eram grossos tecidos para uso dos escravos, e raramente uma dessas instalações produzia algum utensílio agrícola. Antes de 1850, o que mais se assemelhou a uma grande indústria em nosso país foram as unidades de processamento de produtos agrícolas — charqueadas e engenhos de açúcar — todas, porém, localizadas nas grandes fazendas.

O transporte da produção do açúcar para os grandes centros urbanos, bem como para os portos de exportação, em princípio, foi feito por escravos e/ou em lombo de burros. Quando a região permitia, o transporte era feito por um precário sistema fluvial. Não havia estradas; havia trilhas por onde passavam os burros e os escravos. Devido às péssimas condições para o transporte e o armazenamento do açúcar, eram frequentes as perdas desse produto. À época, não havia uma estrutura burocrática para a comercialização do açúcar.

Assim, as pessoas ligadas à "indústria" açucareira tiveram de criar toda uma infraestrutura necessária à produção, ao armazenamento e transporte e à comercialização e exportação do produto. Desse modo, quando da implantação da cafeicultura no Brasil, as pessoas que lidavam com o café encontraram, apesar de precária, uma infraestrutura montada por aqueles que se dedicaram ao plantio da cana e à comercialização do açúcar.[6]

Durante o ciclo da cana-de-açúcar, o açúcar foi nosso principal produto de exportação, e não houve um desenvolvimento técnico-tecnológico compatível com a produção agrícola. Também não houve pesquisa científica continuada, visando à melhoria da variedade de cana para aumentar a produtividade de açúcar. Houve, em determinada época, esforço de pesquisa científica isolada, que visava ao controle de uma determinada praga que atacava algumas plantações de cana.

A partir da segunda metade do século XIX, a produção e a exportação do açúcar brasileiro começaram a declinar. Em 1850 e 1851, a exportação de açúcar pelo porto de Santos, São Paulo, foi inferior à exportação do café. Daí em diante, cresceu a exportação da rubiácea.

A seguir, faremos algumas considerações sobre a cafeicultura no Brasil. Para isso fixemo-nos nas províncias do Rio de Janeiro, de Minas Gerais e de São Paulo, regiões do país onde a cultura do café foi introduzida por volta de 1825, inicialmente, no vale do rio Paraíba, na porção pertencente à província do Rio de Janeiro. A partir dali, as plantações da rubiácea estenderam-se, ainda nesse vale, para a parte pertencente à província de São Paulo, o chamado Norte Paulista. Paulatinamente, as plantações de café atingiram as encostas da Serra da Mantiqueira, ainda na província do Rio de Janeiro, e também

[6] Para detalhes a respeito do ciclo do açúcar no Brasil, sugerimos Graham (1973) e Furtado (1986).

a chamada Zona da Mata mineira. Ali surgiram centros de comercialização da rubiácea, como Leopoldina, Juiz de Fora, Muriaé, Cataguases e Carangola.

Logo o café se tornou o principal produto de exportação do Brasil, passando a movimentar grandes somas de dinheiro. Os cafeicultores passaram a ser considerados o grupo mais abastado e politicamente influente dos agricultores brasileiros. Surgiram os chamados "barões do café", se bem que, nos primeiros anos da cafeicultura na do Rio de Janeiro, os banqueiros que emprestavam dinheiro aos fazendeiros ganharam mais dinheiro que estes. À época, a cafeicultura era praticada em moldes primitivos, e a principal mão de obra era a escrava.

Durante muitos anos, a secagem, o ensacamento e o transporte dos grãos de café foram feitos de modo primitivo. A secagem era realizada em pátios cercados expostos ao sol, conhecidos como tulhas, com a mão de obra do escravo para espalhar e remover os grãos. O ensacamento era feito manualmente, também por negros, e o transporte era feito por escravos e/ou em burros. Posteriormente, com o advento das ferrovias, o transporte passou a ser feito por trens. Após a abolição da escravatura, em 1888, chegaram os imigrantes europeus para substituir a mão de obra escrava.

Como o cultivo do café era primitivo, sem ajuda da tecnologia agrícola, inexistente, aliás, no Brasil, as terras logo ficaram *exauridas*. Havia, pois, a necessidade de terras virgens para o início de novas plantações. Abriram-se, assim, novas fronteiras agrícolas, em particular na província de São Paulo e na de Minas Gerais. Na província do Rio de Janeiro, houve a estagnação da cafeicultura. Entre os anos de 1869 e 1889, foram abertas novas fronteiras agrícolas para a cafeicultura em São Paulo, no chamado Oeste Paulista, região que corresponde a Campinas, Rio Claro, São Carlos, Araraquara, Catanduva, Pirassununga, Casa Branca e Ribeirão Preto. Em Minas Gerais, as plantações foram expandidas para o sul, o chamado Triângulo Mineiro. No início do século XX é que a plantação de café foi introduzida no norte do Paraná, na região conhecida como Norte Pioneiro. A partir de então, o café deixou se ser cultivado de modo primitivo, pois passaram a surgir problemas sérios relativos ao seu plantio e à sua manutenção.

Os cafeicultores viram-se obrigados a adotar novas técnicas e novas tecnologias de plantio, colheita, armazenamento e transporte de seu produto. Dois grandes problemas mais imediatos passaram a inquietar os cafeicultores, em particular, os paulistas: o surgimento de pragas nos cafezais e a necessidade de transportar a rubiácea para os grandes centros urbanos e para os portos de exportação.

Em relação ao primeiro problema, os cafeicultores paulista saíram à frente, ao chamarem homens de ciência para combaterem as pragas. A partir de então, houve um forte incentivo financeiro e estímulo à pesquisa aplicada à cafeicultura. De imediato, foram criadas instituições de pesquisa agrícola para o combate à praga do cafeeiro. Com respeito ao segundo grande problema, os cafeicultores e alguns brasileiros de visão, como Irineu Evangelista de Sousa, perceberam que deveriam ser construídas ferrovias para o transporte da produção cafeeira. Dessa forma, eles resolveriam dois outros problemas: barateariam o frete e reduziriam as perdas do produto. No entanto, o país não possuía tecnologia nem dinheiro suficiente para a construção de ferrovias.

Com vistas também ao escoamento da produção cafeeira do Vale do Rio Paraíba e da Zona da Mata de Minas Gerais, bem como ao transporte de passageiros e outros tipos de cargas da região, Irineu Evangelista de Sousa conseguiu autorização da Assembleia Provincial do Rio de Janeiro para construir uma estrada de ferro: a Estrada de Ferro Rio de Janeiro-Petrópolis. Os 14,5 km do primeiro trecho da ferrovia, ligando o Porto de Estrela, na baía da Guanabara, ao sopé da serra de Petrópolis, foram inaugurados em 30 de abril de 1854. Esse trecho foi construído com técnica, tecnologia e engenheiros vindos da Inglaterra e financiamento de acionistas ingleses. A mão de obra não qualificada foi de brasileiros. Também participaram da empresa na condição de acionistas alguns brasileiros, como os senadores José Antônio Pimenta Bueno e Teófilo Otoni. Foi a primeira ferrovia do país e ficou conhecida como "Estrada de Mauá."

Quando a ferrovia ficou pronta, porém, a produção cafeeira na província do Rio de Janeiro e na Zona da Mata de Minas Gerais já estava em declínio.[7] A produção cafeeira de São Paulo, ao contrário, passou a crescer, pois as plantações contavam com novas técnicas de plantio e manutenção, ao mesmo tempo que os cafeicultores paulistas ficavam mais ricos e politicamente poderosos.

As ferrovias de São Paulo foram construídas paulatinamente, com técnica e tecnologia importadas. A primeira delas, aparentemente, nada tinha em comum com a cafeicultura. Foi a Estrada de Ferro D. Pedro II, ligando a cidade do Rio de Janeiro à cidade de Cachoeira, em São Paulo. Sua construção, com técnica e tecnologia importadas, foi iniciada com fundos do Tesouro Nacional em 1855. Somente em 1875 é que ela chegou à cidade de Cachoeira. A segunda ferrovia de São Paulo já mostrava conexões com a economia agrícola do café. Foi a Estrada de Ferro Santos-Jundiaí, conhecida como São Paulo Railway, passando pela cidade de São Paulo. A concessão para sua construção foi dada ao Barão de Mauá, ao Marquês de Monte Alegre e a José Antônio Pimenta Bueno. Posteriormente, devido a dificuldades financeiras do grupo, a concessão da ferrovia foi transferida a uma companhia inglesa, que concluiu a construção em 1867.

Essa importante ferrovia marcou o início da ligação ferroviária do Oeste Paulista com o Porto de Santos, escoando para esse porto a produção cafeeira de São Paulo, portanto, a riqueza paulista da época. A partir de 1870, houve a expansão das linhas em várias direções, começando na cidade de Jundiaí. Pressionada pela necessidade de transporte da produção cafeeira do Oeste Paulista, foram constituídas outras empresas ferroviárias com recursos financeiros de cafeicultores, como a Paulista, a Sorocabana e a Mogiana, usando a tecnologia inglesa para a construção de ferrovias.

O café, que foi durante muitos anos a principal riqueza agrícola do país, bem como seu principal produto de exportação, não induziu, no século XIX, pesquisa científica na área das ciências exatas, tampouco pesquisa tecnológica. Induziu apenas alguma pesquisa científica na área das ciências biológicas, porém, localizada especificamente no controle de pragas do cafeeiro. É verdade que a engenharia brasileira deu valiosas contribuições, inclusive resolvendo certos problemas durante a construção das ferrovias paulistas, como foi o caso da ferrovia Santos-Jundiaí. Contudo, a indústria brasileira não possuía capacidade nem tecnologia para a construção das locomotivas, dos trilhos, das pontes ferroviárias, do telégrafo. A economia agrícola do café, além de exigir a construção de ferrovias e de portos, exigia também a sua manutenção, bem como a construção e manutenção da estrutura urbana de várias cidades.

[7] Para detalhes a respeito desse empreendimento, sugerimos a leitura de Graham (1973) e Caldeira (1995).

Com o século XX, veio uma nova era, de extraordinário desenvolvimento científico e tecnológico. Os cientistas causavam admiração e espanto na sociedade, com seus valiosos instrumentos de trabalho: a pesquisa científica e a pesquisa tecnológica. Em São Paulo, o século XX, fez germinar e crescer uma semente de conscientização científica, semeada em 1899: o Gabinete de Resistência dos Materiais, pertencente à Escola Politécnica de São Paulo e criado para atender às necessidades didáticas da disciplina Resistência dos Materiais. Seu criador, o Prof. Antônio Francisco de Paula Souza, foi o introdutor no Brasil da ideia de tecnologia. Em 1926, o Gabinete foi transformado em Laboratório de Ensaio dos Materiais. Quando da fundação da USP, em 1934, foi transformado em Instituto de Pesquisas Tecnológicas de São Paulo (IPT).

No início do século XX, o Gabinete de Resistência dos Materiais deu importantes contribuições técnicas e tecnológicas à área da construção civil, à rede de distribuição elétrica, à urbanização de cidades, ao jovem parque industrial paulista e à construção de ferrovias em São Paulo e em outros Estados.

5.2 SOCIEDADES LITERÁRIAS E CIENTÍFICAS CRIADAS NO BRASIL, DO FINAL DO SÉCULO XVIII À DÉCADA DE 1920

O objetivo central desta seção é detectar o que as sociedades literárias e científicas, fundadas durante o período aqui abordado, propuseram à sociedade brasileira. Assim fazendo, prosseguimos em harmonia com o objetivo mais amplo do capítulo: caracterizar o meio intelectual brasileiro da época. Vamos detectar os principais pontos das propostas apresentadas e, em seguida, faremos uma breve análise deles.

Academia Científica – após a aprovação de sua criação pelo vice-rei, o Marquês do Lavradio, foi fundada a Sociedade Científica, na cidade do Rio de Janeiro, em 18 de fevereiro de 1772. Observamos que esse ano coincide com o ano da reforma da Universidade de Coimbra pelo Marquês de Pombal. O primeiro presidente da Academia Científica foi o médico José Henrique Ferreira. Essa sociedade foi mais uma manifestação da elite cultural do Rio de Janeiro para melhorar o ambiente cultural da cidade. Segundo seus estatutos, a Academia tinha por objetivo tratar de assuntos relacionados a Física, Química, História Natural, Agricultura, Medicina, Cirurgia e Farmácia.

Foi a primeira sociedade científica no país que tentou despertar o interesse pelos estudos das ciências, mantendo correspondência com a Real Academia das Ciências da Suécia, fato que nos mostra a seriedade de propósitos de que estavam imbuídos seus dirigentes. A sociedade criou um horto florestal, contribuindo para os estudos do bicho-da-seda e difundindo a necessidade e a importância comercial da criação e produção, no país, do bicho-da-seda como matéria-prima indispensável para a fabricação da seda. Um de seus membros foi Frei Veloso, conhecido homem de ciência no Brasil da época, autor da obra científica *Flora fluminense*. Apesar do entusiasmo de seus membros, a Academia Científica teve vida efêmera por falta de sócios, isto é, pessoas interessadas na difusão dos estudos científicos, sendo extinta em 1779. À época, a elite intelectual do Rio de Janeiro não via os estudos científicos como uma atividade de interesse para o país. Em verdade, o grande interesse estava nas atividades comercial e agrícola.

Sociedade Literária – fundada em 6 de junho de 1786, na cidade do Rio de Janeiro, sob os auspícios do vice-rei, Luiz de Vasconcelos e Souza. O objetivo central de seus mentores foi que essa sociedade fosse capaz de continuar as atividades da Academia Científica. Seu primeiro presidente foi o cirurgião-mor Ildefonso José da Costa Abreu. Participaram como membros homens pertencentes a diversas profissões, por exemplo, advogados, médicos, professores, militares e comerciantes. Teve por objetivo, segundo seus estatutos, tratar de assuntos ligados às ciências, à política e à religião. Alguns de seus membros deram importantes contribuições à ciência brasileira da época. Em sessão realizada em 1789, por exemplo, foram apresentados trabalhos sobre a observação de um eclipse total da Lua que ocorreu em 3 de fevereiro de 1787. Foi apresentado, também, um trabalho sobre observações realizadas para a determinação da longitude da cidade do Rio de Janeiro, e outro contendo estudos realizados sobre o calor da Terra.

De igual forma, temas médicos ligados à área de saúde foram objeto de debates nessa sociedade, bem como de estudos realizados sobre as epidemias e moléstias endêmicas no país. A instituição, que possuía uma biblioteca e uma coleção de peças de História Natural, foi fechada em 1790, por razões políticas. O conde de Rezende, vice-rei, mandou reabri-la em 1794, para fechá-la seis meses depois, sob a alegação de que a sociedade se transformara em um clube político-religioso, portanto, muito perigoso para a metrópole.

Entretanto, Manoel Ignácio da Silva Alvarenga, um de seus membros ativos, não conformado com a atitude do vice-rei, convocou outros membros da sociedade, e juntos resolveram fundar uma sociedade secreta, com o objetivo de estudar e debater filosofia e outros assuntos de interesse de seus membros. Passaram, então, a estudar e a discutir alguns livros franceses que foram introduzidos secretamente no país. Relembramos que, até a chegada da família real portuguesa ao Brasil, em 1808, a metrópole proibira a impressão e a circulação de livros no país. Descobertos os membros da sociedade secreta, foram todos presos pela autoridade competente, e alguns enviados para a Fortaleza da Conceição, outros para a prisão da Ilha das Cobras. Finalmente, por falta de provas que os incriminassem por graves delitos, foram todos libertos, em 19 de julho de 1797, por ordem da rainha D. Maria I.

No início do século XIX, foram fundadas algumas lojas maçônicas no Brasil. As primeiras, de 1801, a partir da província de Pernambuco, tinham por objetivo, além dos determinados pela ordem maçônica, denunciar à sociedade as arbitrariedades praticadas pelas autoridades locais, bem como pelo governo central. A ordem maçônica, que é uma associação internacional, a qual reúne pessoas íntegras, intelectuais ou não, tem como principal objetivo desenvolver entre a sociedade local o princípio da fraternidade e da filantropia.

Real Sociedade Bahiense dos Homens de Letras – pretendia-se criar essa sociedade em 1810, mas isso não aconteceu. Seus estatutos, porém, chegaram a ser elaborados e continham ideias ambiciosas para a época, com a recém-instalação da corte na cidade do Rio de Janeiro. Dentre outras coisas, os estatutos previam o seguinte: criação de uma biblioteca; criação e manutenção de um horto florestal; criação de um laboratório de Química, um observatório astronômico, um museu e um jornal dedicado às ciências. Ainda haveria um diretor de Artes e de Ciências, o qual seria responsável pela publicação do jornal de Ciências, uma espécie de editor científico, nos dias atuais.

Seus estatutos também previam que a sociedade patrocinasse aulas de Ciências Naturais, Literatura, História e Línguas Estrangeiras Modernas. Assistiria às aulas o público interessado. Os mentores da sociedade chegaram a enviar, em junho de 1810, uma cópia dos estatutos para a Academia Real das Ciências de Lisboa, pois pretendiam que a sociedade brasileira fosse afiliada a essa Academia. Os estatutos previam, também, que os sócios da Academia Real que estivessem no Brasil seriam, se assim o desejassem, sócios da sociedade. Dentre seus sócios fundadores, estariam os seguintes homens da elite cultural brasileira de então: José Bonifácio de Andrada e Silva, Luiz Antônio de Oliveira Mendes, Frei Joaquim Santa Clara.

Sociedade de Seguros Previdentes – criada em 1814, na cidade do Rio de Janeiro, essa sociedade, que não foi constituída pela elite cultural da corte, produziu um importante movimento, que implicaria a tentativa de criação, pelo monarca, de um órgão ligado às ciências e às artes.

Em regozijo pela elevação do Brasil a reino e pela criação do Reino Unido de Portugal, Brasil e Algarves, alguns membros da sociedade, comerciantes da cidade do Rio de Janeiro, dirigiram-se a D. João VI e ofereceram ao monarca uma subscrição com o objetivo de ser constituído um fundo, cujos rendimentos deveriam ser empregados para o bem da educação pública na corte. Assim, o monarca publicou um aviso real, em 5 de março de 1816, criando, com esse fundo, o Instituto Acadêmico de Ciências e Artes, que não foi fundado. Foi, portanto, mais uma reação de uma parte da sociedade do Rio de Janeiro ao estado da instrução pública de então.

Escola Real de Ciências – foi fundada na cidade do Rio de Janeiro por um Decreto Imperial de 12 de agosto de 1816, de D. João VI, data a partir da qual já se encontrava na cidade a missão artística francesa, composta de artistas plásticos, arquitetos etc., contratada por ele para instalar a escola. A missão artística, chefiada pelo historiador Joaquim Lebreton (1760–1819), contou, entre outros, com os pintores Jean-Baptiste Debret (1768–1848) e Nicolas Antoine Taunay (1755–1830), e o arquiteto e urbanista Grandjean de Montigny (1776–1850). Na década de 1820, a escola passou a denominar-se Real Academia de Desenho, Pintura, Escultura e Arquitetura Civil. Depois, denominou-se Academia Imperial de Belas Artes. A partir de 1890, a instituição passou a denominar-se Escola Nacional de Belas Artes. Essa instituição muito contribuiu para o ensino e desenvolvimento das belas-artes, bem como para o ensino artístico na cidade do Rio de Janeiro e no Brasil.

Academia Fluminense das Ciências e Artes – em 31 de outubro de 1821, parte da elite intelectual da cidade do Rio de Janeiro reuniu-se na Biblioteca Real e decidiu criar a citada Academia, a qual teria por modelo a Academia Real das Ciências de Lisboa. Elaboraram e aprovaram seus estatutos, que posteriormente foram aprovados pelo príncipe regente D. Pedro I (1798–1835). A Academia deveria tratar de assuntos ligados aos estudos das Ciências, Belas-Artes, Letras, História do Brasil e da Estatística Brasileira. Seus mentores haviam decidido que ela deveria ser oficialmente instalada em dezembro de 1822. Contudo, os acontecimentos políticos desse ano ocuparam seus organizadores — dentre eles Joaquim Gonçalves Ledo, Januário da Cunha Barbosa e José Silvestre Rebello — em outras funções, não permitindo a fundação da Academia. Como sabemos, D. Pedro I proclamou, em 1822, a Independência do Brasil.

Essa foi, portanto, mais uma reação da elite intelectual da cidade do Rio de Janeiro ao estado de abandono das coisas da ciência e da cultura no país de então. No entanto, cessados os acontecimentos políticos desse turbulento período da história do Brasil, os interessados não mais cogitaram fundar a Academia. Teriam eles se acomodado ao contexto político da época?

SOCIEDADE AUXILIADORA DA INDÚSTRIA NACIONAL – por volta de 1816, Ignácio Alvares Pinto de Almeida teve a ideia de fundar uma sociedade para, dentre outras coisas, importar máquinas industriais e rurais e distribuí-las à sociedade brasileira. Sua meta era desenvolver a indústria no país. Em 20 de maio de 1820, ele publicou na imprensa do Rio de Janeiro um artigo no qual mostrava a necessidade e a conveniência de pôr em prática suas ideias. Dessa forma, após conseguir o apoio de várias pessoas, comerciantes, políticos e do próprio imperador, de Almeida fundou a sociedade.

Em 31 de outubro de 1825, foram aprovados seus estatutos. O objetivo da sociedade era cooperar para o progresso industrial do Brasil. Foi constituída sua primeira diretoria, e a Sociedade passou a funcionar em uma sala do Museu Nacional, na cidade do Rio de Janeiro.

A Sociedade iniciou seus trabalhos comprando máquinas industriais no exterior e repassando-as à sociedade brasileira. Alguns anos depois, ela estabeleceu uma escola normal, na qual foram ensinadas as seguintes disciplinas: Geometria, Mecânica Aplicada às Artes, Física, Astronomia, Aritmética, Álgebra aplicada às questões de comércio, Botânica aplicada à Agricultura etc. As aulas da escola eram destinadas à classe pobre. Em 1871, a Sociedade inaugurou uma escola noturna para adultos, e ali, além do ensino primário, houve o ensino industrial. Publicou, também, um jornal intitulado *Auxiliador da Indústria Nacional*. Ela possuía uma boa biblioteca, composta de obras referentes à indústria, revistas e jornais concernentes ao progresso industrial de vários países, como também uma rica coleção de máquinas e instrumentos fabris que haviam sido importados de vários países.

SOCIEDADE DE MEDICINA – em 28 de maio de 1829, reuniram-se na casa do Dr. Xavier Sigaud, alguns médicos, dentre eles o Dr. Meirelles, o Dr. Luiz Vicente de Simoni, italiano e doutor em Medicina pela Universidade de Gênova, e o próprio anfitrião, com o objetivo de discutirem o estado das ciências médica e cirúrgica no país. Decidiu-se, nessa data, que deveria ser criada uma sociedade médica para congregar os profissionais da área. Posteriormente, elaboraram e aprovaram os estatutos da futura sociedade.

Em 24 de abril de 1830, foi fundada a Sociedade, a qual passou a funcionar em uma sala do hospital da Ordem Terceira de São Francisco de Paula, na cidade do Rio de Janeiro. Dentre outros objetivos, seus estatutos determinavam o seguinte: promover o desenvolvimento das ciências médica e cirúrgica no Brasil; prestar serviços à saúde pública na cidade e publicar uma revista médica, intitulada *Semanário da Saúde Pública,* a qual iniciou sua publicação em 1831. Em 1845, a revista foi transformada em *Annaes de Medicina Braziliense,* e, em 1885, passou a ser *Revista Médica Brazileira.*

Posteriormente, passou a denominar-se *Annaes Brasiliensis de Medicina.* Foi, portanto, uma das mais antigas revistas científicas publicadas no Brasil. Ela passou a divulgar, além de notícias referentes à área da saúde, resenhas de teses e monografias apresentadas às Faculdades de Medicina existentes no país, passando a ser, então, um bom indicador a respeito do que se passava com o progresso das ciências médicas no país e no exterior. Desde a sua fundação, essa sociedade contou com o apoio do imperador, ainda de menor idade, bem como com o apoio do regente, o sacerdote e político

Diogo Feijó (1784–1843). Por Decreto Imperial de 8 de maio de 1835, a sociedade foi transformada em Academia e passou a denominar-se Academia Imperial de Medicina. Seus estatutos foram alterados em 1885, e, a partir dessa data, a Academia passou a ser constituída de três seções: médica, cirúrgica e farmacêutica. Suas primeiras diretorias passaram a formar uma biblioteca, e, em pouco tempo, possuía uma excelente biblioteca, constituída de livros, teses, monografias e revistas médicas publicadas no estrangeiro.

A partir da segunda metade do século XIX, conforme já mencionamos, a ideologia positivista de Comte penetrou no meio acadêmico brasileiro, impregnando professores e alunos. As Faculdades de Medicina não ficaram imunes a isso. Em 1844, o Dr. Justiniano da Silva Gomes apresentou para concurso de cátedra à Faculdade de Medicina de Salvador, Bahia, a tese intitulada *Plano de um Curso de Fisiologia*, na qual se referia à lei dos três estados, de Comte. Foi a primeira citação, no meio acadêmico brasileiro, da ideologia positivista de Comte. No Brasil da segunda metade do século XIX e início do século XX, a pesquisa, em algumas áreas médicas, experimentou certo desenvolvimento. Em outras áreas, ficou estagnada. Esse fato estaria relacionado à aceitação, no ensino médico brasileiro, da ideologia de Comte? Sabemos que o Apostolado Positivista Brasileiro refutava a teoria microbiana, que, à época, era aceita pelos círculos científicos de vanguarda. Sabemos, também, que dentre as várias teses de doutorado e para concurso de cátedras defendidas nas Faculdades de Medicina do país, muitas foram de nítida inspiração positivista comtiana. Citamos como exemplos a tese apresentada à Faculdade de Medicina do Rio de Janeiro, em 1881, por Joaquim Bagueira Leal, intitulada *Teoria positiva das epidemias*, e a tese também apresentada a essa escola, em 1881, por Raimundo Belfort Teixeira, intitulada *Medicação revulsiva*. Sabemos ainda que foi assinado por vários médicos da cidade do Rio de Janeiro um pacto de adesão e fidelidade ideológica ao positivista Benjamin Constant. Esse pacto ficou conhecido como *Pacto de Sangue*.[8]

Sociedade Elementar – foi fundada em 1831 e funcionou em uma sala do Museu Nacional, na cidade do Rio de Janeiro. Segundo seus estatutos, um dos objetivos era promover a instrução elementar em todo o país. Chegou a promover debates para tratar do estudo dos métodos de ensino na cidade do Rio de Janeiro, elaborando um projeto, que não foi implementado, para reformar o currículo do então Seminário São Joaquim, depois transformado em Colégio D. Pedro II. Dentre os membros da sociedade, citamos os seguintes: José Bonifácio de Andrada e Silva, Antônio Ferreira França, frei Custódio Serrão, Araújo Lima e José da Costa Azevedo.

Sociedade filomática de Química – Foi fundada em 6 de maio de 1832, em Salvador, Bahia. Manteve um laboratório de Química e patrocinou aulas sobre Química elementar. Teve vida efêmera.

Sociedade Promotora da Instrução Pública – foi fundada em 1832 por um grupo de intelectuais da cidade de Ouro Preto, Minas Gerais. Segundo seus estatutos, seu objetivo era lutar pelo desenvolvimento e pela melhoria de qualidade da instrução pública. Não conseguiu realizar seus objetivos, tendo curtíssima duração.

Sociedade Literária – foi fundada em 1º de fevereiro de 1833, na cidade do Rio de Janeiro, tendo por objetivo publicar e divulgar obras literárias inéditas de autores

[8]Cf. MUSEU CASA DE BENJAMIN COSNTANT. *Acervo Benjamin Constant.* Rio de Janeiro: [s.n.].

brasileiros, reimprimir e traduzir obras de renomados autores estrangeiros. As obras literárias publicadas pela sociedade não podiam abordar assuntos relacionados à política, nem contra a moral da sociedade. A entidade foi extinta em 16 de agosto de 1844.

Instituto Histórico e Geográfico Brasileiro – foi fundado em 21 de outubro de 1838, por homens ligados à ciência e à política, bem como às profissões liberais, ao comércio e ao Exército, e residentes na cidade do Rio de Janeiro. Dentre seus fundadores, citamos os seguintes: Alexandre Maria de Mariz Sarmento, Bento da Silva Lisboa, Conrado Jacob Niemeyer, Francisco Cordeiro da Silva Torres Alvim, Januário da Cunha Barbosa, Pedro de Alcântara Bellegarde e Joaquim Francisco Vianna. Passou a funcionar em uma sala pertencente à Sociedade Auxiliadora da Indústria Nacional. Após um mês de existência, o Instituto Histórico e Geográfico Brasileiro (IHGB) já tinha seus estatutos aprovados e sua primeira diretoria eleita. Seus estatutos previam a ramificação do IHGB em todas as províncias do Império e também o intercâmbio com entidades congêneres de outros países, bem como a publicação de uma revista científica de periodicidade trimestral, na qual, além da publicação de documentos históricos, deveriam ser divulgadas as atividades do Instituto e a produção científica de seus membros.

Inicialmente, o IHGB passou a funcionar com quatro comissões: de História, Geografia, Fundos e Redação da revista. Foi inicialmente formado por três categorias de membros: efetivos, correspondentes e honorários. Seu primeiro presidente foi o senador José Feliciano Fernandes Pinheiro, visconde de São Leopoldo. Os dois primeiros vice-presidentes foram o Marechal Raymundo J. da Cunha Mattos e o conselheiro do Império Cândido José de Araújo Viana. Em 1839, foi publicado o primeiro número da revista do Instituto, que de imediato se tornou uma das mais importantes publicações científicas do Brasil. Inicialmente, ela divulgou documentos, fatos históricos, notícias geográficas sobre rios, grutas, minas, matas e povoações do país. Também divulgou fatos políticos ocorridos no Brasil e no exterior, bem como biografias de homens ligados à ciência e às letras. Continua sendo publicada nos dias atuais.

Sua diretoria passou a realizar acordos de reciprocidade com sociedades congêneres existentes em outros países e a permutar sua revista com outras. A revista do Instituto passou a ser um importante auxílio para os estudiosos em História, Geografia e Etnografia do Brasil. Contando também com verbas do Tesouro Nacional, o IHGB passou a patrocinar expedições científicas ao interior do país, bem como a enviar missões de cientistas brasileiros à Europa. O cônego Januário da Cunha Barbosa foi o grande articulador e executivo do IHGB durante seus primeiros anos de existência (GUIMARÃES, 1995). Em 2 de setembro de 1847, seus membros aprovaram a criação de uma nova seção para o Instituto, a qual passou a tratar, exclusivamente, dos estudos arqueológicos e etnográficos na América. Em 16 de setembro de 1847, seus sócios aprovaram modificações em seus estatutos, e a organização passou a denominar-se Instituto Histórico, Geográfico e Etnográfico do Brasil. A partir de 1849, já instalado no Paço Imperial, o Instituto passou a receber a presença do imperador D. Pedro II em todas as sessões realizadas.

Posteriormente, passou a denominar-se Instituto Histórico e Geográfico Brasileiro. O Instituto, que funciona à avenida Augusto Severo, 8, na Glória, Rio de Janeiro, possui uma rica e valiosa biblioteca, a qual é um precioso acervo para os estudiosos da ciência brasileira. O IHGB possui também arquivo, mapoteca, filmoteca, videoteca e museu.

A Revista do Instituto Histórico e Geográfico Brasileiro é uma das valiosas fontes de informações para o historiador da ciência. De acordo com os estatutos atuais (1997), ele é considerado a Casa da Memória Nacional.

Real Gabinete Português de Leitura – foi fundado em 14 de maio de 1837, por um grupo de intelectuais da cidade do Rio de Janeiro. Segundo seus primeiros estatutos, o gabinete tinha como objetivos promover a instrução dos seus membros e desenvolver a cultura luso-brasileira. Existe até os dias atuais e mantém uma excelente biblioteca especializada em assuntos portugueses. Promove, ainda, cursos e conferências de escritores portugueses e brasileiros. Concedia bolsas de estudos, para realizar trabalhos em Portugal, a intelectuais brasileiros que se distinguiam nas Artes, Letras e Ciências.

Sociedade Biblioteca Clássica Portuguesa – foi fundada em 1838, por intelectuais da cidade de Salvador, Bahia, com o objetivo de estudar a língua portuguesa, mediante a análise de estilo dos mais importantes autores, chegando a possuir uma biblioteca composta de 280 volumes de obras de autores portugueses. Foi extinta.

Sociedade Propagadora das Belas Artes – foi fundada em 23 de novembro de 1856, na cidade do Rio de Janeiro, com o objetivo de difundir o aprendizado gratuito das Artes, Letras e dos ofícios, colaborando com as autoridades competentes para a educação da classe operária da cidade. Para consecução desse objetivo, a sociedade fundou, em 9 de janeiro de 1858, na cidade do Rio de Janeiro, o Liceu de Artes e Ofícios. Posteriormente, fundou uma Escola Técnica de Comércio para auxiliar na educação dos trabalhadores no comércio da cidade, criando, também, uma biblioteca destinada ao público operário e um Departamento de Arte e Ciência para atender à demanda nessas áreas.

Sociedade Palestra Científica – fundada em junho de 1856 por intelectuais da cidade do Rio de Janeiro. Foi idealizada pelo médico Francisco Freire Alemão (1797–1874), tendo por finalidade os estudos da Matemática e da Física. Seus sócios pertenciam às seguintes categorias: efetivos, honorários e adjuntos correspondentes. Segundo o artigo 13 dos estatutos, "todo sócio efetivo contraía a restrita obrigação de apresentar pelo menos um trabalho anualmente, e, não o cumprindo, seria despedido da sociedade" (SPC, 1856) — uma novidade, nas sociedades científicas da época. Ela também se comprometeu a publicar uma revista científica (conjecturamos que não foi efetivado esse objetivo), bem como criar uma biblioteca e um museu. Teve vida efêmera, publicou apenas o volume 1 de seus arquivos.

Biblioteca Brasileira – em 1862, Quintino Bocaiúva fundou, na cidade do Rio de Janeiro, uma espécie de Clube do Livro: a Biblioteca Brasileira, que foi dirigida por ele e outros intelectuais. O objetivo era dar publicidade a todas as obras literárias inéditas de autores nacionais, bem como difundir a literatura junto ao público em geral. Mensalmente, a biblioteca publicava suas atividades. Por falta de interesse pela leitura por parte do público, a biblioteca teve vida efêmera, sendo extinta em 1863. Durou apenas um ano. Esse fato nos revela a pobreza de cultura na formação da sociedade brasileira da época, pouco diferente nos dias atuais. Revela-nos, ainda, que essa foi uma sociedade que rechaçou as boas e bem-intencionadas tentativas de colocá-la na trilha do desenvolvimento cultural-científico de então.

INSTITUTO POLYTECHNICO BRAZILEIRO – foi fundado em 11 de setembro de 1862, na cidade do Rio de Janeiro. Participaram da instituição vários intelectuais da cidade, notadamente docentes da Escola Central e da Academia Real dos Guardas-Marinhas. Tinha por objetivo o debate de temas científicos e funcionou na Escola Central, existindo por mais de 60 anos. Era constituído por dezesseis seções, sendo duas de Matemática: uma de Matemática abstrata e concreta e outra de Matemática aplicada. Fizeram parte da seção de Matemática abstrata e concreta: Felippe Hypolito Aché, Benjamin Constant Botelho de Magalhães, Antonio Carlos de Oliveira Guimarães. Fizeram parte da seção de Matemática aplicada: Joaquim Alexandre Manso Sayão, Agostinho de Borja Castro, Antonio de Paula Freitas. Os dois últimos foram professores da Escola Central. O primeiro foi professor da Academia Real dos Guardas-Marinhas.

O Instituto publicou uma revista científica, a *Revista do Instituto Polytechnico Brazileiro*, cujo número 1 do volume 1 foi públicado em julho de 1867, contendo um artigo sobre Matemática, de autoria do engenheiro André Pinto Rebouças. Até 1887, foram publicados dezessete volumes da revista. O volume 29 foi lançado em 1903. Na sessão de dezembro de 1867, Benjamin Constant apresentou ao Instituto um trabalho intitulado *Theoria das quantidades negativas*, o qual foi publicado pela primeira vez em 1868, pela Typographia do Mercantil de Bartholomeo Pereira Sodré, Petrópolis. Em verdade, trata-se de um fraco trabalho matemático (mesmo para os padrões científicos do país da época), porém, mais de cunho filosófico, no qual o autor, à luz da ideologia positivista comtiana, procura identificar os traços da metafísica em certas teorias e proposições matemáticas.

Conjecturamos que Benjamin Constant desconhecia grande parte do desenvolvimento da Matemática que ocorria no Velho Continente, como os trabalhos de C. F. Gauss, K. Weierstrass, B. Riemann, R. Dedekind, dentre outros. Nesse trabalho, Benjamin Constant procurou refutar ou ridicularizar (para citarmos apenas essas) duas proposições da teoria das quantidades negativas, a saber: 1) "Qualquer quantidade negativa é menor do que zero", e 2) "Uma quantidade negativa é tanto menor quanto maior é o seu valor absoluto". Ele escreveu: "No imenso todo da ciência matemática não há, felizmente, abrigo algum para essas proposições, que impropriamente se prendem à teoria das quantidades negativas, as quais nada mais são do que uma nociva excrescência" (MAGALHÃES, 1939, pp. 41-42).

À época, a Análise Matemática já estava sendo posta em bases sólidas e consistentes. Essas e outras questões já haviam sido resolvidas positivamente.[9] Daí conjecturarmos que Benjamin Constant desconhecia os trabalhos desenvolvidos e publicados, principalmente pelos matemáticos citados, para não mencionarmos os trabalhos desenvolvidos por matemáticos franceses seus contemporâneos.

CLUBE DE ENGENHARIA – foi fundado em 24 de dezembro de 1880, por um grupo de engenheiros da cidade do Rio de Janeiro, e foi autorizado a funcionar pelo Decreto Imperial nº 8.253, de 10 de setembro de 1881. Seus objetivos: congraçar engenheiros e industriais da cidade, bem como promover o estudo de questões técnicas, econômicas

[9] Atualmente, define-se o valor absoluto de um número real x como x, se $x \geq 0$, e como $-x$ se $x < 0$. O valor absoluto de x é indicado pelo símbolo $|x|$. Por essa definição, vemos a veracidade das proposições mencionadas. A noção de valor absoluto é de grande importância em Análise Matemática.

e sociais relacionadas às atividades mencionadas. O clube também funcionou e funciona como um dos pontos de congraçamento de intelectuais da cidade do Rio de Janeiro e do país, ligados à engenharia, tecnologia e indústria.

Mantém uma boa biblioteca e também uma boa mapoteca. Atualmente, funciona na avenida Rio Branco, 124. A partir da segunda década do século XX, iniciou a publicação da *Revista Brasileira de Engenharia*, que, no início, foi dirigida por engenheiros docentes da Escola Politécnica do Rio de Janeiro, a qual recebeu e recebe a colaboração de homens e mulheres ligados à ciência, técnica e tecnologia. Na década de 1920, o Clube de Engenharia recebeu a visita de Einstein, ocasião na qual ele realizou uma conferência sobre seus trabalhos em teoria da relatividade para uma plateia composta de intelectuais civis e militares.

Academia Brasileira de Letras – na década de 1890, alguns intelectuais brasileiros, como Araripe Júnior, A. Azevedo, Graça Aranha, Joaquim Nabuco, José Veríssimo, Machado de Assis, dentre outros, reuniram-se na cidade do Rio de Janeiro com o objetivo de fundar uma academia de Letras. Em 20 de junho de 1897, foi fundada a Academia Brasileira de Letras. Seu primeiro presidente foi o escritor Joaquim Maria Machado de Assis (1839–1908), considerado, aliás, o maior autor da literatura brasileira. O artigo 1º de seu primeiro estatuto determinava que a ABL tivesse por objetivo a cultura e a literatura nacional.

Desde sua fundação, a ABL tem admitido como membros escritores profissionais e não profissionais. A entidade, que representa a mais alta casa da intelectualidade brasileira no que diz respeito às letras, tem colaborado também com o governo central em assuntos internacionais relativos à uniformização ortográfica da língua portuguesa entre os países lusófonos. A Academia Brasileira de Letras desenvolveu, em colaboração com a Academia das Ciências de Lisboa, um estudo consertado da língua portuguesa. Com base nesse instrumento, a Academia das Ciências de Lisboa trabalhou na elaboração do *Novo Dicionário da Língua Portuguesa*, que foi publicado em 1998. A ABL também, emitiu instruções para a organização do vocabulário ortográfico da língua portuguesa para publicação no Brasil e que está em vigor.

Sociedade Brasileira de Belas Artes – foi fundada em 10 de agosto de 1910, na cidade do Rio de Janeiro, com o nome de Centro Artístico Juventas, por um grupo de pessoas ligadas às belas-artes. Segundo seus primeiros estatutos, a sociedade teria por fim, dentre outros, promover a união dos artistas plásticos brasileiros e estrangeiros residentes no Brasil. Seus membros trabalharam também em prol da estética pública. Para tal mister, a sociedade promoveu conferências, exposições e concursos sobre as belas-artes.

Sociedade Brasileira de Ciências – foi fundada em 3 de maio de 1916, no salão nobre da Escola Politécnica do Rio de Janeiro, que funcionava no largo de São Francisco de Paula. A ideia de se fundar uma entidade para o debate de temas científicos, segundo nos informa o Prof. Arthur Moses, em *Breve Histórico da Academia*, surgiu da iniciativa dos Profs. Henrique Morize, Antônio Ennes de Souza e Everardo Backheuser, quando estes participavam de uma banca de exames da Escola Politécnica (MOSES, 1996, pp. 11–13).

Durante os primeiros anos de funcionamento da sociedade, sua sede foi a Escola Politécnica, onde se reuniam, periodicamente, professores e pesquisadores da Escola Politécnica, do Observatório Nacional, do Museu Nacional e do Instituto de Manguinhos.

O primeiro presidente da sociedade, em diretoria provisória para o biênio 1916–1917, foi o Prof. Henrique Morize. Seus fundadores foram um grupo de 25 homens ligados à ciência, que trabalhavam no eixo Rio de Janeiro-São Paulo.

Como sabemos, à época, transcorria a Primeira Guerra Mundial. Certamente, um período de dificuldades para o Brasil, uma vez que o país era um grande importador de produtos industrializados. A elite intelectual brasileira e, em particular, a da cidade do Rio de Janeiro passaram a repensar o direcionamento, por parte do governo federal, de uma política científica para as necessidades do país. Em verdade, o surgimento da SBC foi uma reação de homens ligados ao ensino superior e à ciência ao que a cultura bacharelesca havia imposto ao ensino superior e à pesquisa científica no Brasil. Logo após sua fundação, passou a receber o apoio de vários grupos de pesquisadores, entre eles o grupo do Serviço Geológico e Mineralógico, o grupo da Escola Médica Baiana e o grupo do Museu Nacional.

Um dos fatores que impeliram aqueles homens a fundarem a SBC foi a preocupação em formar uma entidade que deveria ter por fim, segundo seus primeiros estatutos: "concorrer para o desenvolvimento das ciências e das suas aplicações que não tiverem caráter profissional" (ABC, 2011). Em seus primórdios, a SBC visava a incentivar trabalhos científicos originais, de seus membros, obtidos mediante a dedução lógica e a inferência baseada na experimentação e na observação empírica, que abrangiam somente as três seções que compunham a sociedade: Ciências Matemáticas (que incluía a Matemática, a Astronomia e a Física Matemática), Ciências Físico-Químicas (que incluía a Física, a Química, a Mineralogia, a Geologia) e Ciências Biológicas. Eram também objetivos: estimular o trabalho científico continuado de seus sócios; promover o desenvolvimento da pesquisa científica no país e ampliar a difusão do conceito da ciência como fator primordial do desenvolvimento tecnológico do Brasil.

Os fundadores da SBC também estavam preocupados com determinados problemas que afligiam o país, como epidemias, saneamento, a saúde do povo brasileiro, dentre outros. De certa forma, essas preocupações revelaram a necessidade de se diversificar a vinculação da diminuta comunidade científica brasileira, que estava dependente de países como a França e Grã-Bretanha, no campo da Física; a Alemanha, nos campos da Química e da Biologia; e a Itália, no campo da Matemática. Os poucos cientistas brasileiros da última década do século XIX e primeira década do século XX passaram a enviar seus artigos para serem publicados em periódicos científicos do exterior, pois no país não havia periódicos especializados em Matemática, Química, Biologia etc.

Outro importante objetivo da SBC foi a criação de uma revista que divulgasse os principais resultados das pesquisas de seus membros. Observamos aí objetivos completamente diferentes dos que existiam e norteavam o que se fazia no país em nome das ciências. Assim, em 1917, foi iniciada a publicação da *Revista da Sociedade Brasileira de Ciências*, que passou a publicar os trabalhos de pesquisa dos membros da sociedade. No ano de 1920, o título da revista foi mudado para *Revista de Ciências*. Essas duas revistas foram publicadas de forma assistemática, até assumirem a forma periódica no ano de 1929, já sob o título de *Anais da Academia Brasileira de Ciências*, mantido até hoje.

Essa revista tornou-se uma das mais conceituadas revistas científicas publicadas no Brasil. Ela tem circulação internacional. Os fundadores da SBC também visavam, com a criação da sociedade, a reagir contra a estagnação da atividade científica experimental, que decorreu da poderosa influência da ideologia positivista de A. Comte sobre a elite intelectual brasileira. E a reação aconteceu não só nas Ciências Exatas, como também nas Ciências Biológicas e nas Ciências da Terra.

Com o passar dos anos, a SBC revitalizou a atividade científica no país, em particular no eixo Rio de Janeiro-São Paulo. Criada para ser essencialmente um foro de debate de temas científicos, a sociedade desempenhou outro papel: o de articuladora, influenciando a fundação de importantes entidades ligadas ao ensino superior e à pesquisa científica. Por exemplo, em 1922, foi realizado o I Congresso Brasileiro de Química, que teve também o apoio da já denominada Academia Brasileira de Ciências. Durante esse evento científico, foi fundada a Sociedade Brasileira de Química (SBQ). Posteriormente, algumas das sessões da ABC e da SBQ foram realizadas em conjunto.

No ano de 1924, vários membros da ABC, sob a inspiração de Heitor Lyra da Silva (1879–1926), fundaram a Associação Brasileira de Educação (ABE), instituição que liderou um movimento de reforma e modernização do ensino universitário no Brasil. A ABE foi dotada, por seus fundadores, de uma estrutura descentralizada, de forma a comportar grande diversidade de iniciativas e membros. Compunha-se de seções estaduais autônomas e de departamentos especializados: ensino técnico e superior, ensino secundário, ensino profissional e artístico, entre outros. Essa entidade realizou várias atividades, como conferências e cursos para a atualização de professores.

Das ideias ali discutidas por seus membros, surgiu, por exemplo, a disposição para a fundação, em 1935, da Universidade do Distrito Federal, uma concepção moderna de instituição universitária, voltada para o ensino de graduação associado à pesquisa científica básica.[10] Os membros da ABE também sugeriram às autoridades competentes a criação do Ministério da Educação. Nas décadas de 1920 e 1930, a ABE desenvolveu um movimento que teve grande importância na reformulação do ensino no país, em particular na reformulação do ensino superior. Da cisão ocorrida entre renovadores e católicos, membros da ABE, durante a realização da V Conferência Nacional de Educação (CNE), realizada em 1932, surgiu o *Manifesto dos pioneiros da Educação Nova.*

Em 1921, a SBC passou a denominar-se Academia Brasileira de Ciências. Ainda na década de 1920, modificados mais uma vez seus estatutos, a Academia Brasileira de Ciências passou a programar seu objetivo-fim por meio das seguintes ações: auxiliar, por todos os meios, as pesquisas científicas dos sócios; organizar e manter cursos de excelência nas ciências e realizar conferências de especialização e divulgação; recomendar assuntos de pesquisa aos estudiosos brasileiros; desenvolver a cultura científica no país.

Em 8 de junho de 1948, um grupo de cientistas brasileiros, entre os quais alguns membros da ABC, fundou a Sociedade Brasileira para o Progresso da Ciência (SBPC). Essa sociedade, que tem como um dos objetivos contribuir para o desenvolvimento científico e tecnológico do país, vem desempenhando relevante papel na representação do pensamento da comunidade científica brasileira.

Em 1951, o presidente da República, Eurico Gaspar Dutra, criou, por sugestão de uma comissão formada por membros da ABC, da qual participou o almirante Álvaro Alberto da Motta e Silva, então presidente da entidade, o Conselho Nacional de

[10] Para detalhes a respeito dessa instituição, cf. Medeiros (1997b).

Pesquisas (CNPq), atualmente Conselho Nacional de Desenvolvimento Científico e Tecnológico (CNPq), órgão do governo federal para o fomento da pesquisa científica no país. O almirante Álvaro Alberto foi o primeiro presidente do CNPq.

Atualmente, a ABC abrange cinco seções: Ciências Matemáticas, Ciências Físicas, Ciências Químicas, Ciências da Terra e Ciências Biológicas. Seus membros são congregados nas seguintes categorias: titulares, associados, colaboradores e correspondentes. Todos eles são eleitos mediante a apresentação de candidaturas feitas por membros da ABC.

Vimos que, do final do século XVIII até o início do século XX, a sociedade brasileira se organizou basicamente como uma combinação de núcleos rurais e urbanos, os quais dependiam do comércio local, do comércio com outros países, bem como da administração central. Surgiram, a partir daí, os chamados ciclos do ouro, da cana-de-açúcar e do café.

No início do século XIX, a ciência moderna necessitava, para seu desenvolvimento e consolidação, de um espaço proporcionado por um bom sistema educacional, amplo e sólido, assim como da utilização social intensiva dos conhecimentos técnicos e tecnológicos, até então obtidos, na indústria, na área militar, na área de saúde, de saneamento básico etc. A ciência moderna necessitava, ainda, de um espaço que fosse ocupado, também, por um segmento da sociedade que buscasse na atividade científica uma das formas de ascensão e reconhecimento social e possuísse sociedades científicas consolidadas, assim como boas e conceituadas revistas científicas.

Essa combinação de circunstâncias que aconteceu em vários países não se verificou no Brasil de então. Dessa forma, nosso país não conseguiu passar do século XIX para o século XX com tradição alguma na área científica, nem com um sistema educacional universitário bem constituído e consolidado e no qual houvesse a preocupação e a determinação para se formarem recursos humanos qualificados, isto é, professores e pesquisadores científicos. É verdade que, a partir da segunda metade do século XIX, o imperador fundou algumas instituições de pesquisa, porém, o trabalho científico desenvolvido nelas foi diminuto e inexpressivo, como bem expressou o Prof. O. Derby.

Só a partir de 1916, com a fundação da Sociedade Brasileira de Ciências, passou a emergir no eixo Rio de Janeiro-São Paulo um segmento socialmente importante, que percebeu na atividade científica continuada um digno objetivo a ser perseguido. Relembramos que a primeira universidade fundada no Brasil com uma Faculdade de Ciências que associava o ensino universitário à pesquisa básica foi a USP, em 1934.

Não duvidamos que as entidades aqui mencionadas contribuíram para o enriquecimento do meio intelectual brasileiro.

CAPÍTULO 6
ALGUMAS QUESTÕES RELEVANTES

Neste capítulo, apresentamos algumas indagações pertinentes ao contexto do livro, para as quais daremos algumas respostas. Talvez haja mais de uma resposta para algumas das indagações. Pretendemos, com elas, despertar também o interesse do leitor para o estudo e a pesquisa da história da Matemática no Brasil. Relembramos que fizemos referências às reformas dos estatutos da Escola Militar, em particular a que ocorreu em 9 de março de 1842, que instituiu o grau de doutor em Ciências Matemáticas. Certamente, uma novidade para o ensino da Matemática Superior no país de então. Nossa primeira indagação será a esse respeito:

- Por que as autoridades responsáveis pela Escola Militar, ao reformarem os estatutos da instituição em 1842, resolveram incluir a concessão do grau de doutor em Ciências Matemáticas?
- Por que, na década de 1860, fase da Escola Central, e na década de 1870, fase da Escola Politécnica, a Congregação dessas escolas, aproveitando a existência do instrumento legal mencionado na indagação anterior, não sugeriu a criação de um programa de estudos especiais para os alunos interessados na obtenção do grau de doutor em Ciências Matemáticas?

Relembramos que, na década de 1870, algumas universidades norte-americanas e europeias já mantinham programas especiais de pós-graduação que conduziam seus alunos ao grau de doutor em Matemática. Citamos as seguintes, dentre outras: Johns Hopkins University, Harvard University e Georg-August Universität Göttingen.

- Por que a Congregação da Escola Politécnica extinguiu, em 1896, os chamados cursos científicos — Ciências Físicas e Matemáticas; Ciências Físicas e Naturais — que eram oferecidos?

- Por que, no período que vai da década de 1810 à década de 1920 não encontramos a mulher brasileira contribuindo, como profissional, para o desenvolvimento e a consolidação do ensino e da pesquisa matemática no Brasil?

Passemos às possíveis respostas.

Com respeito à primeira indagação, temos o seguinte: uma lei de 3 de outubro de 1832 , em seu artigo 11, estatuiu o grau de doutor em Medicina para os alunos da Faculdade de Medicina de Salvador, Bahia. O artigo 26 dessa lei determinava o seguinte: mesmo que o candidato tivesse passado em todos os exames, ele não poderia obter o título de doutor se não sustentasse em público uma tese, escrita em idioma nacional ou em latim[1].

A partir dessa data, passou a ser obrigatória a defesa de tese para que os alunos recebessem o grau de doutor em Medicina nessa instituição de ensino. Com início em 1840, a Faculdade de Medicina do Rio de Janeiro também instituiu a defesa obrigatória de tese para que seus alunos recebessem o grau de doutor em Medicina.

Nesse contexto, observamos que, ao serem reformados os estatutos da Escola Militar, em 1842, portanto, dois anos depois da instituição da concessão do grau de doutor pela Faculdade de Medicina do Rio de Janeiro, as autoridades responsáveis pela Escola Militar resolveram instituir a concessão do grau de doutor em Ciências Matemáticas. Os fatos nos fazem conjecturar que os responsáveis pela Escola Militar resolveram instituir a concessão do grau de doutor para que os alunos não se sentissem em desvantagem acadêmica, na obtenção de graus, com relação aos alunos da Faculdade de Medicina.

Relembramos que a Escola Militar também foi considerada, pela comunidade acadêmica da época, uma Faculdade de Matemática. Contudo, os quatro anos básicos é que constituíam o chamado curso Matemático. O aluno que completasse apenas os quatro primeiros anos do curso da Escola Militar e desistisse de completar o curso militar não tinha direito a receber título algum. Relembramos também que o grau de doutor dava uma posição social de destaque a seu possuidor perante a elite intelectual da cidade do Rio de Janeiro. Uma medida tomada pelos responsáveis pela Escola Militar foi que, a partir de 1842, só poderiam concorrer a uma posição de professor na instituição os graduados portadores do grau de doutor.

Outra variável que podemos considerar também é que, ao ser criado o curso na Academia Real Militar (ver Capítulo 3) para os anos básicos, seus idealizadores copiaram muito do que havia no curso de Matemática da Universidade de Coimbra. A Faculdade de Matemática da Universidade de Coimbra, desde sua fundação, instituiu a concessão do grau de doutor. Conjecturamos o seguinte: é provável que os dirigentes da Escola Militar tivessem decidido que seria natural (mesmo com mais de trinta anos de atraso) a Faculdade de Matemática do Brasil também instituir a concessão do grau de doutor para seus alunos. Enfim, acreditamos ser uma dessas, ou uma combinação das duas conjecturas, a resposta à primeira indagação.

Para algumas das indagações formuladas há pouco, formamos o seguinte quadro de possíveis variáveis. Até as primeiras décadas do século XX, não houve, no Brasil, um

[1] BRASIL. *Coleção de Leis do Império do Brasil.* Rio de Janeiro: [s.n.], 1832a. v. 1.1. p. 87

movimento social forte e amplo que reivindicasse mudanças substanciais nas estruturas social e escolar. Em verdade, não houve uma sociedade esclarecida no que diz respeito ao papel da ciência como um fator de progresso, de bem-estar para o povo e aplicada também à solução dos graves problemas que afligiam o país. Se tivesse existido tal movimento, ele teria sido forte o suficiente para pressionar as autoridades responsáveis pela única escola de engenharia do país a criarem programas especiais de estudos para os alunos interessados em obter o grau de doutor em Matemática. Esse mesmo segmento da sociedade teria, ainda, pressionado os membros da Congregação da Escola Politécnica do Rio de Janeiro a não extinguirem, em 1896, os cursos científicos, necessários à formação do cientista brasileiro.

Como já dissemos, de 1810 até 1933, as Faculdades de Engenharia foram, no Brasil, o único espaço onde se ensinou de modo contínuo a Matemática Superior, e a extinção dos cursos científicos que funcionavam na Escola Politécnica do Rio de Janeiro foi um retrocesso no tocante ao ensino e desenvolvimento da Matemática no Brasil. Lamentável ainda mais porque a extinção aconteceu em uma época na qual emergiu na Escola Politécnica Otto de Alencar Silva, um pioneiro da pesquisa em Matemática no Brasil.

Devemos registrar que a decisão para a extinção dos cursos científicos no âmbito da Congregação da Escola Politécnica não foi tranquila. Vários de seus membros votaram contra isso, exatamente os professores mais bem informados a respeito das necessidades matemáticas futuras do país — necessidades que envolviam a pesquisa básica e a pesquisa avançada.

Em verdade, faltaram importantes elementos para se instalar, na Escola Politécnica, um ambiente de pesquisas científicas nas Ciências Exatas. Faltou um segmento academicamente importante que percebesse na pesquisa matemática continuada um objetivo digno de ser perseguido e tentasse retirar a Escola Politécnica do Rio de Janeiro da estrutura do sistema de ensino napoleônico na qual ela estava inserida, colocando-a na trilha da atividade acadêmica mais aberta, mais dinâmica e mais progressista. Não devemos nos esquecer, contudo, de que o objetivo principal da Escola Politécnica era graduar engenheiros.

Outra resposta para essas indagações pode ser buscada no tipo de sistema educacional implantado no Brasil: o tipo napoleônico, baseado em escolas profissionalizantes. Relembramos que esse tipo de sistema educacional não estimulava a competição sadia entre centros de pesquisa científica. Ao contrário, ele fez com que as carreiras universitárias tendessem à fossilização em torno das posições vitalícias, as cátedras, as quais eram conquistadas via concurso público, sendo, nesse contexto, a pesquisa científica uma atividade acadêmica que valia muito pouco ou quase nada.

Os concursos para cátedras eram concursos para preenchimento de vagas, nos quais a importância de títulos acadêmicos reconhecidos pelo governo central era de grande valia para os candidatos, uma vez que esses títulos, quando obtidos, garantiam um *status* legal aos seus possuidores, ao mesmo tempo que correspondiam a uma expectativa reconhecida de remuneração. O professor O. Derby, ao se referir aos concursos públicos para cátedras que foram realizados no país em sua época, escreveu o seguinte:

> O sistema de preenchimento das cátedras através de concurso, na forma como tem sido conduzido, frequentemente dá margens a que

> a retórica e a elegância sejam preferidas ao mérito sólido comprovado por pesquisa original; e os mais competentes às vezes se recusam a concorrer, ou, se concorrem, são derrotados numa competição em que a maioria da mesa examinadora tem apenas um conhecimento superficial do assunto da cadeira a ser preenchida (DERBY, 1883, p. 216).

Devemos considerar também, nesse quadro, a falta de mercado de trabalho para os egressos dos cursos mencionados. Essas considerações tentam responder a algumas das indagações que foram postas aqui.

Com respeito à última indagação, estamos convencidos ser esse um tema que possui profundas causas sociais. No que segue, propomo-nos a apresentar algumas possíveis respostas, mas sem a pretensão de esgotar o assunto. Sugerimos aos pesquisadores interessados um profundo trabalho de pesquisa sobre o tema.

Após o descobrimento da paternidade pelo homem (o fato fisiológico da paternidade), com o qual as realizações dos descendentes de um homem passam a ser suas próprias realizações, a mulher foi levada à sujeição. No início, sujeição física: depois sujeição mental, sendo esse o único modo de garantir sua virtude. Nas sociedades constituídas por famílias patriarcais, como foi o caso da sociedade brasileira durante o período aqui abordado, centralizaram-se os direitos básicos sobre o homem, o chefe do grupo familial, acima dos direitos da mulher como pessoa, esta sendo regra também válida entre irmãos, isto é, a precedência do filho sobre a filha. Assim, obtinha-se, ou esperava-se obter, o comportamento submisso da mulher, esposa e/ou filha perante o chefe de família, uma forma de dever que, diga-se de passagem, a mulher aceitava sem protestar, mesmo porque não havia espaço para protestos. Em troca da submissão, a mulher deveria receber do homem a proteção, em virtude de sua "fragilidade".

Dessa forma, foi negada à mulher brasileira quase toda a experiência do mundo, isto é, o ensino superior, a ciência, parte do conhecimento cultural da época, a política, o negócio etc. Houve exceções, porém raras, de mulheres que, ao ficarem viúvas, ou mesmo ao terem seus maridos ou pais incapacitados, tiveram de assumir os negócios da família. Outras, ao obterem permissão dos pais, passaram a frequentar escolas superiores. Mas, de modo geral, a mulher era considerada, na sociedade brasileira da época, como um ser destinado à procriação e aos deveres do lar, recebendo, em função disso, uma educação especial, direcionada a tais deveres.

Esses preceitos foram guardados e praticados por famílias pertencentes às elites dominantes e também por famílias pertencentes à burguesia. Quanto às famílias pobres, não era possível praticá-los, pois logo cedo a mulher via-se obrigada a trabalhar para ajudar no orçamento familiar, para manter-se. Nesse caso, ela não tinha a oportunidade de frequentar nem escolas superiores nem a escola primária, que, aliás, era de má qualidade.

Durante a fase colonial, não houve, no Brasil, escolas primárias e secundárias para meninas. A educação escolarizada para as mulheres era feita por ordens religiosas, mas somente para as famílias abastadas e que permitiam que suas filhas estudassem. Para as famílias pobres, a solução, quando havia bom senso dos pais, era permitir que suas filhas se tornassem religiosas. Somente após a chegada da família real portuguesa ao

Brasil, em 1808, é que passaram a surgir algumas oportunidades de instrução escolar não religiosa para a mulher brasileira.

Por exemplo, na cidade do Rio de Janeiro, em 1816, funcionaram dois colégios destinados à educação de meninas. Em verdade, tratava-se de senhoras portuguesas e francesas que ensinavam bordado e costura, religião, rudimentos de aritmética e de língua portuguesa às moças que lá residiam na qualidade de pensionistas. Portanto, tratava-se de uma espécie de educação escolarizada para moças cujas famílias podiam pagar pelo ensino. Somente após 1826 é que foram criadas escolas primárias e secundárias públicas destinadas às meninas.

Relembramos que o ensino superior passou a existir no Brasil a partir da chegada da família real portuguesa, em 1808, e era exclusividade do homem. Somente em 1884 é que se matricularam na Faculdade de Medicina do Rio de Janeiro as três primeiras mulheres: Rita Lobato Velho Lopes, Ermelinda Lopes de Vasconcelos e Antonieta César Dias.

No caso particular da Matemática, é fácil entender por que entre 1810 e 1873 a mulher brasileira não participou do desenvolvimento dessa ciência. Porém, a partir de 1874, a Escola Politécnica perdeu seu caráter de escola militar e passou a ser uma Escola de Engenharia, subordinada a um ministério civil.

Mesmo assim, não encontramos mulheres cursando a Escola Politécnica, nem a partir de 1874 e nem durante muitos anos. A primeira brasileira a graduar-se em engenharia pela Escola Politécnica do Rio de Janeiro o fez em 1919. De 1842 à década de 1920, nenhuma mulher brasileira obteve o grau de doutora em Ciências Matemáticas ou em Ciências Físicas e Matemáticas.

A primeira brasileira a obter o grau de doutora em Ciências (Matemáticas) por meio de um curso próprio para obtenção do grau foi Elza F. Gomide, na USP, em 27 de novembro de 1950. Sua tese foi orientada pelo Prof. Dr. Jean Delsart, que à época trabalhava na FFCL-USP.[2] De passagem, informamos que, desde a segunda metade do século XIX, algumas universidades da Europa, Estados Unidos da América do Norte e Canadá já admitiam estudantes mulheres em seus programas de doutoramento em Matemática.

Em face do exposto, somos da opinião de que a mulher brasileira não participou do desenvolvimento e consolidação do ensino e pesquisa matemática no país entre os anos 1900 e 1930 porque não lhe foi permitido. À medida que se intensificaram no Brasil a urbanização e o processo de industrialização, que tiveram grande impacto na organização familiar, inclusive reorganizando o grupo familiar, este último passou a cuidar com mais carinho e atenção da educação escolarizada da mulher, permitindo-lhe o acesso ao ensino superior, e a sociedade permitiu-lhe o acesso a postos de trabalho até então reservados aos homens. Assim, acreditamos ter respondido à última indagação.

[2] Relembramos que foi somente a partir da segunda metade dos anos 1960 que o governo federal institucionalizou no Brasil os cursos de pós-graduação *stricto sensu*.

CAPÍTULO 7
TESES SOBRE MATEMÁTICA APRESENTADAS A PARTIR DA ESCOLA MILITAR

Neste capítulo, fazemos uma breve análise das teses apresentadas a partir da Escola Militar, no ano de 1848, para obtençao do grau de doutor em Ciências Matemáticas, grau que, posteriormente, passou a denominar-se doutor em Ciências Matemáticas, Físicas e Naturais; doutor em Ciências Naturais; doutor em Ciências Físicas e Naturais.

Dentre as teses destacamos, por seus aspectos de trabalhos originais, a primeira delas, que foi apresentada por Joaquim Gomes de Sousa, em 1848, intitulada *Dissertação sobre o modo de indagar novos astros sem auxílio das observações diretas*, e a última, que foi defendida na Escola Politécnica do Rio de Janeiro por Theodoro Augusto Ramos, em 1918, intitulada *Sobre as funções de variáveis reais*. Esta julgamos ser a mais importante das duas, porque, dentre outras coisas, introduziu no Brasil a Análise Matemática moderna. Com exceção dessas duas teses, as demais são trabalhos de caráter expositivo, compilações de temas conhecidos e contidos em livros, o que, de certa forma, reflete o grau de seriedade que se atribuiu, à época, à concessão do grau de doutor em Ciências Matemáticas.

O tema de cada tese era escolhido pelo candidato a partir de uma lista de assuntos indicados pelo órgão competente da instituição à qual a tese seria apresentada. A partir da escolha do tema, o candidato tinha um determinado prazo para defender seu trabalho. Esse prazo era variável, mas nunca ultrapassava doze meses.

Devido à estrutura social no Brasil da época, julgamos oportuna a seguinte indagação: qual o perfil social dos alunos da Academia Real Militar, Escola Militar, Escola Central e Escola Politécnica?

À época da Academia Real Militar, seus alunos pertenciam à pequena burguesia urbana. Eram filhos de pequenos comerciantes, de modestos funcionários da corte e de alguns militares. As famílias abastadas e proprietárias de grandes fazendas e/ou de engenhos enviavam seus filhos para uma Faculdade de Direito, instituição considerada de maior *status* social.

Nas fases de Escola Militar e Escola Central, não houve mudanças significativas no perfil social de seus alunos. Por exemplo, na década de 1830, muitos alunos da Escola Militar chegaram a desistir do curso por problemas financeiros, isto é, seus pais não podiam mantê-los estudando na cidade do Rio de Janeiro. Essa informação nos dá um bom perfil social dos alunos da escola Militar.

Para evitar a evasão escolar por problemas financeiros, os responsáveis pela Escola Militar instituíram, em 1839, um soldo para os alunos (uma espécie de bolsa de estudos disfarçada de soldo). Posteriormente, também por problemas financeiros de alguns de seus alunos, a Escola de Minas, de Ouro Preto, também instituiu bolsas de estudos. Nesse caso, o imperador D. Pedro II pagava de seu próprio bolso as importâncias.

Detectamos, portanto, em 1839, isto é, pela segunda vez no Brasil, a concessão de bolsas de estudos para alunos de um curso superior. A primeira ocorrência desse fato foi durante a existência da Real Academia de Artilharia, Fortificação e Desenho. Com efeito, os estatutos dessa instituição, de 1792, já determinavam a existência de seis partidos (bolsas de estudos) para os alunos que desejassem fazer o curso de Engenharia (cf. PARDAL, 1985, p. 88).

Após 1889 é que percebemos mudanças no perfil social dos alunos da Escola Politécnica do Rio de Janeiro. À época, já havia sido fundada a Escola Politécnica de São Paulo. A partir daí, é que as famílias abastadas, bem como as famílias dos altos funcionários da República, passaram a enviar seus filhos para uma Escola de Engenharia. Aliás, a Escola Politécnica de São Paulo foi uma criação das elites paulistas.

7.1 OS PRIMEIROS GRAUS DE DOUTOR

Com respeito à concessão do grau de doutor em Ciências Matemáticas, sabemos que, a partir de 9 de março de 1842, de acordo com os estatutos reformados da Escola Militar, seus professores passaram a fazer jus ao grau de doutor em Ciências Matemáticas sem a necessidade da defesa de uma tese. Assim, em 1846 foram concedidos, por decreto, os primeiros graus de doutor.

Foram os seguintes os professores recebedores do grau de doutor em 18 de dezembro de 1846: José Saturnino da Silva Torres, José Victorino dos Santos, João Paulo dos Santos Barreto, José da Costa Azevedo, José Pedro Nolasco Pereira da Cunha, Antônio Joaquim de Souza, Manoel Felizardo de Souza e Mello, Pedro D'Alcantara Bellegarde, Joaquim José de Oliveira, Antônio José de Araújo, Antônio Manoel de Mello, Eugenio Fernando de Souza, José Maria da Silva Paranhos, José Joaquim da Cunha, Antônio Francisco Coelho.

Em 20 de setembro de 1847, receberam o grau de doutor os seguintes professores: Ricardo José Gomes Jardim, Frederico Leopoldo César Burlamaque, André Cordeiro de Negreiro Lobato, Francisco Antônio de Araújo.

O "Decreto nº 2.116, de 1º de março de 1858" (ver Capítulo 3), reformou os estatutos da Escola Militar, transformando-a em Escola Central. O artigo 148 desse decreto estatuía que os professores catedráticos da Escola Central fariam jus ao grau de doutor em Ciências Físicas e Matemáticas, sem a necessidade de defesa de uma tese. Dessa forma, os seguintes professores da Escola Central receberam o grau de doutor: em 1863, Henrique de Amorim Bezerra, de acordo com aviso de 19 de dezembro de 1862; em 1864, Francisco Carlos da Luz; em 1871, Antônio José do Amaral, Jerônimo Francisco Coelho, de acordo com aviso de 22 de novembro de 1871. Esses foram os professores que, durante o século XIX, receberam o grau de doutor por decreto.

À época da Escola Politécnica, não apenas nessa instituição, mas em todas as instituições do país, os professores que defendiam tese para concurso público de cátedra também recebiam o diploma de doutor, amparados que estavam pela lei.

Com respeito à obtenção do grau de doutor, registramos o seguinte: no acervo Benjamin Constant, que se encontra no Museu Casa de Benjamin Constant, na cidade do Rio de Janeiro, encontramos nos dados biográficos do titular, dentre outras, a seguinte informação: "Cursou a Escola Militar em 1853. Aperfeiçoamento em engenharia e doutor em Matemática e Ciências Físicas pela Escola Central" (acervo Benjamin Constant). Contudo, nos livros em que constam os termos de colação de grau de doutor concedidos pela Escola Militar, pela Escola Central, pela Escola Politécnica do Rio de Janeiro que examinamos, e não encontramos o nome de Benjamin Constant como um dos recebedores do referido grau. No frontispício da primeira edição, de 1868, de sua obra intitulada *Theoria das quantidades negativas*, que foi apresentada ao Instituto Politécnico Brasileiro em 1867, consta o seguinte após o nome de Benjamin Constant: bacharel em Mathematicas e Sciencias Naturaes, Capitão do Corpo do Estado Maior de Primeira Classe.

Contudo, Raimundo T. Mendes escreveu que, em 23 de março de 1889, Benjamin Constant foi nomeado lente da Escola Superior de Guerra, instituição criada pelo governo imperial por meio do Decreto nº 10.203, de 9 de março de 1889, para separar os oficiais alunos dos demais alunos (cadetes e praças) que frequentavam a Escola Militar da Praia Vermelha. Ainda segundo Mendes, em 26 de março desse ano, em complemento, Benjamin Constant recebeu o grau de doutor em Ciências Físicas e Matemáticas, uma decisão política por parte das autoridades competentes (MENDES, 1892–1894).

Contudo, ao consultarmos a *Coleção de Leis do Império do Brazil de 1889*, não nos foi possível confirmar a informação de que Benjamin Constant havia sido nomeado lente da Escola Superior de Guerra, e tampouco de que ele recebeu, em 26 de março de 1889, o grau de doutor. Encontramos apenas o Decreto nº 10.203, que "Aprova o Regulamento para as Escolas do Exército", título IV: "Da Escola Superior de Guerra".

Ressaltamos que o grau de doutor recebido por Benjamin Constant (supondo verdadeira a informação de Raimundo T. Mendes) não poderia ter sido concedido pela Escola Central, conforme consta em seu arquivo, pois o "Decreto nº 5.600, de 25 de abril de 1874", transformou a Escola Central em Escola Politécnica, e, a partir de dessa data, não mais existiu a Escola Central.

7.2 TESES DEFENDIDAS A PARTIR DE 1848

Devido à importância de suas teses, que são pioneiras em suas respectivas áreas: Física Matemática e Análise Matemática, e também pelas ações inovadoras, no Brasil da época, de seus trabalhos posteriores em salas de aulas com alunos, e publicando artigos científicos, apresentaremos somente os dados biográficos de Joaquim Gomes de Sousa e de Theodoro Augusto Ramos. Para as demais teses, citaremos apenas breves dados técnicos sobre os trabalhos.

JOAQUIM GOMES DE SOUSA

Filho de Ignácio José Gomes de Sousa e Antônia Carneiro de Brito e Sousa. Nasceu em 1829, na fazenda Conceição, província do Maranhão. Chegou à cidade do Rio de Janeiro em 1844, para ingressar na Escola Militar. Matriculou-se nessa instituição no mesmo ano, mas, em 1845, não se sentindo satisfeito com os estudos nessa Escola, pediu e obteve permissão dos pais para abandonar a Escola Militar e matricular-se na Faculdade de Medicina do Rio de Janeiro. Ao frequentar a Faculdade de Medicina, o desejo de se aprofundar nos estudos das Ciências Físico-químicas e Naturais impeliu-o a estudar Matemática com mais afinco e dedicação.

No ano de 1846, voltou a se matricular na Escola Militar, e em 1847 pediu permissão à direção da Escola para realizar o *exame vago* de todas as cadeiras que faltavam para completar o curso da Escola. Foi um acontecimento inédito na história da instituição. Professores e colegas não acreditavam que ele obteria aprovação nos exames. Após ter seu requerimento deferido, passou a realizar os exames. Foi aprovado, com louvor, e colou grau de bacharel em Ciências Matemáticas em 10 de junho de 1848. Ato contínuo, dedicou-se à elaboração de sua tese. Em 14 de outubro de 1848, aos 19 anos de idade, após defender sua tese intitulada *Dissertação sobre o modo de indagar novos astros sem auxílio das observações diretas*, colou grau de doutor em Ciências Matemáticas. Foi um dos primeiros alunos da Escola Militar a obter o referido grau.

Posteriormente, ao ser aprovado em primeiro lugar em concurso público realizado pela Escola Militar, foi nomeado, em 23 de novembro de 1848, lente substituto. Também foi nomeado capitão honorário da Escola Militar e, em 1º de março de 1858, lente (professor) catedrático da primeira cadeira (Astronomia) do quarto ano do curso Matemático e de Ciências Naturais da Escola Central.

Joaquim Gomes de Sousa foi o mais importante matemático brasileiro nas duas primeiras décadas da segunda metade do século XIX. Publicou vários trabalhos, os quais tratam de Física Matemática, Integração de Equações Diferenciais Parciais e Equações Integrais. A obra matemática de Gomes de Sousa é impressionante, não tanto pelo rigor, mas, sim, por se levar em consideração seu isolamento do mundo científico europeu de então. Posteriormente, ele voltou a estudar Medicina. Também se dedicou, com brilhantismo, aos estudos filosóficos, literários etc. E foi também político, exercendo um mandato de deputado provincial. Faleceu em Londres, em 1864. Em 1867, Antônio Henriques Leal apresentou projeto à Assembleia do Maranhão, projeto que foi aprovado, que mandava trasladar de Londres para São Luís os restos mortais de Joaquim Gomes de Sousa.

Título da tese: *Dissertação sobre o modo de indagar novos astros sem auxílio das observações diretas*. Rio de Janeiro: Typographia de Teixeira & C., 1848, ii+53 p. Tese defendida em 14 de outubro de 1848, para obtenção do grau de doutor em Ciências Matemáticas na Escola Militar.

Na década de 1840, a Astronomia passou por um surto de grande desenvolvimento em face da descoberta de novos planetas do Sistema Solar, bem como pela utilização das teorias de Laplace, contidas em sua obra *Mécanique céleste*. Por volta de 1845, alguns astrônomos passaram a registrar irregularidades na órbita do planeta Urano, as quais não podiam ser explicadas. Então, alguns cientistas conjecturaram que tais anomalias poderiam ser provocadas por outro astro desconhecido. Em 1846, John C. Adams e Urbain Le Verrier publicaram um artigo no qual divulgaram a massa aproximada e a posição do astro, no Sistema Solar, causador das anomalias na órbita de Urano. Algum tempo depois, em 23 de setembro de 1846, o astrônomo alemão Johann G. Galle localizou, por meio de telescópio, o novo astro, usando os dados fornecidos por Adams e Le Verrier: tratava-se do planeta que recebeu o nome de Netuno.

Esses fatos impregnaram a mente do jovem Gomes de Sousa. Dessa forma, quando da elaboração de sua tese para obtenção do grau de doutor, ele optou por um trabalho sobre Física Matemática. Sua tese foi o primeiro trabalho de um brasileiro sobre o assunto abordado. Apesar de algumas imperfeições, trata-se de um trabalho original. O objetivo central do autor foi propor e resolver três problemas, por meio dos quais seria possível, a partir de astros conhecidos, indagar a respeito da existência de novos astros (planetas, cometas, estrelas) sem o auxílio de aparelhos óticos.

No início desse trabalho, Gomes de Sousa abordou o problema do movimento do centro de gravidade dos astros. Depois, abordou o problema das formas (que ele chamou de figuras) e do movimento dos astros em torno do seu centro de gravidade.

As sete fórmulas apresentadas por ele envolvem seis elementos e, ainda, a massa do planeta perturbador e a massa do planeta perturbado. Gomes de Sousa considerou conhecidos os elementos das fórmulas, bem como a massa do astro perturbado, que, segundo ele, seriam suficientes para que fossem determinadas todas as incógnitas envolvidas nos três problemas propostos. À página 1, assim se expressou J. Gomes de Sousa:

> As sete formulas bastarão para a determinação de todas as incógnitas: a descoberta de Le Verrier bem o prova. Porem depois que se tiver achado hum planeta que satisfaça as perturbações do planeta conhecido, não he possivel achar outro que produza o mesmo que elle? Não he possivel achar hum systema de planetas que substitua o outro? Se isto tiver lugar quando se procura resolver a questão exatamente não haverá equivoco quando se trata de formulas approximadas? A que grão de approximação devemos levar as nossas formulas para que o equivoco desappareça? São estas questões que formão principalmente o objecto desta Dissertação (SOUSA, 1992, p. 1).

Ao resolver os problemas, Gomes de Sousa inicialmente tratou do problema do movimento do centro de gravidade dos astros. Ato contínuo, trabalhou sobre as formas dos astros e o movimento deles em torno de seu centro de gravidade. Gomes de Sousa se inspirou na obra de Laplace já mencionada e, apesar de seu isolamento da corrente científica internacional, conseguiu se atualizar nessa área. A seguir, listamos os três problemas formulados e resolvidos por Gomes de Sousa.

Problema 1 – "Sendo dada a perturbação de hum astro, achar-se-ha mais de hum systema de astros que as satisfaça?".

Antes de apresentar a solução do problema, J. Gomes de Sousa transcreveu as fórmulas de Laplace que representam as forças perturbadoras do primeiro sistema. Ao deduzir as equações desejadas, o autor concluiu à página 5:

> Ora essas equações sendo em número infinito e distinctas, segue-se que ellas são identicas e que por conseguinte não se póde em hum systema de astros perturbadores substituir outras. As formulas de nos servimos são approximadas: he relativamente à ellas que a questão que tratamos offerece maior enteresse, por isso vamos agora occuparmos-nos dela (SOUSA, 1992, p. 5).

Problema 2 – "Sendo dadas as perturbações de hum planeta, he possivel achar mais de hum planeta perturbador que as satisfaça?".

Em seguida, ele escreveu o seguinte: "Os planetas são suppostos sphericos e a approximação levada até a primeira dimensão das excentricidades e enclinação reciproca das orbitas. No caso que consideramos a perturbação que hum planeta m' exerce em latitude sobre outro planeta m, he".

E passou a uma equação devida a Laplace a qual representa a perturbação mencionada. Ao final de sua demonstração, à página 14, Gomes de Sousa afirmou o seguinte: "Vê-se que dois planetas de excentricidade defferentes e as suas linhas dos nodos sendo diversas, produzem entretanto a mesma perturbação em longitude".

Problema 3 – "He possivel substituir a acção perturbadora de hum planeta pela de dois outros?".

Ao finalizar a demonstração do problema, o autor escreveu à página 44:

> Pode-se levar o exame das questões de que nos temos occupado à ordens superiores por meio de formulas que com o auxilio dos livros segundo e sexto da Mechanica Celeste se construirão; porem não podemos examinar estas questões, sem que esta these tivesse hum tamanho desmesurado (SOUSA, 1992, p. 44).

Observamos nas demonstrações dos três problemas o uso de ferramentas matemáticas adequadas: equações trigonométricas, séries, derivadas e integrais, com o que Gomes de Sousa se mostrou familiarizado.

A partir da página 45, Gomes de Sousa dedica-se ao estudo dos cometas. Inicialmente, ele assim se expressou:

> Si as lunetas não se aperfeiçoarem, muitos planetas do nosso systema ficarão desconhecidos, quando elles se acharem a huma grande distancia. He entretanto digno da attenção dos geometras a determinação de semelhantes astros. Os cometas podem servir nestas endagações: suas orbitas sendo muito excentricas, elles podem ser perturbados por astros que ja não enfluão sobre os planetas conhecidos; devemos então considerar os cometas como consideramos os planetas; porem as massas dos cometas sendo muito pequenas relativamente aos planetas, não perturbão de huma maneira apreciavel estes ultimos astros; porem elles, ao

> contrario, são grandemente perturbados. Si se tratasse de resolver exactamente a questão da determinação dos planetas pelos cometas, não haveria equivoco algum, como se vê pelo terceiro problema; porem as formulas de que nos servimos sendo approximadas, convem ver si com ellas a mesma cousa tem lugar, ou até que gráo deve ser levada a approximação para que os equivocos desappareção. As grandes excentricidades das orbitas cometarias, as suas grandes inclinações reciprocas, não permittem, como acontece com os planetas, de representar as suas perturbações geraes por formulas finitas, que possão ser facilmente comparadas; he necessario recorrer as quadraturas mechanicas, para o que Laplace dá, na Mechanica Celeste as tres formulas seguintes [...] que não podem servir no nosso caso, pois que para sua integração devem-se conhecer os planetas perturbadores. O melhor meio de determinar as orbitas dos cometas he como o propoz o ellustre Lagrange, suppol-os movendo-se em elypsis de elementos variaveis. Nós vamos applicar o mesmo methedo à determinação dos astros perturbadores (SOUSA, 1992, p. 45).

Em seguida, Gomes de Sousa passou a considerar três casos segundo as posições relativas dos astros: a) *quando o cometa acha-se muito longe do planeta*; b) *quando o cometa acha-se muito perto*; e c) *quando o cometa encontra-se a uma distância média do planeta*. Para o estudo desses três casos, Gomes de Sousa usou fórmulas obtidas por Laplace em sua obra *Mécanique céleste*. Após sua demonstração, o autor conclui, à página 51:

> Taes são os elementos da orbita do cometa em termos do planeta. Calcular-se-ha sem embaraços os elementos de nova orbita na ocasião em que o planeta o abandonar. Far-se-há a mesma cousa para hum segundo palneta: comparar-se-há as duas formulas. Os calculos sendo muito longos, e eu tendo muita pressa de acabar esta these despensar-me-hei de desenvolver-las (SOUSA, 1992, p. 51).

À página 52, Gomes de Sousa fez rápidas considerações sobre a forma dos astros e movimento em torno dos seus centros de gravidade. Finalizou seu trabalho, à página 53, com o seguinte:

> A grandeza que ja tem esta these, a pressa em que estamos de a concluir nos fez tratar com pouco desenvolvimento certas questões: assim tratando de substituir dois planetas a hum não consideramos as suas perturbações mutuas; o calculo seria penoso, porem analogo ao que demos no mesmo lugar (SOUSA, 1992, p. 52).

A tese em pauta não é um trabalho acadêmico de excepcional qualidade. Contudo, é um importante marco para a historiografia da ciência no Brasil, porque ela corresponde ao início de uma importante atividade científica: a pesquisa matemática séria em nosso país. Não devemos nos esquecer das dificuldades que tiveram, no Brasil da época, as pessoas interessadas em obter livros e revistas especializados em Matemática e publicados no Velho Continente.

Ao final do trabalho, não há uma listagem bibliográfica das obras consultadas, mesmo porque essa prática não era comum no meio científico brasileiro da época. Aliás, em nenhuma das teses aqui apresentadas seus autores se preocuparam com tal prática. Em muitas partes de sua tese, entretanto, Gomes de Sousa fez referências a obras de Laplace e Lagrange.

Em 26 de maio de 1848, o Dr. José Pedro Nolasco Pereira da Cunha, docente da Escola Militar, conferiu o grau de doutor em Ciências Matemáticas aos seguintes bacharéis: Manoel da Cunha Galvão e Ignácio da Silva Galvão, este com a tese intitulada *Dissertação sobre as superfícies involtórias*; João Baptista de Castro Moraes Antas, com a tese *Theoria mathematica das probabilidades*; Francisco Joaquim Cattete, com a tese *Sobre a curva acústica*; Luis Affonso d'Escragnolle e Manoel Caetano de Gouveia, de cujas teses não nos foi possível a localização e obtenção de fotocópias.

Em 19 de maio de 1849, receberam o grau de doutor em Ciências Matemáticas pela Escola Militar os bacharéis João Luiz d'Araújo Oliveira Lobo, Francisco Pereira de Aguiar, Marcos Pereira de Sales (não nos foi possível localizar suas teses) e Guilherme Schüch de Capanema, com a tese *Sobre o methodo de divisão de Horner e sua applicação à álgebra* .

Em 5 de fevereiro de 1850, o bacharel Miguel Joaquim Pereira de Sá apresentou à Escola Militar da corte a tese intitulada *Sobre os princípios de estática*, a qual foi defendida em 2 de março de 1850. Não nos foi possível obter fotocópia do trabalho. Sabemos apenas que foi um trabalho de inspiração positivista comtiana.

JOÃO ERNESTO VIRIATO DE MEDEIROS

Título da tese: *Dissertação sobre o methodo dos limites e dos infinitamente pequenos*. Rio de Janeiro: Typographia de Francisco de Paula Brito, 1850, i+27 páginas. Tese defendida em 1850 para obtenção do grau de doutor em Ciências Matemáticas na Escola Militar.

Trata-se de um trabalho expositivo, de cunho histórico, no qual o autor rememora, sem apresentar novas demonstrações, resultados matemáticos conhecidos e obtidos nos séculos XVII e XVIII a respeito da noção de limite e dos infinitamente pequenos.

Relembramos que, a partir da década de 1820, o problema do rigor na Análise Matemática foi encaminhado em bases sólidas e permanentes graças a trabalhos produzidos por Bolzano, Cauchy, Dirichlet, dentre outros matemáticos. Os principais conceitos e consequentes definições dessa área da Matemática já estavam bem postos, por exemplo, a definição de função, limite de uma função em um ponto, derivada de uma função em um ponto. Enfim, já existia o rigor, nessa parte da Matemática, introduzido por Cauchy com o uso dos épsilons e deltas (ε e δ) (BOURBAKI, 1994).

A tese está dividida em quatro partes. Na página um, o autor escreveu o seguinte, mostrando que não estava atualizado com o desenvolvimento dessa parte da Matemática: "Qual dos dous methodos deve servir de base ao Calculo Differencial? O dos Limites ou o dos Infinitamente-Pequenos?".

Na primeira parte, ele teceu considerações gerais a respeito do desenvolvimento da Matemática, em particular do Cálculo Diferencial, nos séculos XVII e XVIII, mas não sobre os resultados obtidos nessa área durante a primeira metade do século XIX.

O autor lista alguns nomes de matemáticos que contribuíram para o desenvolvimento da Matemática: R. Descartes, B. Cavalieri, I. Barrow, J. Wallis, I. Newton e G. W. Leibniz.

À página 4, assim se expressou o autor:

> As notações empregadas por Leibniz, e a idéa primordial de Newton, para achar as relações entre a fluxão da ordenada e sua abscissa, tem sido empregadas por alguns autores para basearem o Calculo Differencial; concebendo estas relações como primeiras e ultimas razões das quantidades ou seus limites: outros porém seguem à risca as genuinas idéas de Leibniz. Em saber qual dos dous methodos, si o dos Limites, ou dos Infinitamente-pequenos, contém a verdadeira metaphysica do Calculo Differencial, é que existe controversia e os mathematicos se acham ainda hoje divididos em suas seitas [...].

Observamos, nessa passagem de seu trabalho, que Medeiros não estava atualizado com os avanços obtidos nessa área da Matemática, pois ele não mencionou em ponto algum de sua tese trabalhos publicados por Lagrange, Bolzano, Cauchy, Dirichlet, Weierstrass, entre outros.

Na segunda parte do trabalho, o autor abordou o *método dos limites*. Nessa parte, ele reportou-se aos matemáticos (não cita nomes) que preferiam trabalhar usando o *método dos limites* em vez de usarem os infinitamente pequenos. Logo em seguida, ele considerou a função $y = f(x)$, mas não explicitou o que entende por função. Na continuação, supõe que, à variável x, corresponde um *aumento* qualquer x, e informou o seguinte: "é claro que a y também corresponderá um certo augmento Δy". Em lugar algum de seu trabalho, o autor fez referência ao domínio (termo atual) de definição das funções abordadas, pois, como sabemos, para tal mister é preciso também especificar o domínio de definição da função, além da lei de correspondência. Em 1850, esses fatos já eram bem conhecidos dos matemáticos.

Em seguida, o autor escreveu a expressão seguinte:

$$y + \Delta y = f(x + \Delta x), \tag{7.1}$$

e, após subtrair $y = f(x)$ a ambos os termos de Equação (7.1), obteve a expressão:

$$\Delta y = f(x + \Delta x) - f(x). \tag{7.2}$$

A seguir, o autor dividiu Equação (7.2) por Δx, sem supor $\Delta x \neq 0$, e escreveu a expressão:

$$\frac{\Delta y}{\Delta x} = \frac{f(x + \Delta x) - f(x)}{\Delta x}.$$

Ato contínuo, escreveu o seguinte:

> Da qual teremos o limite, quando suppozermos que o augmento dado à variavel se tem nullificado, ou, o que é o mesmo, quando for $\Delta x = 0$. Fazendo esta hypothese, visto ser $\Delta y = 0$ quando $\Delta x = 0$, acha-se:
>
> $$\frac{0}{0} = \frac{f(x + 0) - f(x)}{0} = \frac{f(x) - f(x)}{0} = \frac{0}{0},$$

> uma identidade de expressões affectas do simbolo da indeterminação, da qual porém se obterá o valor, quando se conhecer $f(x)$, e então $\frac{0}{0}$ é substituido por $\frac{dy}{dy}$ para indicar a relação dos augmentos, da função y e sua variavel x, quando elles tem chegado ao limite zero, mudança esta somente feita, porque nenhum vestigio deixa, das variaveis que se consideram.

À página 6, acrescentou o autor: "O que fizemos, serve de base a differenciação de todas as funcções, qualquer que seja o numero de variaveis independentes que n'ellas entrem, e é por esse meio, que são tratadas todas as questões do Calculo Differencial [...]".

Na continuação, ele apresentou o seguinte exemplo:

Seja a função $y = 6a^5x^2 + 30$.

Após algumas considerações e substituições, ele obtém a expressão

$$\frac{dy}{dx} = 12a^5x.$$

À página 7, o autor passa a fazer considerações filosóficas a respeito de 0, $\frac{0}{0}$ e $\frac{1}{0}$, que se obtêm para resultado final de uma expressão qualquer. Continuando em suas divagações filosóficas, apresenta, como exemplo:

$$\frac{0}{0} = 12a^5x,$$

e conclui que $dy = 12a^5x\,dx$.

Ele ainda escreve, à página 8: "Não é uma equação absurda porque zero sobre zero é o simbolo de uma indeterminação, e como pode representar indifferentemente 1, 2, 3, etc., nada prohibe que seja igual a $12a^5x$".

Ainda em suas considerações filosóficas a respeito de expressões com valores iguais a 0, $\frac{0}{0}$ e $\frac{1}{1}$, o autor citou obras de Boucharlat, Newton, L. Carnot e S. F. Lacroix. Contudo, não citou a definição de limite de uma grandeza, dada por d'Alembert, em 1751, e tampouco a definição de limite de uma função, dada por L. Euler no século XVIII. Conjecturamos que o autor desconhecia todo o trabalho de Cauchy, divulgado a partir da década de 1820, sobre esse. Nessa parte da tese, o autor abordou esse assunto utilizando os conceitos apresentados por I. Newton nos primórdios do Cálculo Diferencial, isto é, no século XVII.

Na terceira parte da tese, Medeiros tratou do "methodo dos infinitamente-pequenos". Ali, ele usou as ideias e conceitos dos infinitésimos apresentados por Leibniz para obtenção da derivada de uma função, assim se expressando à página 14:

> Essencialmente diverso do methodo dos limites, é o dos Infinitamente-Pequenos, e o Calculo Differencial, segundo elle, em lugar do limite da relação dos augmentos simulta neos de uma função e da variavel de que ella depende, busca a relação d'estes augmentos, que por se tomarem tão pequenos quanto se queira, tem o nome de infinitamente pequenos, ou mais propriamente indefinidamente pequenos [...].

Em seguida, ele considerou a função $y = f(x)$ e escreveu o seguinte: "Dando um augmento qualquer Δx a y corresponderá um novo valor y". Na continuação, ao somar Δy ao primeiro membro da igualdade e Δx ao segundo membro, o autor obteve a expressão: $y + \Delta y = f(x + \Delta x)$, donde concluiu que: $\Delta y = f(x + \Delta x) - f(x)$. E, a seguir, dividiu ambos os membros dessa igualdade por x, sem fazer considerações sobre x, obtendo a expressão:

$$\frac{\Delta y}{\Delta x} = \frac{f(x + \Delta x) - f(x)}{\Delta x}.$$

Depois disso, escreveu o autor:

> Quando n'esta relação o augmento x fôr tomado tão pequeno quanto se queira, ou indefinidamente pequeno, é claro que y também o será, e representando-os por dy e dx, ella se transformará em $\frac{dy}{dx} = \frac{f(x+dx)-f(x)}{dx}$, relação que ficará completamente conhecida quando for dada $f(x)$; devendo-se notar que se no desenvolvimento do numerador da fracção do segundo membro, apparecerem potencias de dx superiores à primeira, ellas se desprezarão em comparação a esta [...].

Na continuação, ele passou ao exemplo $y = x^2 + sx - t$ e acrescentou o seguinte:

> Dando a x um augmento h, y se mudará em y' e teremos $y' = (x + h)^2 - t = x^2 + sx - t + (2x + s)h + h^2$. Subtraindo $y' - y$ tem-se $y' - y = (2x + s)h + h^2$. Quando h se tornar em dx, $y' - y$ se tornará em dy, e esta equação passará a ser $dy = (2x + s)\,dx + dx^2$ na qual desprezando dx^2, acha-se $dy = (2x + s)\,dx$ d'onde se tira $\frac{dy}{dx} = 2x + s$ coefficiente differencial.

À página 17, o autor passou à discussão filosófica do método dos infinitamente pequenos, citando algumas críticas feitas por L. Carnot ao método idealizado por Leibniz. Na continuação, apresentou justificativas filosóficas a respeito da ideia de infinito e de indefinido. E acrescentou à página 22:

> É certo que um e outro não tem limites, mas ao segundo a consideração do tempo e do espaço é de necessidade absoluta, e ao primeiro não visto por si mesmo existir: ou antes, só o tempo e o espaço são infinitos e preexistentes a todos os objectos, e o indefinido nasce dos objectos, quando fazemos a comparação da parte por elle occupada do espaço, com o mesmo espaço [...].

Na quarta parte do trabalho, o autor valorizou o método idealizado por Leibniz para calcular a derivada de uma função em um ponto e, em seguida, fez a comparação entre os dois métodos abordados no trabalho. E passou à obtenção da diferencial de arcos de curvas no plano e no espaço, bem como para superfícies de revolução. À página 26, o autor repetiu alguns cálculos, utilizando, dessa feita, o método dos limites, e não mais o método dos infinitesimais. Concluiu à página 27, com o seguinte:

> N'estes poucos exemplos, e bem simples, a superioridade pratica do methodo dos Infinitamente-Pequenos não pode ser declinada: mas onde elle se mostra com todo o brilhantismo [...] é em sua applicação aos phenomenos da natureza, que repugnando a extincção completa dos seus seres, e regulando-os por leis, que em tudo coincidem com as proclamadas por Leibniz, imprime--lhes o sello de incontestavel verdade [...].

Por fim, ao concluir seu trabalho, o autor disse que é somente no método dos infinitésimos (infinitamente pequenos) que se pode estabelecer o Cálculo Diferencial. Apesar de sua preferência pelos infinitésimos para a obtenção da derivada de uma função em um ponto, o autor não fez considerações lógicas a respeito dos infinitésimos. Sabemos que matemáticos como Euler, D'Alembert, Lagrange, Bolzano, Cauchy, dentre outros, utilizaram em alguns de seus trabalhos, os infinitésimos, mesmo desconhecendo suas bases lógicas.[1]

Observamos que o autor não se preocupou em fazer considerações a respeito do problema da tangente a uma curva em um ponto, o qual foi de grande interesse para os matemáticos do século XVII, por estar intimamente relacionado ao problema da derivada de uma função em um ponto. Homens como Fermat, Descartes, J. Wallis, I. Barrow, entre outros, tentaram explicar, por completo, esse problema.

JOAQUIM ALEXANDRE MANSO SAYÃO

Título da tese: *Dissertação sobre os principios fundamentaes do equilibrio dos corpos fluctuantes mergulhados em dous meios resistentes e sobre a estabilidade em a construcção naval.* Rio de Janeiro: Typographia de Francisco de Paula Brito, 1851, vii+33 páginas+4 páginas com figuras explicativas. Tese defendida em 1º de abril de 1852 para obtenção do grau de doutor em Ciências Matemáticas na Escola Militar.

Essa foi uma das poucas teses inspiradas na ideologia positivista de Comte e apresentadas à Escola Militar. Ao iniciar a primeira parte, o autor transcreveu algumas palavras da obra de Comte *Cours de Philosophie Positive:* "Os fenômenos mecânicos são, por sua natureza, ao mesmo tempo mais particulares, mais complicados e mais concretos que os fenômenos geométricos".[2]

A tese está dividida em duas partes: "Considerações sobre os corpos fluctuantes" e "Da architectura naval". Trata-se de um trabalho expositivo e sobre engenharia naval, abordando assuntos bem conhecidos sobre hidrostática e hidrodinâmica. O autor era, à época, primeiro-tenente da Armada Nacional e Imperial.

Na introdução do trabalho, ele discorreu sobre a "sciencia naval", mencionando sua importância para a época e para o Brasil. Escreveu ele:

---

[1] Em 1960 o lógico A. Robinson (1918–1974) estabeleceu as bases lógicas para os infinitésimos (ROBINSON, 1974). Em verdade, Robinson axiomatizou os hiperreais que contêm os infinitésimos. A partir desse trabalho é que os infintésimos foram compreendidos. Ainda a esse respeito, cf. de Oliveira (1989).

[2] *Les phénomènes mécaniques sont, par leur nature, à la fois plus particuliers, plus compliqués et plus concrets que les phénomènes geometriques.*

> Entretanto, é triste mas de mister dizel-o, é o assumpto talvez o menos cultivado em nossos dias, mesmo pela orgulhosa nação ingleza, de cujo colossal poder é a marinha o principal apoio; e que, finalmente, é julgado entre nós como a cousa mais simples e trivial, ao alcance de todas as intelligencias, e só dependente da pratica e da rotina.

Na primeira parte da tese, o autor definiu a hidráulica e, em seguida, apresentou sua subdivisão em dois ramos: hidrostática e hidrodinâmica. Ato contínuo, escreveu a respeito de seus objetivos, tecendo considerações sobre o princípio de igualdade de pressão e citando o princípio de Arquimedes a respeito do equilíbrio dos corpos flutuantes, que é o seguinte: *um corpo mergulhado em um fluido perde uma parte de seu peso igual ao peso do fluido deslocado.*

À página 2, o autor escreveu o seguinte:

> Provaremos este theorema d'um modo o mais amplo e geral que é possivel, mostrando que é uma condição necessaria da equação geral de equilibrio d'um corpo fluctuante, não só em um, como em dous fluidos resistentes; e por tanto ampliando o principio de Archimedes, que, em quasi todos os tractados de mechanica, se acha discutido relativamente a um fluido, e não a dous como realmente se nos apresenta em a natureza e phenomeno da fluctuação de um corpo solido.

Não há dúvidas de que essa *nova* demonstração do teorema referido é uma contribuição do autor para o assunto em pauta. Contudo, ele não informou claramente se essa ampliação do princípio de Arquimedes, que ele chamou de "o mais amplo e geral que é possível", é uma contribuição inédita. Conjecturamos que sim. Se assim o for, então temos um exemplo de que seria possível apresentar, à época, uma nova abordagem de um assunto matemático conhecido.

Na continuação, o autor fez algumas considerações a respeito do centro de gravidade e da rotação de um corpo em torno de seu centro de gravidade, bem como do eixo instantâneo de rotação do corpo, dentre outras considerações. A seguir, ele deduziu as equações algébricas a respeito. Omitiremos essas demonstrações por se tratar de um assunto técnico. Contudo, devemos ressaltar que o instrumental matemático utilizado diz respeito à Trigonometria, à Geometria Analítica e ao Cálculo Diferencial e Integral. O autor fez referências a Lagrange, Arquimedes, Torricelli, Maupertuis, porém, não mencionou os títulos das obras que foram consultadas.

À página 14 e às seguintes, escreveu o autor:

> Um dos theoremas mais notaveis que até ao presente se tem deduzido das equações geraes do equilibrio é a celebre propriedade, descoberta devida ao sabio Torricelli, relativamente aos corpos pesados. Esta propriedade consiste essencialmente em que, quando um systema qualquer de corpos pesados está em equilibrio, seu centro de gravidade está necessariamente collocado no ponto o mais baixo ou o mais alto possivel, comparativamente à todas as posições que poderia tomar o systema em qualquer outra situação. Nas considerações geraes segundo as quaes Torricelli tentou demonstral-o, não foi de certo muito feliz; porém Lagrange dá a verdadeira demonstração geral deduzindo-o

> do seu grande principio fundamental das velocidades virtuaes. Que este theorema tem igualmente lugar para com o centro de gravida de geral d'um corpo fluctuante e dos dous fluidos que o envolvem, é o que já annunciamos, e o que vamos demonstrar [...].

Na continuação, o autor passou à sua demonstração, fato que omitiremos por ser uma parte técnica, envolvendo equações algébricas e desigualdades. Observamos, contudo, que o autor fez uso, também de máximo e mínimo absolutos de uma dada função, o que nos indica que ele possuía bons conhecimentos teóricos da Matemática. À página 16, ele escreveu, após algumas considerações:

> É pois evidente que o corpo só estará em equilibrio perfeitamente estavel no caso de minimo absoluto, de modo que, estando o fluctuante em equilibrio, se acontecer ser afastado infinitamente pouco de sua posição natural, tenderá a restituir-se a ella fazendo oscillações infinitamente pequenas. É nisto que consiste a chamada lei de repouso de Maupertuis, que não é senão o theorema ou principio de Torricelli encarado debaixo de um ponto de vista amplo e geral [...].

Na segunda parte da tese, a partir da página 19, o autor abordou o tema "architectura naval". Inicialmente, ele definiu essa expressão, fazendo, em seguida, considerações sobre a ciência e a arte de construir navios de madeira. Deu a subdivisão da arquitetura naval, mas não fez considerações sobre o melhor tipo de madeira para construção de navios militares e comerciais. Teceu, também, considerações sobre a maneira de se projetar e construir navios de guerra. À página 21, fez considerações sobre os navios em geral, e, à página 23, a respeito do equilíbrio dos navios e de sua estabilidade em geral. A partir daí, após considerações pertencentes à Física, como centro de gravidade e metacentro de um navio, momento da pressão de um fluido etc., o autor apresentou algumas expressões matemáticas correspondentes. À página 26, fez considerações sobre o modo de reduzir a estabilidade dos navios a uma forma determinada, e, à página 27, escreveu sobre a determinação da estabilidade dos navios, com o que concluiu o trabalho.

MANOEL MARIA PINTO PEIXOTO

Bacharel, recebeu o grau de doutor em Ciências Matemáticas pela Escola Militar em 12 de março de 1853. Não nos foi possível obter fotocópia de sua tese. Obtivemos apenas o título: *Estudo dos princípios do cálculo.*

JOSÉ CARLOS DE CARVALHO

Bacharel, recebeu o grau de doutor em Ciências Matemáticas pela escola Militar em 10 de março de 1854. Não nos foi possível obter fotocópia de sua tese nem seu título.

JOSÉ JOAQUIM DE OLIVEIRA

Título da tese: *Estudo sobre o movimento de um ponto material submetido a uma força central.* Rio de Janeiro, 1855, vii+21 páginas, manuscrito. No final, uma página com figuras. Tese defendida em sete de dezembro de 1855 para obtenção do grau de doutor em Ciências Matemáticas na Escola Militar.

Trata-se de um trabalho sobre Física, mais especificamente sobre Dinâmica, no qual o autor usou em seu desenvolvimento, como ferramenta matemática, a Geometria Analítica, a Trigonometria e o Cálculo Diferencial e Integral. O autor não apresentou novidades com respeito à Dinâmica de então, porém, em várias passagens, ele nos informou que "abordará determinados assuntos de modo diferente ao encontrado nas obras sobre Dinâmica".

Todo o trabalho é desenvolvido em função do seguinte: indagar a natureza das trajetórias, bem como os movimentos de um ponto material infinitamente pequeno, livre, que, tendo recebido um impulso inicial, acha-se submetido a uma força constante, que o atrai para um centro fixo, cuja intensidade depende unicamente da distância do móvel ao centro de ação.

O trabalho está dividido em duas partes. Na primeira, o autor fez uma espécie de introdução, com considerações gerais necessárias ao entendimento da outra parte. Nessa outra parte, ele estudou as trajetórias e os movimentos de um ponto material submetido a uma força central. Aqui, o autor deduziu expressões matemáticas gerais relativas ao assunto. Em nenhuma parte de seu trabalho o autor explicitou a noção de força, crucial para a ciência da época. Durante a dedução de algumas fórmulas, ele citou o *Tratado de mecânica*, de Siméon-Denis Poisson, e o livro de Lacroix *Cálculo diferencial*. Contudo, não citou trabalhos de Lagrange, Poncelet, Coriolis, Fourier, Gauss, dentre outros matemáticos que deram valiosas contribuições à Mecânica.

Em verdade, o trabalho se transforma em uma compilação de equações algébricas, trigonométricas e integrais, ferramenta matemática usada na Mecânica.

AUGUSTO DIAS CARNEIRO

Título da tese: *Equações geraes da propagação do calor nos corpo solidos suppondo variavel a conductibilidade com a direção e posição.* Rio de Janeiro: Typographia Universal de Laemmert, 1855, iii+29 páginas. Tese defendida em dezembro de 1855 para obtenção do grau de doutor em Ciências Matemáticas na Escola Militar.

Trata-se de um trabalho de inspiração positivista comtiana. Aliás, na introdução dele ou na parte "Breves considerações sobre a thermologia mathematica", à página 1, o autor transcreveu trecho de um pensamento de Comte a respeito da obra de Fourier, *Teoria analítica do calor:*

> Não tenho medo de declarar, como se estivesse a dez séculos de hoje, que desde a teoria da gravitação, nenhuma criação matemática teve mais valor e alcance do que esta, no que diz respeito ao progresso geral da filosofia natural: talvez até, examinando de perto a história desses dois grandes pensamentos, descobriríamos que o fundamento da termologia matemática de Fourier estava menos preparado do que o da mecânica celeste de Newton.[3]

[3] *Je ne crains pas de prononcer, comme si j'étais à dix siècles d'aujourd'hui, que depuis la théorie de la gravitation, aucune création mathématique n'a eu plus de valeur et de portée que celle-ci, quant aux progrès généraux de la philosophie naturelle: peut-être même, en scrutant de près l'histoire de ces deux grandes pensées, trouverait-on que la fondation de la thermologie mathématique par Fourier était moins préparée que celle de la mécanique céleste par Newton.*

Em verdade, trata-se de um trabalho sobre a Termologia, que o autor chama de "Thermologia Mathematica". Ele diz que o objetivo analítico da "Thermologia Mathematica" 'é' obter certa função que possa exprimir, em um instante dado, a temperatura de um ponto qualquer de uma massa considerada. Não há resultados novos nesse trabalho, tampouco há novas demonstrações de resultados conhecidos. À página 8, assim se expressou ao fazer suas considerações:

> Muitas outras considerações se nos offerecem, mas receando o grande desenvolvimento que ellas exigirão, e ao mesmo tempo conscio da nossa insufficiencia, pômos aqui termo a esta parte, declarando desde já que não apresentamos idéas novas, privilegio a poucos concedido; mas sim o que pudémos colligir dos autores que consultámos.

O autor citou obras de Fourier, Laplace, Biot, Poisson, Lamé, Duhamel sobre o assunto em pauta. Porém, utilizou parte do trabalho de Duhamel, *Propagação do calor nos corpos sólidos*, para a elaboração do trabalho, conforme o que está expresso à página 7. À página 9, o autor passou às "equações fundamentaes da propagação do calor nos corpos solidos". Em seguida, apresentou as equações correspondentes, que omitiremos, para, à página 13, escrever uma equação diferencial representando a equação geral da propagação do calor em um corpo sólido indefinido. Finalmente, à página 14, ele disse o seguinte:

> No caso da conductibilidade constante em todos os sentidos, a equação ultima tomará a fórma mais simples
>
> $$\frac{du}{dt} = \frac{A}{q}\left(\frac{d^2u}{dx^2} + \frac{d^2u}{dy^2} + \frac{d^2u}{dz^2}\right).$$

À página 20, ele abordou a "propagação do calor em uma substancia cuja conductibilidade varia com a direção e a posição". Após suas considerações e após obter as equações diferenciais correspondentes, ele escreveu a equação:

$$q\frac{du}{dt} = \frac{d \cdot A\frac{du}{dx}}{dx} + \frac{d \cdot A\frac{du}{dy}}{dy} + \frac{d \cdot A\frac{du}{dz}}{dz}.$$

> Essa equação já tinha sido deduzida por Poisson (Théorie mathématique de la chaleur, pag. 92).

À página 22, o autor concluiu seu trabalho abordando a "propagação do calor em um prisma rectangular". Após as obtenções das expressões matemáticas correspondentes, ele disse, à página 28: "A uma grande distancia da base, e sobre uma parallela qualquer às arestas, as temperaturas estão em progressão geometrica, quando as distancias estiverem em progressão arithmetica [...]".

Em seu trabalho, o autor utilizou vários conceitos, como função, condutibilidade, temperatura, densidade, calor específico, mas não teve o cuidado de defini-los.

D. JORGE EUGÊNIO DE LÓSSIO E SEIBLITZ

Título da tese: *Theoria das tangentes, da curvatura e do raio de curvatura e dos contactos das curvas planas*. Rio de Janeiro: [*s.n.*], 1855, 39 páginas + 2 páginas com figuras.

Tese defendida em dezembro de 1855 para obtenção do grau de doutor em Ciências Matemáticas na Escola Militar.

O trabalho é dividido em três partes: "Theoria das tangentes"; "Theoria das curvaturas, do raio e centro de curvatura"; "Theoria dos contactos das curvas planas". O autor não fez, antes de abordar o assunto das tangentes a uma curva, considerações gerais a respeito dos números reais, o que, diga-se de passagem, à época, já era abordado com clareza pelos matemáticos europeus. Devemos ressaltar, ainda, que ele não fez demonstrações originais dos assuntos tratados na tese, os quais eram, àquele tempo, largamente conhecidos pela comunidade matemática. Também não fez nenhum esboço gráfico no plano cartesiano para facilitar o entendimento do problema de uma reta tangente a uma curva. Aliás, determinar uma reta tangente a uma curva qualquer não é um problema de simples solução, como nos fez entender o autor. Essa é uma questão muito delicada, pois envolve o fato de sabermos o que é o raio de uma curva em um ponto. O autor não fez observações a esse respeito. Talvez, para contornar a delicada situação, ele devesse ter iniciado suas considerações supondo que a curva em pauta fosse o gráfico de certa função dada.

À página 1, o autor apresentou a definição de uma reta tangente a uma curva plana, como segue:

> A theoria das tangentes funda-se em sua definição: a maneira mais conveniente e geral de a definir, de sorte que a sua definição se preste à deducção rigorosa de sua theoria, consiste em considera-la como o limite para o qual tende uma secante em que um dos pontos da intersecção supposto movel se approxima indefinidamente de um outro ponto supposto fixo até que se confundão exatamente.

A seguir, passou às considerações analíticas, supondo que $f(x, y) = 0$ seja a equação de uma curva plana em coordenadas cartesianas. Na continuação, deduziu a equação da reta secante à curva, a saber:

$$\beta - y = \frac{\Delta y}{\Delta x}\alpha - x, \tag{7.3}$$

em que $B = (\alpha, \beta)$ é um ponto qualquer da reta secante e Δx, Δy são incrementos dados ao ponto $P = (x, y)$. Ato contínuo, ele deduziu a equação da reta tangente à curva dada. Acrescentou, porém, que a partir da Equação (7.3) poderemos obter facilmente a equação da reta tangente à curva no ponto $P = (x, y)$, e informou-nos que a equação da reta tangente "pode ser considerada como o limite da secante". Em seguida, apresentou a equação da reta tangente à curva $f(x, y) = 0$ como:

$$\beta - y = \frac{dy}{dx}(\alpha - x).$$

Continuando, o autor apresentou a equação da reta normal à curva $f(x, y) = 0$,

$$\beta - y = -\frac{dx}{dy}(\alpha - x),$$

definindo-a como "a recta que passa pelo ponto $P = (x, y)$ e é perpendicular à tangente". Contudo, ele não deu indicação alguma a respeito do que atualmente chamamos de coeficiente angular de uma reta. Apenas acrescentou, à página 3, o seguinte:

> À vista do methodo que acabamos de expor empregado para determinar a tangente de uma curva dada por sua equação, se reconhece que o calculo differencial resolvendo em sua maxima generalidade o problema das tangentes o reduzio ao simples conhecimento do valor do coefficiente differencial $\frac{dx}{dy}$ dado pela equação da curva.

Em seguida, o autor escreveu que, se desejarmos obter a equação da reta tangente à curva $f(x, y) = 0$, basta diferenciar essa equação, o que nos fornecerá:

$$\frac{df}{dx}dx + \frac{df}{dy}dy = 0 \qquad \text{ou} \qquad \frac{dy}{dx} = -\frac{df}{dx} \cdot \frac{dy}{df}. \tag{7.4}$$

Substituindo (7.4) em (7.3), obteremos a equação:

$$\frac{df}{dx}(\alpha - x) + \frac{df}{dy}(\beta - y) = 0.$$

Ele ainda acrescentou o seguinte: "Para se obter a equação da tangente differencie-se a equação da curva, e substitua-se em lugar das differenciaes dx e dy, as differenciaes $\alpha - x$ e $\beta - y$".

A seguir, o autor passou a considerar o caso geral, quando desejamos obter a equação da reta tangente a uma curva, dada por $(x, y) = c$, em que, segundo ele, "c é uma variavel e susceptivel de qualquer valor".

Após suas considerações, concluiu:

> Daqui se poderá concluir que para construir as rectas que, passando pelo ponto (α, β), toquem as curvas dadas pela $f(x, y) = c$, bastará construir a linha lugar da equação $\frac{df}{dx}(\alpha h - x) + \frac{df}{dy}(\beta - y) = 0$ e depois unir ao ponto (α, β) cada um dos pontos em que esta linha encontrar as curvas a que se pretende as tangentes.

Na continuação, são apresentados dois exemplos: a curva de equação $u + v + z = c$, em que u, v, z são funções homogêneas de x, y, de graus respectivamente, m, $m - 1$, $m - 2$; e a circunferência de raio $r > 0$, de centro na origem dos eixos cartesianos, dada por: $x^2 + y^2 = r^2$. À página 6, o autor escreveu o seguinte a respeito da primeira parte de seu trabalho:

> Na solução geral que acabamos de obter da questão fundamental da determinação da tangente, debaixo do ponto de vista que a temos considerado, suppõe-se sempre conhecido o ponto de contacto da recta com a curva; no entretanto a tangente póde ser determinada por muitas outras condições [...].

Na segunda parte do trabalho, são abordados os seguintes assuntos: Teoria das Curvaturas, do raio e do centro de Curvatura de uma Curva Plana. À página 7, o autor definiu curvatura de um círculo, como segue:

> Quando dous circulos passarem por um mesmo ponto e tiverem nesse ponto uma tangente comum, diz-se que tem maior curvatura aquelle cujo arco proximo do ponto de contacto mais se afasta da tangente: definida desta sorte a curvatura do circulo, passaremos à inda geração de sua expressão analytica.

Atualmente, assim se define a curvatura de um círculo: "A curvatura de um círculo em um ponto qualquer é o recíproco do raio e, portanto, é a mesma em todos os pontos". A seguir, o autor passou à demonstração do que seria um teorema e obteve o seguinte:

$$\frac{\Delta d}{\Delta t} = \pm\frac{1}{2},$$

em que r é o raio do círculo, s o comprimento de um arco de círculo, t a inclinação da reta tangente em um determinado ponto. Na continuação, após algumas considerações, ele obteve a expressão:

$$\frac{dt}{ds} = \pm\frac{1}{\rho},$$

que é a curvatura do círculo de raio ρ, $\frac{dt}{ds}$ a curvatura da curva em um ponto M. O autor acrescentou que: "Nesse ponto M a curva tem uma curvatura que é igual à do círculo". Na continuação, ele apresentou as definições de: raio de curvatura, centro de curvatura, círculo osculador. À página 11, o autor deduziu as expressões para a curvatura da curva e para o raio de seu círculo osculador. Porém, não nos informou se a equação da curva considerada foi tomada em coordenadas retangulares, na forma paramétrica ou em coordenadas polares. Informamos que a fórmula apresentada pelo autor, para a curvatura de uma curva, diz respeito à equação de uma curva dada por suas equações paramétricas.

À página 14, ele voltou a exprimir, de outra forma, o raio de curvatura, dessa vez, por meio da expressão

$$\rho = \frac{\lim i^2}{2\delta},$$

em que i é um comprimento tomado de medida *infinitamente pequena*, δ uma certa distância considerada pelo autor.

A seguir, o autor passou a fazer considerações com o objetivo de determinar as coordenadas (α, β) do centro de curvatura C, mas não o definiu. O autor obteve as seguintes expressões para as coordenadas:

$$\alpha - x = -\frac{y'\left(1 + y'^2\right)}{y''} \quad \text{e} \quad \beta - y = \frac{1 + y'^2}{y''}.$$

À página 27, são feitas algumas considerações sobre a evoluta e a involuta de uma curva. Nesse caso, ele definiu ambas, porém não fez a construção mecânica dessas curvas planas, tampouco citou algumas de suas propriedades. A segunda parte do trabalho é finalizada com o seguinte exemplo: "Obter a equação da evoluta da cicloide dada pelas equações: $x = r(\omega - \operatorname{sen}\omega)$; $y = r(1 - \cos\omega)$". Essas equações, após derivações e algumas transformações, fornecem as equações:

$$\alpha = r(\omega + \operatorname{sen}\omega)$$
$$\beta = -r(1 - \cos\omega).$$

A exemplo da primeira parte da tese, nessa segunda parte o autor também não apresentou demonstrações novas nem assuntos originais, pois os assuntos tratados nela, à época, de amplo conhecimento da comunidade matemática internacional. Aliás, na década de 1850, os assuntos aqui abordados já estavam definidos.

A terceira parte do trabalho diz respeito à teoria dos contatos das curvas planas. O autor iniciou essa parte definindo o contato de duas curvas planas. Ato contínuo, ele considerou duas curvas planas de equações, $y = f(x)$ e $y = F(x)$, em coordenadas cartesianas, e, após algumas considerações, passou a definir a ordem de contato dessas curvas. Na continuação, o autor fez referência ao círculo osculador a uma curva em um ponto, porém não definiu círculo osculador. Por fim, poderíamos sintetizar essa terceira parte da tese informando que, nela, o autor procurou obter condições necessárias para determinar a ordem de contato de duas ou mais curvas planas, assunto bem conhecido à época. Conjecturamos que o autor da tese não estava a par dos progressos matemáticos sobre os assuntos aqui abordados e difundidos nos centros universitários europeus. Aliás, à página 39, finalizando o trabalho, ele escreveu o seguinte: "Igual benevolencia esperamos da parte de nossos leitores, certos de que apresentando este limitado trabalho tivemos unicamente em vista satisfazer o preceito da lei, para podermos obter o grão a que aspiramos".

FRANCISCO DA COSTA ARAÚJO E SILVA

Título da tese: *Dissertação sobre o parallelismo das linhas e superficies curvas*. Rio de Janeiro: Typographia Nacional, 1855, 16 páginas. Tese defendida em dezembro de 1855 para obtenção do grau de doutor em Ciências Matemáticas na Escola Militar.

Trata-se de um trabalho expositivo, sem apresentação de demonstrações originais, no qual o autor expõe noções sobre paralelismo das curvas em um plano e o paralelismo de superfícies curvas. Inicialmente, o autor apresentou a seguinte definição:

> Se, por todos os pontos d'uma linha recta ou d'um plano, e d'um mesmo lado, se elevarem perpendiculares do mesmo comprimento, o lugar das extremidades superiores des tas perpendiculares será, como se sabe, uma outra linha recta ou um outro plano, paralela à recta ou ao plano dado. Se igualmente, por todos os pontos d'uma curva ou d'uma superficie curva, se lhe elevarem, d'um mesmo lado, normaes do mesmo cumprimento, o lugar geometrico das extremidades superiores destas normaes será uma outra curva plana ou uma outra superfície curva que, por analogia, poderemos considerar como parallela à curva ou à superficie dada [...]

Na continuação, o autor fez considerações a respeito do seguinte: curva paralela a uma curva dada e que dista da curva de uma quantidade dada. A seguir, ele considerou uma curva no plano, de coordenadas x, y, e considerou, também, o fato de que a curva que se deseja tenha para coordenadas t e u. Considerou, ainda, k o comprimento da parte das normais construídas entre as curvas em questão.

Depois, o autor considerou um ponto de coordenadas $\left(x', y'\right)$ da curva dada e o ponto de coordenadas $\left(t', u'\right)$ correspondente, da curva procurada. Seu objetivo era obter as equações solução do problema em pauta. Na continuação, ele escreveu o seguinte:

> A equação da normal à primeira curva no ponto particular que se considera será: $\left(x - x'\right) + \left(y - y'\right) \frac{dy'}{dx'} = 0$ ora como o ponto $\left(t', u'\right)$ está sobre esta normal, e a uma distancia k de seu ponto de partida, deve-se ter ao mesmo tempo $\left(t' - x'\right) + \left(u' - y'\right) \frac{dy'}{dx'} = 0$ e $\left(t' - x'\right)^2 + \left(u' - y'\right)^2 = k^2$ ou, supprimindo os accentos:
>
> $$(t - x) + (u - y)\frac{dy}{dx} = 0 \quad \text{e} \tag{7.5}$$
>
> $$(t - x)^2 + (u - y)^2 = k^2, \text{ equações que resolvem o problema.} \tag{7.6}$$

Em seguida, o autor apresenta o seguinte exemplo: suponha que a reta dada, à qual se deseja obter uma paralela a uma distância k, tenha por equação

$$\frac{x}{a} + \frac{y}{b} = 1.$$

Derivando em relação a x, obtém-se: $\frac{dy}{dx} = -\frac{b}{a}$, que, substituindo-se na Equação (7.5), fica:

$$a(t - x) - b(u - y) = 0. \tag{7.7}$$

A equação da reta dada pode ser escrita na forma

$$b(t - x) + a(u - y) = bt + au - ab. \tag{7.8}$$

Das Equações (7.7) e (7.8), obtém-se:

$$t - x = \frac{b(bt + au - ab)}{a^2 + b^2} \quad \text{e} \quad \frac{u - y = a(bt + au - ab)}{a^2 + b^2},$$

valores de $t - x$ e $u - y$ que, substituídos na Equação (7.6), fornecem a equação

$$bt + au = ab \pm k\sqrt{a^2 + b^2}, \text{ que é a equação da reta desejada.}$$

Logo, ele apresenta outro exemplo: uma circunferência de raio r, com centro na origem dos eixos cartesianos de equação $x^2 + y^2 = r^2$. E escreveu: "Teremos para a curva procurada $t^2 + u^2 = (r \pm k)^2$, equação d'um outro circulo, concentrico com o primeiro, e tendo um raio igual ao delle, augmentado ou diminuido do comprimento dado k".

Ele prosseguiu em suas considerações e fez a seguinte observação:

> Vê-se que o paralelismo das rectas e o dos circulos são reciprocos, isto é que, se uma destas duas linhas for parallela a outra linha da mesma denominação, esta será igualmente parallela à primeira; mas nada prova, a priori, que deva acontecer o mesmo para todas as curvas, ao menos em geral [...].

À página 7, escreveu o autor:

> Eis aqui como se pode facilmente chegar a remover esta difficuldade [...] Defferenciando debaixo deste ponto de vista a Equação (7.2), acha-se $(t - x)\left(\frac{dt}{dx} - 1\right) + (u - v)\left(\frac{du}{dx} - \frac{dy}{dx}\right) = 0$.
>
> Eliminando $t - x$ entre esta e a Equação (7.5) $u - y$ desaparecerá por si mesmo e virá, reduzindo $\frac{du}{dx} = \frac{dy}{dx} \cdot \frac{dt}{dx}$, donde $\frac{du}{dt} = \frac{dy}{dx}$; assim pois o parallelismo é geralmente reciproco para todas as curvas.

Observamos, dentre outras coisas, que o autor não definiu reta normal a uma superfície em um ponto. Atualmente, define-se a reta normal a uma superfície em um ponto P como a reta perpendicular ao plano tangente nesse ponto P. Ato contínuo, o autor passou a deduzir as expressões que nos fornecem os raios de curvatura dos pontos correspondentes nas duas curvas. Assim, após deduções, ele obteve:

$$r = \frac{\left(1 + \left(\frac{dy}{dx}\right)^2\right)^{3/2}}{\frac{d^2y}{dx^2}} \quad \text{e} \quad \rho = \frac{\left(1 + \left(\frac{du}{dt}\right)^2\right)^{3/2}}{\frac{d^2u}{dt^2}},$$

em que r é o raio de curvatura para a curva de coordenadas x, y e ρ o raio de curvatura para a curva de coordenadas t, u.

Por fim, o autor obteve $\rho = \gamma \mp k$. E escreveu: "Donde é facil concluir que os pontos correspondentes de duas curvas parallelas tem o mesmo centro de curvatura ".

Na continuação do trabalho, o autor passou ao estudo dos comprimentos dos arcos correspondentes das duas curvas: a curva considerada e a curva paralela a ela. Logo em seguida, ele abordou o assunto referente à medida da superfície compreendida entre os arcos correspondentes de duas curvas paralelas e as normais às suas extremidades. À página 13, ele escreveu o seguinte:

> A area do trapezio mixtilineo comprehendido entre os arcos correspondentes de duas curvas paralelas e as normaes a suas extremidades é igual à area de um retangulo que, tendo por base o arco exterior, tivesse por altura a distancia constante entre as duas curvas, menos a area de um sector circular que, tendo seu centro no ponto de concurso das normaes extremas e sendo comprehendido entre estas normaes, tivesse seu raio igual a esta mesma distancia constante.

Na última parte do trabalho, o autor estudou o paralelismo das superfícies. Ele considerou, inicialmente, uma superfície dada de coordenadas x, y, z. A superfície que se deseja obter paralela à superfície dada terá, para coordenadas, t, u, v, sendo k

o comprimento comum das normais às duas superfícies. Após algumas considerações, ele obteve:

$$(t-x)+(v-z)\frac{dz}{dx}=0,$$
$$(u-y)+(v-z)\frac{dz}{dy}=0,$$
$$(t-x)^2+(u-y)^2+(v-z)^2=k^2,$$

que apresentou como soluções do problema em pauta. Passou, em seguida, a dois exemplos:

i) um plano de equação $\frac{x}{a}+\frac{y}{b}+\frac{z}{c}=1$, a uma distância k da superfície procurada.

Sem maiores detalhes, o autor escreveu que a superfície paralela procurada terá por equação:

$$bct+cau+abv=abc\pm k\sqrt{b^2c^2+c^2a^2+a^2b^2}.$$

ii) considerou uma superfície dada pela equação $x^2+y^2+z^2=r^2$, e, a seguir, escreveu a equação como sendo da equação da curva procurada, paralela à curva dada:

$$t^2+u^2+v^2-(r\perp k)^2.$$

E escreveu o seguinte: "O parallelismo é pois reciproco, para os planos e as esferas, e somos naturalmente conduzidos a indagar se acontece o mesmo a respeito de todas as superficies". O autor finalizou com o seguinte teorema, sem o demonstrar:

> Se as normaes a uma superficie curva, terminadas em uma outra superficie curva, forem do mesmo comprimento, serão igualmente normaes a esta; de sorte que as normaes a esta ultima, terminada na primeira, serão tambem do mesmo comprimento, e as duas superficies serão exacta e reciprocamente paralelas.

JOSÉ ANTÔNIO DA FONSECA LESSA

Título da tese: *O movimento dos projectis tanto no vacuo como no ar*. Rio de Janeiro: Empreza Typographica Dois de Dezembro, 1855, 28 páginas + 2 páginas com figuras. Tese defendida em dezembro de 1855 para obtenção do grau de doutor em Ciências Matemáticas na Escola Militar.

Trata-se de um trabalho expositivo sobre Física, mas especificamente sobre Balística. Nele, o autor limitou-se a expor resultados sobre o movimento dos projéteis no ar e no vácuo, obtidos por Tartaglia, Galileu, Newton, Euler, Legendre, Lagrange, Poisson, dentre outros. Portanto, o autor nada apresenta de novo sobre o tema.

Na introdução, o autor fez um apanhado histórico a respeito do assunto, focalizando os principais resultados sobre Balística obtidos por diversos autores. O trabalho é dividido em duas partes, uma sobre a resistência do ar e outra sobre o movimento dos projeteis. Em ambas as partes, ele se limitou a transcrever resultados e tabelas obtidos por vários autores. Aliás, o autor escreveu o seguinte: "Não ha neste trabalho nada de essencial que propriamente nos pertença; com tudo julgamos haver estabelecido e coordenado com alguma clareza e simplicidade as principaes idéas dos melhores autores que consultamos sobre a materia: eis o que pudemos fazer [...] ".

Por ser um trabalho muito fraco, uma cópia de resultados existentes sobre o assunto, conjecturamos que se tratou de uma simples formalidade legal para que o autor pudesse receber o grau de doutor em Ciências Matemáticas. Como observadores atuais, temos a impressão de que a concessão do referido grau não foi levada a sério pelos responsáveis pela Escola Militar.

GABRIEL MILITÃO DE VILLA-NOVA MACHADO

Título da tese: *Sobre maximos e minimos*. Rio de Janeiro: Typographia Universal de Laermmert, 1855, 73 páginas + 1 página com figuras. Tese defendida em dezembro de 1855 para obtenção do grau de doutor em Ciências Matemáticas na Escola Militar.

Trata-se de um trabalho expositivo sobre os valores máximos e mínimos de funções reais de uma ou mais variáveis reais. O autor dividiu o trabalho em duas partes. Na introdução, ele fez considerações filosóficas a respeito dos máximos e mínimos e fixou-se nos valores máximos e mínimos para funções, como segue:

> Um maximo ou um minimo é sem duvida o maior ou o menor de muitos seres semelhantes ou de mesma especie; de muitos effeitos de uma mesma ou de causas concurrentes; de muitas sensações, de muitos sucessos, de muitos acontecimentos, e, mathematicamente fallando, de muitos valores que uma quantidade pode ter [...].

Ainda na introdução do trabalho, o autor fez um breve histórico a respeito da solução do problema de valores máximos e mínimos. Citou P. de Fermat, suas ideias para determinar a trajetória da luz ao passar de um meio para outro. Citou também Newton, sua lei do quadrado da velocidade, mediante a qual foi resolvido o problema para determinar o sólido de revolução que experimentasse a menor resistência em um fluido resistente. Citou também resultados sobre o assunto obtidos por L. Euler, J. L. Lagrange, entre outros.

Na primeira parte do trabalho, ele abordou o problema de máximo e mínimo de funções reais a uma ou mais variáveis reais. Na segunda parte, abordou o problema geral de máximos e mínimos das integrais definidas. Contudo, devemos ressaltar que não há no trabalho resultados novos nem novas demonstrações de resultados já conhecidos. Informamos que, à época, esta parte da Matemática — a obtenção de máximos e mínimos absolutos e relativos — já estava teoricamente bem definida.

JOSÉ FRANCISCO DE CASTRO LEAL

Título da tese: *Theoria geometrica das sombras*. Rio de Janeiro: Typographia Universal Laemmert, 1855, vii+51 páginas + 3 páginas com figuras. Tese defendida em dezembro de 1855 para obtenção do grau de doutor em Ciências Matemáticas na Escola Militar.

Trata-se de um trabalho expositivo no qual o autor abordou assuntos conhecidos e sobre Desenho Geométrico e Geometria Descritiva, não havendo sua contribuição original sobre os assuntos tratados. Ele dividiu o trabalho em duas partes: uma sobre a teoria geométrica das sombras, e a outra sobre a determinação das sombras.

Na parte referente à teoria geométrica das sombras, o autor descreveu as sombras, os pontos brilhantes e as linhas de igual gradação real e aparente. Na segunda parte do trabalho, abordou o método gráfico geral de solução do problema. Ainda na segunda parte, abordou os seguintes problemas gerais: *i*) dados o corpo luminoso e o corpo opaco, determinar a sombra desses e a sua contrassombra sobre qualquer superfície dada; *ii*) conhecida a parte iluminada da superfície do corpo opaco, determinar os pontos brilhantes e as curvas de igual gradação real e aparente para uma posição dada do olho do observador, supostamente reduzido a um ponto único.

O autor concluiu o trabalho expondo os métodos gerais para a construção dos pontos brilhantes, das linhas de igual gradação real e aparente. Citou autores como Monge, Hachette, Le Roy, Vallé, entre outros que deram importantes contribuições para os assuntos em pauta.

THEODORO ANTONIO DE OLIVEIRA

Título da tese: *Considerações sobre o movimento das machinas locomotivas nos caminhos de ferro*. Rio de Janeiro: Typographia Universal de Laemmert, 1855, 38 páginas. Tese defendida em dezembro de 1855 para obtenção do grau de doutor em Ciências Matemáticas na Escola Militar.

Trata-se de um trabalho expositivo e de pobre conteúdo sobre engenharia ferroviária. Não é um trabalho sobre Matemática. Na condição de observador atual, somos da opinião de que não deveria ter sido permitido que o candidato apresentasse um trabalho sobre engenharia ferroviária para obtenção do grau de doutor em Ciências Matemáticas. É verdade que o tema do trabalho reflete a preocupação e o interesse de parte do segmento culto da sociedade brasileira pelos transportes no país. Em sua apresentação, escreveu o autor:

> Tivemos de escrever uma these ou dissertação para que nos possa ser conferido o gráo de doutor em sciencias mathematicas [...] Por entre os muitos assumptos, que se nos offerecião a escolha, um se apresentava, que de primeira vista nos fixou a attenção. Tomamo-lo, como teriamos feito a qualquer outro, sem razão para a preferencia, a não ser aquella que deriva das suas relações com as necessidades mais urgentes dos povos: — vias de communicação. Não pudemos dar ao assumpto todo o desenvolvimento que exigia: — tempo nos faltava para isso, e ainda a somma de conhecimentos preciso para o fazer completamente.

Inicialmente, ele fez um breve histórico a respeito dos transportes terrestres, marítimos e fluviais, fixando-se nas estradas de ferro, dividindo a história das máquinas locomotivas em quatro períodos, — 1802 a 1813; 1813 a 1825; 1825 a 1829; 1829 a 1855 — sem explicar os critérios adotados para essa divisão. Em seguida, teceu considerações sobre as máquinas locomotivas, fazendo, na continuação, breves comentários sobre as partes que as constituem. Após listar as forças de resistência ao movimento das máquinas locomotivas, passou a fazer considerações a respeito dos atritos, da resistência do ar, influência dos declives, influência das curvas de junção sobre o desempenho das máquinas locomotivas.

À página 34, o autor apresentou a seguinte definição para o efeito útil de uma máquina locomotiva: "Chama-se quantidade de acção de uma força a integral do produto do esforço exercido por essa força multiplica do pelo esforço percorrido pelo seu ponto de applicação no sentido da mesma força: $\int F\,df + C$".

Em seguida, ele distinguiu duas classes de forças em uma máquina qualquer: forças motrizes e forças resistentes. E deduziu uma expressão para o efeito útil em uma ferrovia reta e horizontal. Termina seu trabalho com o seguinte: "A brevidade com que somos chamados a apresentar este trabalho nos obriga a termina-lo aqui. Aos nossos illustres mestres pedimos desculpas para os erros e ommissões que nelle encontrarem".

Observamos que o autor não estava a par dos estudos e resultados sobre máquinas a vapor obtidos desde 1765 por James Watt.[4]

BENTO JOSÉ RIBEIRO SOBRAGY

Título da tese: *Dissertação sobre a theoria dos momentos de inercia*. Rio de Janeiro: Typographia Imparcial, 1857, ii+32 páginas. Tese defendida em setembro de 1857 para obtenção do grau de doutor em Ciências Matemáticas na Escola Militar.

Trata-se de um modesto trabalho expositivo sobre Dinâmica, isto é, sobre os momentos de inércia de corpos. Na introdução, o autor fez um breve histórico a respeito tema, focalizando autores como Aristóteles, Arquimedes, Newton, Kepler, Galileu, Torriceli e Euler. À página 1, ele apresentou a seguinte definição: "Chama-se momento de inercia do corpo, relativamente ao eixo que se considera, a quantidade $\sum mr^2$".

À página 4, o autor abordou o cálculo do momento de inércia de um corpo em relação a uma reta dada. E deduziu a fórmula, já conhecida, que permite calcular o momento de inércia de um corpo de massa m, que é a seguinte: $\iiint \rho\left(x^2+y^2\right) dx\,dy\,dz$.

Para obtenção desse resultado, o autor considerou um corpo dividido em paralelepípedos "infinitamente pequenos", tendo como sistema de eixos os eixos coordenados ortogonais. Nos dias atuais, para se deduzir a fórmula que nos permite calcular o momento de inércia de um corpo D, em rotação em torno de um eixo L e com velocidade angular $(\omega r)^2\,dm$, procede-se do seguinte modo: cada elemento de massa $dm = dV$, a uma distância r do eixo, terá velocidade escalar r. Logo, sua energia cinética será:

$$\frac{(\omega r)^2\,dm}{2} = \frac{\omega^2 r^2 \rho\,dV}{2}.$$

A energia cinética total devida à rotação será:

$$E_{cr} = \iiint_D \frac{\omega^2 r^2 \rho\,dV}{2} = \frac{\omega^2}{2}\iiint_D r^2 \rho\,dV.$$

[4] Ao leitor interessado, sugerimos a leitura de Wanderley (2001).

Esta última integral é considerada, por definição, o momento de inércia I do corpo em relação ao eixo L, isto é, $I = \iiint_D r^2 \rho \, dV$.

À página 18, o autor fez "algumas reflexões sobre conseqüências precedentes". A partir daí, ele escreveu algumas propriedades, acrescentando o seguinte:

> Os primeiros autores que tiverão occasião de se occupar com esta materia não considerarão o ellipsoide de inercia, do qual saltão como consequencias as importantes propriedades, que acabamos de enunciar, de que gozão os eixos principais. Ellas se deduzem muito facilmente da equação $L = A\cos^2\alpha + B\cos^2\beta + C\cos^2\gamma$ que elles todos conheciam, e que uma pequena transformação reduz, como sabe, a $1 = Ax^2 + bY^2 + Cz^2$, equação do ellipsoide que consideramos.

Ao fazer a análise de algumas propriedades a respeito do elipsoide de inércia, ele escreveu, à página 20:

> Esta ultima equação (isto é, $\cos\gamma = \pm\cos\alpha\sqrt{\frac{B-A}{C-B}}$ ou $z = \pm\sqrt{\frac{B-A}{C-B}}$) como se vê, representa os dous planos que já conheciamos, e que determinão no ellipsoide as duas secções circulares de raio b. Ha pois como tinhamos annunciado uma infinidade de rectas em torno das quaes o momento de inercia sempre o mesmo é igual a B. Nesta serie infinita de rectas ha uma distincta de todas por sua posição especial, é a que resulta da intersecção dos dous planos, intersecção que se faz segundo o eixo dos y, terceiro eixo principal. Este eixo unico, pois, somente quanto à sua posição, não communica ao momento de inercia que lhe é relativo a propriedade de maximo ou minimo que verificou para os dous outros eixos principais. Tal é a analyse que conduz à estas propriedades que decorrem naturalmente do ellipsoide de inercia.

À página 25, ele abordou a determinação das integrais $\int xy\,dm$, $\int xz\,dm$ e $\int yz\,dm$, que, diga-se de passagem, à época já eram conhecidas dos estudiosos do assunto. À página 28, ele estudou o caso da superfície formada por um feixe de retas passando pela origem dos eixos coordenados, relativamente às quais o momento de inércia do corpo tem sempre o mesmo valor L. A partir daí, ele deduziu a seguinte equação de uma superfície, lugar geométrico de todas as retas em torno das quais o momento de inércia L é sempre o mesmo:

$$(L - A)x^2 + (L - B)y^2 + (L - C)z^2 + 2Dyx + 2Exz + 2Fyz = 0.$$

Por essa equação, vemos que a superfície em questão é uma cônica de segunda ordem, cujo vértice ou centro coincide com a origem dos eixos coordenados.

O autor finalizou seu trabalho fazendo considerações a respeito da disposição da superfície cônica dos momentos de inércia relativamente aos eixos coordenados, quando se supõe o momento de inércia L constantemente menor ou maior que o momento médio B. Também fez considerações a respeito da natureza da diretriz de uma superfície cônica. O autor não fez, em momento algum de seu trabalho, referências profundas a respeito da Dinâmica.

MANOEL IGNÁCIO DE ANDRADE SOUTO-MAIOR PINTO COELHO

Título da tese: *Attracção dos spheroides e em particular da attracção dos ellipsoides.* Rio de Janeiro: Typographia Universal de Laemmert, 1858, 42 páginas. Tese defendida em 4 de abril de 1858 para obtenção do grau de doutor em Ciências Matemáticas na Escola Central.

Trata-se de um trabalho expositivo no qual o autor apresentou um firme conhecimento dos assuntos abordados, fazendo até referências a séries convergentes, sem, contudo, explicar o que ele entendia por série convergente. Deduziu fórmulas gerais para determinar as atrações dos esferoides, bem como para as atrações dos elipsoides. Devemos ressaltar que as fórmulas deduzidas, bem como os teoremas demonstrados no trabalho, já eram, à época, bem conhecidos dos estudiosos do assunto.

Em verdade, trata-se de um trabalho sobre Física Matemática cuja maior preocupação é o estudo da atração de corpos com certa massa m, com forma de elipsoide, esferoide e esfera. Devemos ressaltar que a ferramenta matemática utilizada pelo autor, derivadas e integrais, é impecável. Manoel Ignácio demonstrou um bom domínio de funções elípticas, séries convergentes, integração tripla etc. Visto superficialmente, o trabalho nos dá a impressão de estar restrito ao Cálculo Diferencial e Integral de funções reais de várias reais, mas essa é apenas uma primeira impressão, pois ele é um trabalho mais profundo.

Enfim, esse foi um dos poucos trabalhos sérios, ainda que expositivo, apresentados para obtenção do grau de doutor em Ciências Matemáticas durante o século XIX. Portanto, podemos conjecturar que, à época, seria possível desenvolver bons trabalhos matemáticos em nosso país e que, se tivesse havido incentivo e estímulo à pesquisa científica, então poderia ter sido criado um ambiente de pesquisa matemática continuada em nossa pátria.

MANOEL MONTEIRO DE BARROS JUNIOR

Título da tese: *Determinação das orbitas dos cometas.* Rio de Janeiro: Typographia Universal de Laemmert, 1858, 50 páginas. Tese defendida em 26 de fevereiro de 1859 para obtenção do grau de doutor em Ciências Matemáticas na Escola Central.

Este é um trabalho expositivo sobre Astronomia, de fraco teor, sem apresentar enfoques originais, no qual o autor repetiu os métodos obtidos por Lagrange e por Cauchy para a determinação das órbitas dos cometas. Na introdução do trabalho, o autor fez um resumo histórico a respeito dos cometas, destacando sua composição e sua órbita, a partir de estudos feitos pelos antigos caldeus e também por Sêneca, Pitágoras, Aristóteles, Copérnico, Hiparco, Ptolomeu, Ticho Brahe, Kepler, Newton, Lagrange, Laplace, Halley, Cauchy, entre outros.

O autor abordou o problema da determinação das órbitas dos cometas, usando para tal o método desenvolvido por Lagrange, bem como o método desenvolvido por Cauchy. À página 42, ele escreveu o seguinte: "O methodo de Cauchy presta-se com espantosa facilidade aos calculos numericos, quando as observações são feitas em épocas equidistantes [...] Não sabemos se este methodo foi alguma vez apllicado".

AMÉRICO MONTEIRO DE BARROS

Título da tese: *A descoberta de Newton e sobre o problema de Kepler*. Rio de Janeiro: Typographia Nacional, 1858, i+35 páginas + 1 página com figuras. Tese defendida em 24 de abril de 1860 para obtenção do grau de doutor em Ciências Matemáticas na Escola Central.

Trata-se de um trabalho expositivo sobre Astronomia, no qual o autor apenas transcreveu resultados já obtidos por cientistas europeus. Portanto, não há novidades nem demonstrações originais dos assuntos abordados. Devemos registrar que a defesa foi assistida pelo imperador D. Pedro II, que, aliás, tinha particular interesse pelos assuntos abordados pelo autor. Em verdade, o trabalho, bem como sua aceitação como tese para obtenção do grau de doutor em Ciências Matemáticas, reflete o tipo de sistema educacional vigente no país de então.

BRASILIO DA SILVA BARAÚNA

Título da tese: *Estudo cinethmico da rotação dos corpos*. Rio de Janeiro: Typographia Imparcial de J. M. Nunes Garcia, 1859, ii+16 páginas + 1 página com figuras. Tese defendida em 24 de abril de 1860 para obtenção do grau de doutor em Ciências Matemáticas na Escola Central.

Esse é um trabalho expositivo sobre Mecânica, no qual o autor não apresenta novidades sobre a Mecânica da época, tampouco demonstrações originais dos assuntos abordados. No prefácio, ele escreveu o seguinte:

> Não me encarreguei de fazer a exibição de uma theoria puramente nova pois que a deficiencia dos conhecimentos e a carencia de talento se anteporião, e aniquilarião seo merecimento scientifico; foi portanto subordinado inteiramente a essa convicção, e mais que tudo, cedendo ao grande desejo de obter a maior honra scientifica, que não poupei o menor esforço em ordenar, como me foi possivel, as ideias bebidas nos tratados dos homens eminentes, juntando uma ou outra suggerida no decurso do trabalho. Não tenho a louca pretensão de crear theorias [...].

Ele também citou, no prefácio, trabalhos de Euler, d'Alembert e Lagrange nos quais se inspirou para escrever a tese. Nesse trabalho, observamos claramente uma característica social importante para a elite intelectual brasileira da época, que foi o desejo de obtenção do grau de doutor, título acadêmico de alta importância no seio do segmento culto da sociedade de então.

AGOSTINHO VICTOR DE BORJA CASTRO

Título da tese: *O principio das velocidades virtuaes no equilibrio dos systemas*. Rio de Janeiro: Typographia Universal de Laemmert, 1858, 39 páginas. Tese defendida em 6 de setembro de 1861 para obtenção do grau de doutor em Ciências Matemáticas na Escola Central.

Trata-se de um trabalho expositivo sobre Física Matemática dividido em dois capítulos. Na introdução da tese, o autor fez um resumo histórico-filosófico sobre o estado das ciências, citando autores como Bacon, Carnot, Galileu Galilei, J. Bernoulli, Lagrange, Euler, Olinda Rodrigues, entre outros.

À página 4, ele fez a seguinte referência a respeito de algumas fórmulas para a determinação da posição do eixo em torno do qual gira um determinado corpo em um tempo finito:

> Euler, na memoria já citada, demonstra analyticamente que em todo movimento infinnitamente pequeno de um corpo solido, quando suppõe fixo o seu centro de gravidade, sempre haverão além deste ponto, outros destituidos de todo o movimento, situados sobre uma recta que passa pelo centro fixo, e em torno da qual effectivamente se dá um movimento de rotação. Annos depois, reconsiderando a mesma questão, apresenta uma demonstração geometrica, que pode ser estendida aos movimentos discontinuos, cujos eixos de rotação mudão por angulos finitos no fim de tempos tambem finitos; nesta occasião declara que a demonstração analytica levaria a calculos mui extensos. Em 1840, no Jornal de Mathematicas de Liouville,[5] apresenta Olinda Rodrigues formulas proprias para a determinação da posição do eixo em torno da qual effectivamente gyra o corpo no fim de tempos finitos; porem ainda é levado a calculos alguma cousa estensos. Deduzimos estas formulas por processo que nos parece elegante. Não sei que pessoa alguma tenha dellas tratado depois de Olinda Rodrigues.

No capítulo I, ao abordar o princípio das velocidades virtuais, à página 12, ele assim as definiu: "Devendo-se entender por velocidades virtuaes as que cada ponto deveria tomar immediatamente no primeiro instante depois daquelle em que se suppõe o equilibrio desarranjado por um motivo qualquer".

Ainda nesse capítulo, o autor deduziu algumas fórmulas relativas ao assunto, porém todas já conhecidas da comunidade científica. Mas ele nos informou que faria demonstrações originais de alguns temas abordados.

No capítulo II, o autor abordou os seguintes assuntos: equilíbrio geral de um sistema de pontos materiais; equilíbrio de um sistema tendente ao movimento de translação; equilíbrio de um sistema tendente ao movimento de rotação. Ato contínuo, ele deduziu algumas fórmulas relativas aos temas aqui tratados, porém não informou que faria demonstrações originais sobre os temas já conhecidos.

Devemos registrar o fato de que o autor citou em seu trabalho um dos mais prestigiados periódicos da época: *Journal de Mathématiques Pures et Appliquées*, conhecido por *Jornal de Liouville*. Esse fato nos sinaliza que, no pobre ambiente científico brasileiro da época, havia pessoas interessadas no estudo sério dessa ciência. O trabalho em si reflete a ausência de um meio acadêmico que abrigasse a atividade científica séria e continuada.

[5] O título correto da revista é *Journal de Mathématiques Pures et Appliquées*, também conhecido por *Jornal de Liouville*, por ter sido o matemático francês Joseph Liouville (1809–1899) seu fundador e, durante muitos anos, seu editor.

MIGUEL VIEIRA FERREIRA

[Não nos foi possível obter o título da tese]. Rio de Janeiro: Typographia Popular de Azeredo Leite, 1862, v+14 páginas. Tese foi defendida em 17 de outubro de 1863 para obtenção do grau de doutor em Ciências Físicas e Matemáticas na Escola Central.

Trata-se de um trabalho expositivo, de fraca qualidade, o qual está dividido em duas partes: a primeira, que ele denominou de "These Mathematica", e a segunda, de apenas uma página, que ele denominou "These de Sciencias Physicas".

A primeira parte aborda, em verdade, assuntos sobre Física Matemática. Nela, o autor tratou dos seguintes assuntos: os movimentos dos planetas Júpiter e Saturno, bem como de qualquer outro sistema dual de planetas; a determinação da curva, lugar geométrico dos pontos igualmente atraídos dos dois planetas; a discussão dessa curva e, finalmente, a determinação das circunstâncias do movimento de um ponto material sujeito a descrever a curva em pauta.

No desenvolvimento dessa primeira parte do trabalho, o autor determinou o lugar geométrico de todos os pontos igualmente atraídos, com intensidade máxima, por dois corpos que se movem em torno de um centro fixo, obedecendo às leis de Kepler. Ato contínuo, ele discutiu a natureza da curva formada pela união de todos os pontos considerados. A seguir, supondo que um determinado ponto percorra esse lugar geométrico, estando sujeito à ação das forças de atração dos dois corpos, discutiu as circunstâncias do movimento desse ponto. Todas as hipóteses foram feitas para os casos particulares de órbitas circulares descritas pelos corpos e pertencentes ao mesmo plano. Ele considerou, em alguns casos, os corpos estudados com massas iguais, e, em outros, os corpos com massas desiguais.

O autor nos informou que, por questão de comodidade, considerava na questão de movimentos o caso de dois corpos quaisquer, e não o caso de dois planetas pertencentes ao Sistema Solar. Acrescentou que, assim fazendo, evitaria o caso das perturbações planetárias que, segundo ele, é uma questão complexa. Aliás, Joaquim Gomes de Sousa abordou em sua tese esse caso.

A segunda parte do trabalho, de apenas uma página, diz respeito ao seguinte: examinar quais as vantagens ou inconvenientes do sistema de equivalentes químicos de Gerhardt sobre o sistema ordinário seguido. Ato contínuo, o autor citou dez proposições referentes ao assunto. A título de exemplo, citamos a primeira delas: "Não se pode provar que as formulas chimicas demonstrem a constituição dos corpos".

Finalizando o trabalho, o autor reclamou do prazo de cinco meses que teve para escrever a tese e defendê-la. Mais uma vez, detectamos, por meio deste trabalho, a falta de seriedade com que foi considerada, pelas autoridades competentes, a concessão do grau de doutor em Ciências Matemáticas ou em Ciências Físicas e Matemáticas no Brasil de então.

ARISTIDES GALVÃO DE QUEIROZ

[Não nos foi possível obter o título da tese]. Rio de Janeiro: Typographia Universal de Laemmert, 1868, 69 páginas. Tese defendida em 21 de maio de 1870 para obtenção do grau de doutor em Ciências Físicas e Matemáticas na Escola Central.

Trata-se de um trabalho expositivo, de inspiração positivista comtiana, relativo à propagação do som. O trabalho está dividido em duas partes. Na primeira parte, o autor abordou os princípios gerais da Mecânica, tendo como objetivo central fazer uma demonstração sintética dos três seguintes princípios: princípio da inércia, que foi estabelecido por Kepler; princípio da independência dos movimentos, que foi estabelecido por Galileu Galilei; princípio da igualdade da ação à reação, estabelecido por Newton. Nessa primeira parte, o autor estudou os seguintes assuntos: equações gerais do movimento; princípio da conservação da quantidade total de movimento; princípio geral da conservação do movimento do centro de gravidade; princípio geral da conservação das áreas; princípio geral da periodicidade e da conservação das forças vivas; princípio geral da menor ação; princípio geral da superposição dos pequenos movimentos. Em seguida, deduziu fórmulas sobre os assuntos citados, porém todas elas já obtidas por matemáticos como Laplace, Lagrange, d'Alembert, dentre outros.

Na segunda parte do trabalho, ele demonstrou a lei de propagação do som na atmosfera terrestre, supondo a gravidade constante e a temperatura decrescente na razão inversa das alturas. Nessa parte, ele citou resultados obtidos por Newton, Lagrange, Poisson, dentre outros. Enfim, o autor não apresentou resultados novos nem enfoques originais dos assuntos tratados.

ANTONIO DE PAULA FREITAS

[Não nos foi possível obter o título da tese]. Rio de Janeiro: [*s.n.*], 1869, 137 páginas. Tese defendida em 21 de maio de 1870 para obtenção do grau de doutor em Ciências Físicas e Matemáticas na Escola Central.

Trata-se de um trabalho expositivo sobre Física, dividido em duas partes. Na primeira parte, o autor demonstrou o teorema das velocidades virtuais sem dependência da consideração dos infinitamente pequenos e, ainda, quais são os princípios fundamentais da mecânica reduzidos ao menor número possível. Portanto, são abordados, nessa primeira parte, os seguintes assuntos: sistemas materiais invariáveis; sistemas materiais variáveis; princípios fundamentais da mecânica reduzidos ao menor número possível. O autor citou os que contribuíram para esses temas como: Arquimedes, Galileu Galilei, Kepler, Newton, d'Alembert, Lagrange. Ainda nessa primeira parte do trabalho, além de efetuar deduções de fórmulas a respeito do que foi estudado, ele fez, também, considerações filosóficas sobre os temas tratados.

Na segunda parte do trabalho, o autor abordou qual a hipótese que melhor explica a formação primitiva da Terra — o exame da teoria de Laplace. Após expor algumas ideias sobre o assunto, devidas a Cardan, Palissy, W. Whinston, Copérnico, Ticho Brahe, Galileu Galilei, Kepler, Descartes, Buffon, entre outros, ele examinou, a partir da página 89, a teoria apresentada por Laplace a respeito da origem do Sistema Solar. Nesse contexto, refez algumas deduções matemáticas feitas por Laplace a respeito de sua teoria. No desenvolver do trabalho, apresentou várias notas de rodapé contendo informações a respeito de obras dos autores citados.

JOSÉ MARTINS DA SILVA

[Não nos foi possível obter o título da tese]. Rio de Janeiro: Typographia do Imperial Instituto Artistico, 1869, 47 páginas. Tese defendida em 21 de maio de 1870 para obtenção do grau de doutor em Ciências Físicas e Matemáticas na Escola Central. Trabalho expositivo sobre a Física e parte da Botânica, de inspiração positivista comteana. Está dividido em duas partes, uma sobre fluidos gasosos e outra sobre assuntos da Botânica.

Na primeira parte, o autor abordou as circunstâncias do movimento de um fluido gasoso que escapa de um vaso. Após algumas considerações a respeito dos fluidos gasosos e das leis que regem os fenômenos dinâmicos, ele refez deduções de expressões matemáticas relativas ao assunto. Aqui, também apresentou tabelas obtidas pelo sueco Lagerhgelm relativas a experimentos sobre o escapamento de gases de um determinado vaso. Finalmente, depois de citar resultados sobre o assunto, obtidos por Carnot, Lagrange, Poisson, Navier, dentre outros, ele concluiu essa parte citando trechos de uma obra de Comte referente a hidrodinâmica.

Na segunda parte do trabalho, ele explicou o sono, o movimento das plantas, bem como a simetria orgânica vegetal segundo o ponto de vista de autores como Garcias de Horto, Valerius Cordus, Ratchinsky, entre outros.

PHILIPPE HIPPOLITE ACHÉ

Título da tese: *Demonstrar quaes os principios a analyse, reduzindo-os ao menos possivel.* Rio de Janeiro, dezembro de 1862, iii+13 páginas, manuscrito. Tese defendida em 26 de fevereiro de 1872 para obtenção do grau de doutor em Ciências Físicas e Matemáticas na Escola Central.

Trabalho em forma de discurso, destituído de novidades, de inspiração positivista comtiana. O autor o divide em duas partes: a primeira sobre Matemática, e a segunda sobre Ciências Físicas. Na primeira parte, o objetivo é demonstrar os princípios da Análise Matemática. Percebemos, porém, que passa de uma fraca indicação das partes essenciais da Análise. Ele escreveu à página 1:

> Demonstrar os principios da Analyse é indicar as bases essenciais desta immensa alavanca do espírito humano. Não nos illudimos sobre as difficuldades com que temos de lutar, encetando um trabalho que não nos consta ter sido regularmente feito até agora.

Em seguida, o autor fez considerações a respeito do sentido "mais amplo" da palavra análise. Segundo ele, "tirada do grego $\alpha\nu\alpha\lambda\iota\sigma\varepsilon$ quer dizer redução d'uma cousa às suas partes componentes ou elementares [...]". Citou o que Comte disse a respeito da Análise Matemática e que está contido em sua obra *Cours de philosophie positive*. Na continuação, ele escreveu o seguinte a respeito do pensamento de Comte:

> Tal appreciação dá-nos a conhecer a excellencia d'uma sciencia cujo dominio alcança o Universo inteiro: A natureza com effeito, deixaria de ter segredos para nós, a creação inteira seria por nós explicada, se podessemos achar e resolver a equação a que a Analyse Mathematica nos permitte reduzir qualquer phenomeno natural [...]

Depois de fazer divagações filosóficas sobre a Análise Matemática, ele citou Deus, Pitágoras, Descartes, Ptolomeu, Newton, Leibniz, Fourier, Comte, Cauchy, dentre outros. À página 3, ele disse o seguinte:

> Cauchy parece-me o unico que fes um verdadeiro curso de Analyse, por tel-a considerado como base essencial de todas as mathematicas, o que ella é [...] Cauchy, porem só publicou, que eu saiba, a primeira parte de seus trabalhos, que dividiu em Analyse Algebrica e Analyse Transcendente. Sem com tudo seguir-mos as pisadas delle, pois a obrigação de reduzir ao menor numero possivel os principios da Analyse, impõe-nos o dever de affastar-nos de todo e qualquer autor, julgamos dever adoptar esta ideia, e considerando os principios fundamentaes da Analyse como a reunião das ideias primarias em que se baseão todas as mathematicas, reunimos a oito esses principios, a saber: Principio da continuidade das funções. Principio dos signaes, com relação às quantidades que se considerão em sentidos oppostos. Principio de homogeneidade. Principio dos infinitamente pequenos. Principio da inercia. Principio da acção e da reacção. Principio da coexistencia ou independencia dos movimentos.

A respeito do "Princípio da Continuidade das Funções", o autor escreveu à página 4.

> Este principio, ennunciado em sua maior generalidade, consiste no seguinte: Toda e qualquer função de uma ou mais variaveis pode passar sucessivamente por todos os estados de grandeza; ou por outros termos, dado um valor de uma função pode sempre achar para as variaveis valores taes, que um não diffira de outro que lhe seja immediato senão de uma grandeza menor do que qualquer grandeza determinada. Este principio não pode ser demonstrado rigorosamente à priori, senão para as funções inteiras; mas se considerarmos qualquer função como a expressão algebrica da Lei que rege um phenomeno natural, sem com tudo deixar de crer à existencia de funções discontinuas, poderemos admitir esta Lei de continuidade das funções. Com effeito na ordem physica dos seres naturaes não exige transição alguma repentina, o que explicarão os antigos dizendo: Natura non facit saltum; portanto nas mathematicas, onde só tratamos de applicar a analyse dos phenomenos naturaes, só consideraremos funções continuas, condição aliás necessaria para a demonstração dos elementos de todos os ramos das Mathematicas.

Mas o autor não explicou o que entendia por função, função inteira, função contínua e função descontínua, conceitos bem definidos à época. A seguir, ele fez algumas considerações a respeito do "Princípio dos Signaes", atribuindo sua descoberta a Descartes. Em seguida, porém, disse que tal princípio foi demonstrado por Jacob na obra Geometria Analítica. Na continuação, fez considerações a respeito do "Princípio da Homogeneidade", e sobre os termos de mesmo grau e de graus distintos de uma equação algébrica. À página 6, ele escreveu:

> Supponhamos, por exemplo, que na expressão analytica d'um phenomeno geometrico, trate-se ao mesmo tempo de linhas, areas, volumes: será preciso que, quando a unidade de linha for multiplicada por m, a das areas o seja por m^2, a dos volumes por m^3; e se a equação for algebrica, avaliar-se-ha o grão de cada termo dobrando os expoentes dos factores correspondentes a area e triplicando os expoentes dos factores correspondentes a volumes. Eis o principio da homogeneidade na sua absoluta generalidade, principio de

> immensas applicações analyticas; que deu origem ao methodo tão emminentemente analytico dos coeficientes indeterminados, e do qual deixamos de tratar por se achar desenvolvido em qualquer tratado de Elementos de Analyse.

Em suas considerações a respeito do "Princípio dos Infinitamente Pequenos", o autor escreveu sobre o "cálculo dos infinitamente pequenos e sobre o método das 'fluxões e dos fluentes'". Na continuação, ele fez referências sobre algumas ideias de Lagrange a respeito de um método misto, segundo ele, formado com os resultados obtidos por Leibniz e por I. Newton, chamado de "Calculo das funcções derivadas e das funcções primitivas". A respeito das ideias de Lagrange, o autor escreveu à página 7:

> Noções tão difficeis de ser comprehendidas pela intelligencia humana [...] Os dous principios, base da theoria de Lagrange, formão um circulo vicioso e não tem a generalidade conveniente. Estabellece com effeito Lagrange como evidente que $f(x+h)$, pode sempre desenvolver segundo as potencias inteiras de h, e depois que pode-se escrever $f(x+h) = f(x) + Ph$, sendo P uma função de x e de h que não se torna infinita quando $x = 0$, porque de modo não existirão identidades quando h fosse nullo. O primeiro destes principios é falso, porque nada impede a entrada de expoentes fracionarios na serie, com tanto que viessem a compensar-se os valores dos radicais assim introduzidos, o segundo só é verificado a fortiori. Alem disso nenhum desses principios dá significação absoluta e independente às funcções derivadas $f'(x), f''(x)$, sobre que repousa, segundo o proprio Lagrange, toda a possibilidade do calculo differencial e integral e não são na realidade mais que o nome dado a certos processos empregados para determinar as equações de que se retirão os valores, dessas funcções.

Em seguida, o autor se fixou sobre o "Método das Fluxões e dos Fluentes", desenvolvido por Newton, conhecido, à época, por "Método dos Limites". Também teceu algumas considerações sobre o método desenvolvido por Leibniz para obtenção da derivada de uma função e passou a descrever os métodos obtidos por esses dois autores.

Hippollite Aché não estava atualizado, em 1862, com o desenvolvimento da Matemática, quarenta anos depois que Cauchy introduziu o rigor no Cálculo Diferencial e Integral, com o uso dos épsilons e deltas (ε e dos δ). Assim, o autor escreveu uma tese em Matemática utilizando as arcaicas ideias de Newton e desprezando ou ignorando os avanços introduzidos na Análise por Dirichlet, Weierstrass e Riemann.

Na segunda parte do trabalho, que consiste em apenas uma página, o autor se limitou a citar oito princípios da Física. Como exemplo, transcrevemos um deles: "O que chamamos de electricidade é a apparencia dos phenomenos naturaes produzida pelo movimento das moleculas materiaes dos corpos a que chamamos electrisados".

EZEQUIEL CORREA DOS SANTOS JUNIOR

Título da tese: *Movimento dos corpos celestes em torno de seus proprios centros de gravidade (da Terra, da Lua e dos anneis de Saturno)*. Rio de Janeiro: [*s.n.*], 1877, 72 páginas. Tese defendida em 13 de abril de 1878 para obtenção do grau de doutor em Ciências Físicas e Matemáticas na Escola Politécnica.

Trata-se de um fraco trabalho expositivo sobre Física Matemática. Tudo o que o autor abordou já se encontrava bem exposto em livros didáticos sobre o assunto. O trabalho está dividido em quatro partes. Em sua introdução, o autor escreveu o seguinte:

> Animados da convicção de que o bom desempenho da presente tarefa não poderia exigir a exhibição de uma theoria nova, a que se opporião os fracos recursos intellectuaes de que dispômos, procuramos simplesmente neste trabalho ordenar as ideias bebidas nos tratados dos differentes autores [...].

Na primeira parte, ele citou Comte, em sua obra *Mecânica celeste*, na parte que trata das equações que representam os movimentos dos corpos celestes. Em seguida, o autor informou que apresentaria a solução desse problema dada por Louis Poinsot e contida no trabalho *Théorie Nouvelle de la Rotation des Corps*, publicado no *Journal de Mathématiques* em 1834. Ato contínuo, o autor deduziu as equações diferenciais, em número de seis, relativas ao assunto, e citou alguns teoremas. Concluiu a primeira parte do trabalho citando as fórmulas gerais do movimento de rotação do centro de gravidade.

Na segunda parte do trabalho, o autor abordou o movimento da Terra em torno de seu próprio centro de gravidade. Deduziu as equações do movimento de rotação da Terra e apresentou o teorema da permanência da posição dos polos na superfície da Terra e da velocidade de rotação. Concluiu essa parte apresentando as fórmulas da precessão e nutação (casos da eclíptica fixa e da eclíptica verdadeira).

Na terceira parte da tese, o autor abordou o movimento da Lua em torno de seu próprio centro de gravidade, do movimento dos pontos equinociais e inclinação do equador lunar sobre a eclíptica.

Na quarta parte, abordou o movimento dos anéis do planeta Saturno em torno de seus próprios centros de gravidade. No decorrer do trabalho, citou obras de Comte, Laplace, Lagrange, Poisson, Newton, Kepler, d'Alembert, Euler, Poinsot, dentre outros.

THEODORO AUGUSTO RAMOS

Nasceu na cidade do Rio de Janeiro, no ano de 1895. Após os estudos primários e secundários, ingressou na Escola Politécnica do Rio de Janeiro, onde se graduou em Engenharia Civil em 1917. Em 25 de junho de 1918, Theodoro Ramos obteve o grau de doutor em Ciências Físicas e Matemáticas, ao defender, na Escola Politécnica do Rio de Janeiro, aos 23 anos de idade, a tese intitulada *Sobre as funções de variáveis reais*. Nesse mesmo ano, conseguiu uma posição acadêmica na Escola Politécnica de São Paulo. A partir de 1918, fixou residência na cidade de São Paulo. Na instituição paulista, além de lecionar a disciplina Mecânica Racional, foi professor catedrático da cadeira Vetores, Geometria Analítica. Geometria Projetiva e Aplicação à Nomografia. Posteriormente, foi nomeado vice-diretor da Escola Politécnica, cargo que não assumiu por desistir da nomeação. Foi membro da Academia Brasileira de Ciências, na qual tomou posse em 29 de novembro de 1918. Auxiliou a Comissão Organizadora que fundou a Universidade de São Paulo, em 1934. Publicou trabalhos científicos em Análise, Geometria, Física Matemática, Engenharia etc.

Foi convidado por Júlio de Mesquita Filho, presidente da Comissão Organizadora que criou a USP, para lecionar na FFCL-USP, porém não aceitou o convite, dizendo que "não estava preparado (atualizado) para ser professor em uma universidade" (FRANKEN; GUEDES, 1984, p. 44).

Comissionado pelo governador do estado de São Paulo, Armando Salles Oliveira (1887–1945), Theodoro Ramos viajou para o Velho Continente com a missão de contratar bons professores para a FFCL-USP. Dessa forma, a partir de 1934, vieram para a FFCL-USP renomados mestres do meio acadêmico europeu, como Ernest Breslau, Heinrich Rheinboldt, Felix Rawitscher, Émile Coornaert, Roberto Garric, Ettiene Borne, Luigi Fantappiè, Gleb Wataghin, Fernand Braudel, Paul Arbousse-Bastide, Claude Lévi-Strauss, dentre outros.

Theodoro Ramos foi um dos brilhantes matemáticos brasileiros e o mais produtivo de sua geração, sempre atualizado com as áreas da Matemática de seu interesse. Fez parte do grupo de cientistas brasileiros que combateu a influência da ideologia positivista de Comte (1798–1857) sobre a elite intelectual brasileira. O ciclo de ruptura dessa influência foi iniciado em 1898 por Otto de Alencar Silva (1874–1912), que foi aluno e, depois, professor da Escola Politécnica do Rio de Janeiro (Cf. DA SILVA, 1995).

Ao ministrar disciplinas (cadeiras) no curso básico da Escola Politécnica de São Paulo, Theodoro Ramos, além de introduzir a parte conceitual da teoria nos tópicos abordados (fato não usual no ensino da Matemática Superior no Brasil da época), passou também a esclarecer seus alunos a respeito do estado estacionário em que se encontrava o ensino e o desenvolvimento da Matemática no país, informando-lhes que estavam sendo omitidos os importantes conceitos e definições basilares da Matemática, sem os quais a construção do belo edifício — o ensino e o desenvolvimento da Matemática Superior no país — não passaria do primeiro piso (RAMOS, 1933, p. 16).

Theodoro Ramos, homem de consciência científica, não se isolou em São Paulo, manteve contatos pessoais e epistolares com vários cientistas brasileiros e europeus, pois sabia que a melhor forma de consolidar e difundir ideias e discutir pontos de vista seria, e continua sendo, por meio do contato pessoal e da troca de correspondências. Faleceu precocemente, em 1935, na cidade de São Paulo.

Título da tese: *Sobre as funções de variáveis reais*. Secção de obras de *O Estado de São Paulo*, São Paulo, 1918, 111 páginas. Tese defendida em 25 de junho de 1918 para obtenção do grau de doutor em Ciências Físicas e Matemáticas na Escola Politécnica do Rio de Janeiro.

Trata-se de importante trabalho, que introduz no Brasil a Análise Matemática moderna. Um dos objetivos do autor é mostrar como se baseia, de modo natural, a teoria das funções de variáveis reais sobre a simples noção de polinômios. A ideia central do autor é considerar as funções de uma variável real como limite de sucessões convergentes de polinômios em um intervalo.

Foi nas variáveis reais que os matemáticos reconheceram, pela primeira vez, a necessidade da existência de uma teoria rigorosa do sistema numérico da Análise. Assim, a reconstrução do sistema de números reais feita por K. Weierstrass na década de 1860, e depois por J. W. R. Dedekind e G. Cantor na década de 1870, conduziu, nas últimas décadas do século XIX, a uma reavaliação de toda a Análise Matemática e, já no século XX, a uma profunda revisão da natureza de todo o raciocínio matemático. Esses fatos iniciaram um dos exames mais profundos já realizados nas ciências em todo o raciocínio dedutivo. Nesse contexto, a teoria das funções de variáveis reais adquiriu, a partir da década de 1870, um interesse cada vez maior por parte dos matemáticos. No final do século XIX e início do século XX, a teoria das funções de variáveis reais teve extraordinário desenvolvimento. H. Lebesgue, H. Poincaré, R. Baire, F. E. J. E. Borel, com seus trabalhos, iniciaram uma nova etapa para a Análise Real.

Na introdução do trabalho, Theodoro Ramos nos informou que faria seu estudo baseado nos conjuntos concretos, cujos elementos são os números. Ato contínuo, apresentou algumas definições a título de recordação do assunto a ser tratado. Relembramos que as definições apresentadas pelo autor fazem parte das atuais da Análise Matemática, o que nos mostra a atualização do autor com respeito ao desenvolvimento da Matemática de sua época.

Na primeira parte do trabalho, Theodoro Ramos estudou as funções de uma variável real e a representação de funções somáveis de uma variável real por meio da integral de Weierstrass. Nessa parte, ele estudou as funções contínuas no sentido de Cauchy, isto é, da definição dada por Cauchy. Em seguida, apresentou sua própria definição de função contínua, que é a seguinte:

> Seja $f(x)$ uma função definida no intervalo aberto (a, b). Diremos que $f(x)$ é contínua no intervalo (a, b) quando existe uma sucessão de polinômios $[P_n(x)]$ convergindo uniformemente para $f(x)$ em todos os pontos deste intervalo. Nestas condições, sendo dado o número positivo ε, por menor que seja, pode-se achar um número r tal que se tenha $|f(x) - P_n(x)|$ para todos os valores de n superiores a r, e para todos os pontos de (a, b).

Na continuação, o autor afirmou que, se uma função é contínua pela definição dada, então também é contínua no sentido da definição dada por Cauchy. A título de ilustração, para que o leitor possa fazer uma comparação, apresentamos a definição de função contínua dada por Cauchy na década de 1820, que é a seguinte: *Uma função $f(x)$ é contínua entre os limites dados se entre esses limites um incremento infinitamente pequeno i da variável x produz sempre um incremento infinitamente pequeno $f(x+i) - f(x)$ da própria função.* Observamos que essa definição é muito parecida com a definição de continuidade usada atualmente, se levarmos em consideração a própria definição dada por Cauchy para quantidades infinitamente pequenas em termos de limites.[6]

Logo em seguida, o autor acrescentou:

> Para que seja cabalmente justificada a definição dada de continuidade, é necessário demonstrar um Theorema recíproco: se $f(x)$, no intervalo (a, b), é contínua no sentido de Cauchy, existe uma sucessão de polinômios convergindo uniformemente para $f(x)$ em todos os pontos de (a, b).

---

[6] A. L. Cauchy deu, na década de 1820, a fundamentação do Cálculo Diferencial e Integral como a temos nos dias atuais. Cf. suas obras: *Cours d'analyse* (1821) e *Résumé des leçons donées à l'Ecole Royal Polytechnique* (1823, p. v. 1) (Cf. SMITHIES, 1986).

Relembramos que esse teorema foi demonstrado por K. Weierstrass, em 1885. Mais adiante, o autor apresentou outra demonstração desse mesmo teorema, mas devida a H. Lebesgue. Na sequência, Theodoro Ramos listou as propriedades das funções contínuas, sem as demonstrar. Ato contínuo, ele passou ao estudo das funções contínuas deriváveis. Apresentou a definição atual para a derivada de uma função contínua em um ponto x_0, que é, formalmente, a definição dada por Cauchy. À página 34, o autor demonstrou três teoremas sobre funções contínuas, todos conhecidos dos matemáticos da época. Um deles é o seguinte: *Toda função contínua é derivável.* Em verdade, o teorema tem a seguinte redação: *Toda função derivável em um ponto* x_0 *é contínua neste ponto.* Atualmente, esse teorema consta em todos os bons livros didáticos sobre Cálculo Diferencial e Integral, Theodoro Ramos informou que a recíproca desse teorema não é verdadeira, fato também muito conhecido dos matemáticos desde meados do século XIX. Em 1834, o matemático B. P. J. N. Bolzano apresentou um exemplo de uma função contínua em um intervalo, mas sem derivada em ponto algum do intervalo. Lamentavelmente, o exemplo dado por Bolzano não foi divulgado de forma ampla.[7] Aliás, sete anos antes da publicação do livro de Cauchy, *Cours d'analyse*, Bolzano já havia enunciado o critério geral de convergência de séries, bem como definido limite de uma função em um ponto.

Por volta de 1850, o matemático alemão G. F. B. Riemann apresentou dois trabalhos à Universidade de Göttingen, para seu concurso de *Privatdozent*: um sobre Séries Trigonométricas e os Fundamentos da Análise, e outro sobre os Fundamentos da Geometria. Foi nessa época que ele deu um exemplo de uma função contínua sem derivada em ponto algum (WEBER, 1953, Cf.).

Em verdade, Riemann apresentou uma função $f(x)$ descontínua em uma infinidade de pontos de um intervalo, mas cuja integral existe e define uma função contínua $F(x)$ que não possui derivada nos pontos do intervalo em questão. Em 1872, em artigo enviado à Academia de Ciências de Berlim (mas apresentado em suas aulas em 1861), K. Weierstrass também apresentou um exemplo de uma função contínua, porém sem possuir derivada, a saber:

$$f(x) = \sum_{n=0}^{\infty} a^n \cos(b^n \pi x), \text{ em que } 0 < a < 1;$$

b é inteiro ímpar tal que $b > 1 + \frac{3}{2}\pi$. Essa função é representada por uma série uniformemente convergente de funções contínuas: logo é contínua em um intervalo, mas não possui derivada em ponto algum desse intervalo.

Theodoro Ramos escreveu o seguinte, no capítulo referente às funções contínuas deriváveis:

> É interessante constatar que Cauchy em 1829, com sua habitual sagacidade, já distinguira a noção de função continua da de função derivavel; assim, referindo-se ao limite da relação que serve de definição à derivada elle dizia: este limite, quando existe, tem um valor determinado.

[7] Para uma exposição elementar deste exemplo, cf. Boyer (1959, pp. 269–170).

Ato contínuo, ele passou ao estudo das funções indefinidamente deriváveis. Citou um importante resultado obtido por N. H. Abel para uma série convergente, que é o seguinte: *Se a série (S) é convergente para um particular valor x_0 de x, então ela é absolutamente convergente para todo valor de x cujo módulo é inferior ao de x_0.* A partir do que foi exposto aqui, observamos que Theodoro Ramos estava familiarizado com a Análise Matemática de sua época. Ele abordou importantes conceitos da Análise: convergência de uma função ou de uma série; função ou série absolutamente convergente e módulo de uma função ou de uma série, entre outros. Logo a seguir, fez referências às séries de Taylor e de MacLaurin, bem como às funções analíticas (outro importante conceito da Análise).

À página 38, o autor abordou as funções de classe 1, que são as funções descontínuas limites de sucessões convergentes de polinômios — assim denominadas por R. Baire. Já a denominação de funções de classe zero foi atribuída às funções limites de sucessões uniformemente convergentes de polinômios. À página 42, o autor, após demonstrar um teorema, escreveu o seguinte: "A condição necessária e suficiente para que uma função $f(x)$ seja de classe zero ou de classe 1 é que $f(x)$ seja pontualmente descontínua relativamente a todo conjunto perfeito."

Na continuação, ele escreveu sobre o que seria um conjunto perfeito, a saber: aquele que coincide com seu derivado (outro importante conceito da Análise). Em seguida, apresentou um exemplo para mostrar que há funções que não satisfazem a condição referida:

> A função $\phi(x)$ definida no intervalo aberto $(0, 1)$, é igual a 1 nos pontos racionais e, igual a zero nos outros pontos, não é pontualmente descontínua relativamente ao conjunto perfeito constituído pelos pontos do intervalo $(0, 1)$, pois todos os pontos deste intervalo são pontos de descontinuidade da função $\phi(x)$ relativamente ao intervalo $(0, 1)$.

Na sequência, ele escreveu que a função $\phi(x)$, há pouco definida, é de classe 2, isto é, limite de funções de classe 1. À página 44, o autor escreveu o seguinte:

> Eis uma outra questão interessante: a que classe pertencem os números derivados de uma função contínua? As indicações que demos na Introdução a respeito da noção de maior e menor limites permitem verificar que os números derivados são quando muito de classe 2.

À página 45 do trabalho, o autor abordou a teoria das funções somáveis. Inicia o estudo com a sucessão de funções de Baire, apresentando a definição:

> Consideremos uma sucessão $[f_n(x)]$ de funções da classificação de Baire, definidas no intervalo (a, b). Diz-se que $[f_n(x)]$ converge simplesmente para a função $f(x)$ quando $f_n(x)$ tende para $f(x)$ em todos os pontos de (a, b) exceto talvez nos pontos de um conjunto de medida nula.

Logo após, ele fez a seguinte observação: "É evidente que a convergência no sentido comum é um caso particular da convergência simples". O Prof. Lélio Gama, que esteve presente à defesa de tese de Theodoro Ramos, escreveu:

> Uma admoestação feita a Theodoro Ramos por um dos membros da banca examinadora da defesa de sua tese, quando, nessa parte da definição acima, ele diz "exceto talvez nos pontos de um conjunto de medida nula". "Exceto talvez" foi uma tradução, em língua portuguesa, da expressão em língua francesa *sauf peut-être*, muito usada por matemáticos franceses da época. Uma adaptação ao uso da expressão "se e só se". Theodoro Ramos foi censurado por um dos membros da banca examinadora, que lhe disse: "O Senhor pretende ser um matemático rigoroso. No entanto, emprega no seu raciocínio matemático, o advérbio 'talvez', que denota incerteza, imprecisão, ambigüidade". Como consequência, deu-lhe nota nove (GAMA, 1965, pp. 27–28).

Em verdade, Theodoro Ramos quis dizer que a propriedade da definição em pauta poderia deixar de se verificar no campo de existência da função $f(x)$, mas que, nesse caso, os pontos excepcionais formariam um conjunto de medida nula. A banca examinadora da defesa de tese de Theodoro Ramos foi constituída pelos seguintes professores: Licínio Athanasio Cardoso, professor de Mecânica Racional; Francisco Bhering, professor de Astronomia; Augusto de Brito Belford Roxo, professor de Estabilidade; Mauricio Joppert da Silva, professor de Portos e livre-docente de Cálculo Diferencial e Integral.

Na sequência do trabalho, Theodoro Ramos demonstrou o seguinte teorema fundamental relativo às sucessões simplesmente convergentes de funções de Baire:

> Seja $[f_n(x)]$ uma successão de funcções de Baire convergindo simplesmente para uma funcçao limite $f(x)$ no intervallo (a, b). Sendo dado o numero positivo σ, por menor que seja, existe no intervallo (a, b) um conjuncto de medida maior que $b - a - \sigma$ no qual $[f_n(x)]$ converge uniformemente.

À página 48, após a demonstração desse teorema, o autor fez a observação seguinte:

> Um exame superficial poderia fazer crer que é nulla a medida do complementar do conjuncto $(E\sigma)$ em que $[f_n(x)]$ converge uniformemente. Esta conclusão é errada, pois quando se faz σ tender para zero o conjuncto $(E\sigma)$ adquire a cada instante novos pontos e portanto quando se consideram simultaneamente todos os valores de σ e todos os valores correspondentes de x, não se póde mais affirmar que a convergencia é uniforme. Dando-se, porém, a σ um valor fixo, por menor que seja este valor, é permittido dizer que no conjuncto $(E\sigma)$ correspondente a convergencia da successão $[f_x(x)]$ é uniforme. H. Lebesgue em uma communicação feita a E. Borel em 1903 incorreu em uma conclusão errada analoga à que acima nos referimos; em uma nota de 28 de Dezembro de 1903 publicada nos Comptes-Rendus o proprio H. Lebesgue rectificou o seu "engano".

Na continuação do trabalho, o autor abordou o estudo das funções limitadas pertencentes à classificação de Baire, desenvolvendo, a partir daí, a teoria da integração de tais funções. À página 51, ao abordar a integração das funções somáveis, Theodoro Ramos apresentou a seguinte definição: "Seja $f(x)$ uma função, limitada e definida no intervalo (a, b). Se $f(x)$ é limite de uma sucessão de polinômios $[P_n(x)]$ simplesmente convergente, diz-se que $f(x)$ é uma função somável."

Na sequência, ele apresentou a definição de uma função integral de uma função somável. Após demonstrar quatro teoremas relativos à integral de uma função, Theodoro Ramos definiu a integral definida de uma função somável, que é a seguinte:

> Seja $f(x)$ uma função somável limite da sucessão de polinômios $[P_n(x)]$ simplesmente convergente em um intervalo (a, b). A sucessão das integrais $\int_a^x P_n(x)\,dx$ sendo uniformemente convergente, se dermos ao limite superior um valor fixo b, a sucessão dos números $\int_a^b P_n(x)\,dx$ tenderá para o número $\int_a^b f(x)\,dx$ que será por definição a integral definida de $f(x)$ de a a b.

À página 60, o autor escreveu o seguinte:

> "Comparando os resultados precedentes com os trabalhos de Borel e Lebesgue relativos à generalização de integral, vemos que supondo as funções limitadas, a definição que apresentamos possui as mesmas propriedades que as definições daqueles autores".

Na continuação, ele informou que a noção de integral generalizada é central para o estudo das funções derivadas, bem como na pesquisa das funções primitivas. Percebemos, mais uma vez, que Theodoro Ramos estava bem informado a respeito dos principais resultados da Análise Matemática de sua época. À página 63, em que realizou o estudo da representação efetiva das funções somáveis, ele fez referências a resultados obtidos por K. Weierstrass e por E. Borel. Na continuação, acrescentou o seguinte:

> Lendo o estudo que fez Lebesgue nas suas "Leçons sur les séries trigonométriques" sobre a representação de uma função somável pelas somas de Féjer, tivemos a ideia de realizar idêntica generalização para a integral $\psi(x, K)$,[8] utilizando parte dos raciocínios ali adotados [...].

À página 79, o autor abordou a aproximação das funções duas vezes deriváveis. À página 84, passou a abordar asfunções de duas variáveis reais. Apresentou alguns teoremas e definições relativos ao assunto. À página 85, ele definiu a integral dupla. À página 89, fez um estudo relativo à representação das funções somáveis de duas variáveis reais por meio da integral dupla de K. Weierstrass. A partir da página 102, Theodoro Ramos fez a apresentação de algumas proposições, encaixando-as nas diversas cadeiras (disciplinas) do primeiro ao quinto ano do curso de engenharia da Escola Politécnica. Iniciou essa parte com as funções de uma variável complexa, passando por função analítica de uma variável complexa e pelo teorema de Desargues sobre as cônicas circunscritas a um quadrilátero. Concluiu essas proposições escrevendo sobre campo magnético e vetores.

Não há uma listagem bibliográfica das obras consultadas, mas, em todo o trabalho, há várias referências às obras de autores como Weierstrass, Borel, Baire, Lebesgue, Cauchy, Hilbert, Heine, Lipschitz, Riemann, Cantor, Pincherle, Goursat, Vitali, entre outros importantes matemáticos de então.

[8]Essa integral é dada por $\psi(x, K) = \frac{1}{K\sqrt{\pi}} \int_{-\infty}^{+\infty} f(u) e^{-\left(\frac{u-x}{k}\right)^2} du$.

CAPÍTULO 8

O DESENVOLVIMENTO DA MATEMÁTICA NO BRASIL, DA DÉCADA DE 1930 ATÉ 2020

A década de 1920 constituiu-se em um período da história de nosso país no qual uma parte expressiva da intelectualidade brasileira se mobilizou em movimentos para conscientizar a nação da necessidade de solução dos grandes problemas de então: econômicos, políticos, educacionais, de saúde pública, saneamento básico; desemprego, falta de moradias, infraestrutura, dentre outros.[1] Foi uma década de preparação para os acontecimentos que emergiram no país a partir da década de 1930.

Um dos movimentos dos intelectuais culminou em 1922, com a chamada Semana de Arte Moderna, ocorrida na cidade de São Paulo, envolvendo artistas plásticos e escritores. Em 1921, os intelectuais ligados à Sociedade Brasileira de Ciências a transformaram em Academia Brasileira de Ciências. Na década de 1920, a ABC iniciou um profícuo programa de intercâmbio com cientistas e com instituições científicas estrangeiras, de modo que, ainda nessa década, vieram ao Brasil, para realizar cursos e conferências, dentre outros, os seguintes cientistas: Jacques Hadamard, Émile Borel, Paul Langevin e Albert Einstein.

Em 1924, foi fundada, na cidade do Rio de Janeiro, a ABE, instituição que congregou vários intelectuais, dentre eles alguns professores da Escola Politécnica do Rio de Janeiro. Todos os seus fundadores estavam preocupados com a qualidade e o futuro do ensino nas escolas do país (aliás, em 1932, emergiu o chamado *Manifesto dos pioneiros da educação nova*, tendo como um dos signatários o educador Anísio Teixeira), bem como com problemas outros, por exemplo, a falta de uma política educacional para o país, a falta de faculdades de ciências e de universidades; o problema da pesquisa científica etc. A ABE passou a promover cursos de extensão e conferências sobre diversos temas, dedicadas a professores.

[1]A propósito, os problemas do país hoje.

Os membros da ABE também foram estimulados a publicar, nos jornais da cidade, artigos expositivos, versando sobre temas educacionais e científicos, dedicados ao leitor leigo. Essa instituição organizou e promoveu a I Conferência Nacional de Educação, na qual seu então presidente, M. Amoroso Costa, apresentou o trabalho intitulado "A Universidade e a pesquisa científica," o qual continha as seguintes conclusões: a) as faculdades de ciências das Universidades devem ter como finalidade, além do ensino da ciência *feita*, a de formar pesquisadores em todos os ramos dos conhecimentos humanos; b) esses pesquisadores devem pertencer ao respectivo corpo docente, mas com obrigações didáticas reduzidas, de modo que essas não perturbem os seus trabalhos originais; c) devem ser-lhes assegurados os recursos materiais os mais amplos: laboratórios para pesquisas biológicas e físico-químicas, observatórios astronômicos, seminários matemáticos, bibliotecas especializadas, facilidades bibliográficas, publicações periódicas para a divulgação de seus trabalhos, aparelhamento para explorações geográficas, geológicas e etnográficas; d) deve ser-lhes assegurada uma remuneração suficiente para que eles dediquem todo o seu tempo a esses trabalhos.

Em 1928, Manuel Amoroso Costa, preocupado com o problema da pesquisa científica básica, bem como com a falta de faculdades de ciências no país, escreveu o seguinte:

> Tudo indica que já é tempo de se fazer alguma coisa em favor de uma cultura de melhor qualidade. Em sua grande maioria, como é de desejar, os moços hão de sempre escolher as carreiras praticas que asseguram à nação a sua vida material. Alguns, entretanto, não hesitam mais em preferir os trabalhos da intelligencia pura, sem os quaes nada se constróe de realmente grande. Abandonar ao autodidactismo esses espiritos de escól é esbanjar uma inestimavel riqueza (RAMOS, 1933, p. 16).

A partir da década de 1930, iniciou-se no Brasil o que chamamos de segundo período de desenvolvimento da Matemática Superior (ensino e pesquisa). Com efeito, em 1934, conforme mencionamos no Capítulo 4, foi fundada, pelo governo paulista, na cidade de São Paulo, a USP, com sua FFCL-USP, com um tipo de ensino superior que fugia do ensino profissionalizante das grandes escolas até então existentes. A FFCL-USP passou a formar profissionais ligados ao magistério e à pesquisa científica básica, atuando nas áreas das ciências exatas, humanas e biológicas, dentre outras.

Nessa instituição, teve início um novo ciclo do ensino e desenvolvimento da Matemática Superior fora das Escolas de Engenharia. A Comissão que criou a USP contratou na Europa vários mestres para lecionar na FFCL-USP. Para lecionar Matemática, chegou a São Paulo, em 1934, o matemático italiano Luigi Fantappiè, conforme citamos anteriormente. Fantappiè, que foi discípulo de Vito Volterra, foi um dos impulsionadores da teoria dos Funcionais Analíticos, que teve em Volterra um de seus pioneiros.

De modo geral, podemos dizer que um funcional é uma função com aplicações em R ou em C, cujo campo de definição é um espaço de funções. Incluindo-se uma conveniente topologia no espaço de funções, as noções de limite, continuidade etc. passam a ser entendidas e, a partir daí, constrói-se uma Análise.

Ao iniciar seu trabalho na USP, Fantappiè reformulou os programas das disciplinas Cálculo Diferencial e Integral e Geometria. Além de ministrar aulas nessas cadeiras, ministrou cursos sobre Funcionais Analíticos, Teoria dos Grupos Contínuos, Teoria dos Números, Cálculo Tensorial, Álgebra, dentre outros tópicos. Ao introduzir na USP suas ideias sobre Funcional Analítico, ele fez com que vários discípulos se interessassem em estudar esse ramo da Matemática. A partir de 1934 e durante as décadas de 1940 e 1950, essa foi uma das áreas da Matemática mais estudadas por matemáticos brasileiros.

Além de dar início à formação de uma biblioteca especializada em Matemática para a USP, Fantappiè também introduziu na USP a salutar prática da realização periódica de seminários de formação, criando o Seminário Matemático e Físico, a exemplo do que se fazia nas universidades italianas, e que funcionou mesmo depois do regresso de Fantappiè à Itália, por ocasião do advento da Segunda Guerra Mundial.

Outro matemático italiano que chegou em seguida para trabalhar na USP, por indicação de Fantappiè, foi Giacomo Albanese, que chegou em 1936. Ele se destacou na Itália nos estudos das Variedades Algébricas e Geometria Algébrica. Essas variedades se tornaram, a partir da década de 1960, uma importante ferramenta no estudo da Geometria Moderna. Albanese regeu a cadeira de Geometria, na FFCL-USP, e também a cadeira de Geometria Analítica e Projetiva, na Escola Politécnica da USP. Também regressou à Itália com o advento da Segunda Guerra Mundial. Albanese, porém, voltou a São Paulo em 1946, onde faleceu em 1957. Fantappiè e Albanese impulsionaram o ambiente matemático, de estudos e pesquisa, em São Paulo e no Brasil da época.

Ainda na década de 1930, na cidade do Rio de Janeiro, vários educadores, liderados por Anísio Teixeira (1900–1971), fundaram em 1935, a Universidade do Distrito Federal (UDF), instituição constituída de escolas voltadas para o ensino e para a pesquisa básica continuada. A Escola de Ciências também foi responsável pelo ensino da Matemática. A UDF foi um marco de transformação da universidade brasileira. Foi extinta em 1939 para ser criada a FNFi-UB.

Da década de 1930 é que notamos claros sinais do início de formação da comunidade matemática brasileira. Na década de 1930 em diante, iniciando em 1934, começou a formação de uma escola matemática brasileira. Antes da década de 1930, havia entre alguns matemáticos brasileiros — os pioneiros, como Otto de Alencar Silva, Manuel Amoroso Costa, Lélio Gama e Theodoro Ramos — a preocupação também de fazer pesquisa matemática e publicar um resultado novo.

A partir da segunda metade da década de 1930, já observamos outros sinais por parte dos membros da comunidade matemática brasileira, como a preocupação em fazer pesquisa científica continuada. Logo após um breve espaço de tempo, percebemos a incorporação, por parte da comunidade científica brasileira, do verdadeiro espírito da pesquisa científica, qual seja, a preocupação em considerar também, em suas pesquisas, a importância para a comunidade matemática internacional dos resultados obtidos em seus trabalhos.

Após essa fase, notamos outro sinal: a preocupação por parte de alguns professores em formar discípulos em suas áreas de pesquisas. Outro sinal que percebemos: o desejo, por parte dos membros da comunidade matemática brasileira, de congregarem-se em associações de âmbito local ou nacional e de criar boas revistas periódicas especializadas em Matemática, que seriam os espaços para publicar os resultados de suas pesquisas.

Outro sinal foi o desejo dos membros da comunidade matemática em publicar e divulgar no país bons livros didáticos sobre Matemática, escritos por matemáticos brasileiros ou estrangeiros. O objetivo central era iniciar uma bibliografia sobre Matemática, preferencialmente em língua portuguesa.

Listamos a seguir alguns dos livros didáticos que foram publicados após 1930, fazendo parte do esforço de criação de uma bibliografia matemática brasileira: *Introdução à teoria dos conjuntos* e *Séries numéricas*, ambos de Lélio Gama; *Curso de análise matemática*, de Luigi Fantappiè; *Leçons sur le calcul vectoriel* (em francês), de Theodoro A. Ramos; *Espaços de Hilbert*, de André Weil; *Teoria dos ideais* e *Anéis locais generalizados*, de Oscar Zariski; *Teoria dos corpos comutativos* e *Análise harmônica*, de Jean Dieudonné; *Curso de análise matemática*, em sete volumes, de Omar Catunda; *Funções de variáveis complexas* , de Luiz Adauto Medeiros; *Espaços vetoriais topológicos*, de A. Grothendieck; *Filtros e ideais*, de António A. Monteiro; *Elementos da teoria dos grupos*, de Alberto de Azevedo, R. Piccinini; *Introdução à teoria das funções*, de Richard Courant (tradução para o português de Leo Barsotti); *Teoria dos conjuntos e espaços métricos* , de E. H. Spanier (tradução para o português de Newton C. A. da Costa); *Algèbre homologique*, de Jean P. Lafon; *Fundamentals of Banach Algebras*, de Kenneth Hoffman; *Introdução às variedades diferenciáveis*, de Elon L. Lima; *Curso de análise matemática*, em três volumes, e *A integral de Lebesgue*, ambos de José Abdelhay; *Aplicações da topologia à análise*, de Chaim S. Hönig; *Elementos de cálculo diferencial e integral*, de W. A. Granville, P. F. Smith e W. R. Longley (tradução para o português de José Abdelhay). A partir de 1948, foram criadas, pelo matemático português Dr. António A. Monteiro, radicado na cidade do Rio de Janeiro, as *Notas de Matemática*, importantes textos que foram disseminados pelo país. Daremos mais detalhes a respeito desses textos mais adiante.

Com início na década de 1970, algumas editoras brasileiras passaram a publicar, em língua portuguesa, livros didáticos sobre Matemática. Embora alguns deles fossem traduções, a grande maioria foi escrita por matemáticos brasileiros. Citamos alguns títulos: *Cálculo I, II, III*, de Geraldo S. S. Ávila; *Iniciação ao estudo das equações diferenciais e suas aplicações*, de Homero P. Caputo; *Análise I*, de Djairo G. Figueiredo; *Tópicos de álgebra*, de I. N. Herstein (tradução para o português de Jacy Monteiro); *Álgebra linear*, de K. Hoffman e R. Kunze; *Análise de Fourier*, de P. H. Hsu; *Elementos de álgebra*, de L. H. Jacy Monteiro; *Elementos de topologia geral*, de Elon L. Lima; *Cálculo numérico*, de Edmund W. Milne; *Vetores e matrizes*, de Nathan M. dos Santos; *Introdução à álgebra linear*, de João B. Pitombeira; *Iniciação às equações diferenciais parciais*, de Luiz Adauto Medeiros e Nirzi G. de Andrade; *Cálculo vetorial e geometria analítica*, de Maria Helena Novais; *Álgebra linear*, de Serge Lang (tradução para a língua portuguesa de F. Tsu); *Introdução às funções complexas*, de Luiz Adauto Medeiros; *Cálculo avançado, I, II*, de W. Kaplan (tradução para o português de F. Tsu); *Introdução à álgebra*, de Leopoldo Nachbin.

A direção do Instituto de Matemática Pura e Aplicada (IMPA) também passou a editar coleções que eram e são livros textos em várias áreas da Matemática, os quais, em geral, reproduziam cursos, avançados ou não, ministrados durante os Colóquios, bem como a reprodução de bons cursos ministrados em algumas instituições. Assim, encontramos na coleção Monografias do IMPA o texto de Alberto de Azevedo e Renzo Piccinini, intitulado *Introdução à teoria dos grupos*.

Por sua vez, a Sociedade Brasileira de Matemática (SBM) criou a coleção Fundamentos da Matemática Elementar, na qual foram publicados, dentre outros, os textos: *Trigonometria*, de Manfredo Perdigão do Carmo; *Áreas e volumes*, de Elon Lages Lima; *Números irracionais e transcendentes*, de Djairo G. de Figueiredo; *Episódios da história da Matemática*, de Asger Aaboe.

As revistas periódicas que abordavam exclusivamente Matemática pura ou aplicada, criadas após a década de 1930, foram:

- *Jornal de Matemática Pura e Aplicada USP*, a primeira revista dedicada a trabalhos de pesquisa Matemática publicada no Brasil. Tinha circulação internacional. Foi editada sob a responsabilidade financeira da FFCL-USP, e seu primeiro e único número, com mais de 97 páginas, foi publicado em junho de 1936. A revista era dividida em duas partes, uma dedicada a artigos de pesquisa e outra dedicada a informações gerais sobre matemática. Os artigos publicados na primeira parte da revista foram: "Proprietá in grande delle linee piane convesse", de Beniamino Segre, professor da Universidade de Bolonha, e "Sopra le equazioni funzionali non lineari nel campo complesso", de Silvio Cinquini, professor da Universidade de Pisa.

  Na segunda parte, dedicada a Notícias Várias, a partir da página 85, encontramos as atividades do Seminário Matemático e Físico da USP, que foram realizadas no ano de 1935. Citaremos algumas dessas atividades: *Estudo dos pontos singulares das funções analiticas pelo desenvolvimento em série de potências*, por Fernando Furquim de Almeida; *Origem e desenvolvimento da teoria dos Funcionais*, por Luigi Fantappiè; *Números transfinitos*, por Mario Schenberg. Formavam o Comitê Editorial Luigi Fantappiè, Giacomo Albanese, Gleb Wataghin. Seu diretor era Luigi Fantappiè; seu diretor administrativo, Ernesto Luiz de Oliveira Júnior; e o secretário, Narciso Menciassi Lupi.

- *Summa Brasiliensis Matematicae*, fundada em 1945. Revista de nível internacional, foi financiada pelo Instituto Brasileiro de Educação, Ciência e Cultura, com sede no Centro Brasileiro de Pesquisas Físicas (CBPF), na cidade do Rio de Janeiro. Seu último fascículo foi publicado em 1968.

- *Boletim da Sociedade de Matemática de São Paulo*, cujo primeiro volume foi publicado em 1946, e o último, em 1966.

- *Revista Científica*, uma publicação de responsabilidade dos Departamentos de Matemática, Física, Química e História Natural da FNFi-UB. Fundada em 1950.

- *Revista Brasileira de Estatística*, fundada na década de 1940.

- *Anuário da Sociedade Paranaense de Matemática*, revista fundada em 1950 e interrompida em 1960.

- *Boletim da Sociedade Paranaense de Matemática*, fundado em 1958. Sua publicação foi interrompida em 1968 e retomada em 1980.

- *Monografias da Sociedade Paranaense de Matemática*, iniciada em 1984.

- *Notas de Matemática e Física*, fundada em 1953, uma publicação trimestral da FFCL-USP. O número 1, de julho-setembro de 1953, contém, entre outros, os artigos: "O ensino da matemática na escola secundária", de David Bohm; "Sobre as equações das bissetrizes de um triângulo", de Rômulo Ribeiro Pieroni; "Triângulos com duas bissetrizes iguais são isósceles", de Ubiratan D'Ambrosio. O número 2, de outubro-dezembro de 1953, publicou, entre outros, os artigos: "Nota sobre as congruências de ângulos", de Benedito Castrucci; "Sequência de matrizes $N \times 1$", de Nelson Onuchic. Sua diretoria era constituída por: Ubiratan D'Ambrosio (diretor), Plínio Castrucci (vice-diretor), Iracema Martin (primeira secretária), Amélia Império (segunda secretária) e Milton Damato (terceiro secretário).

A partir de 1969, foram fundadas as seguintes revistas:

- *Boletim da Sociedade Brasileira de Matemática*, revista fundada em 1969;
- *Revista do Professor de Matemática* e *Matemática Universitária*, duas publicações da Sociedade Brasileira de Matemática (SBM);
- *Matemática Aplicada e Computacional*, revista da Sociedade Brasileira de Matemática Aplicada e Computacional (SBMAC);
- *Educação Matemática em Revista*, publicação da Sociedade Brasileira de Educação Matemática (SBEM);
- *Jornal de Matemática e Estatística*, fundado em 1979 na Universidade Estadual de Campinas (Unicamp).

Relembramos que, na década de 1920 e 1930, existiu a revista mensal *Revista Brasileira de Matemática Elementar*, depois *Revista Brasileira de Matemática*, sob a responsabilidade de Salomão Serebrenick e Júlio Cesar de Mello e Souza (Malba Tahan), uma revista dedicada à divulgação matemática. Nas décadas de 1940 e 1950, existiu uma revista de recreações matemáticas intitulada *Al-Karismi*, sob a responsabilidade de Malba Tahan.

A partir da década de 1940, foram fundadas, no Brasil, as Sociedades Científicas de Matemática. A primeira foi a Sociedade de Matemática de São Paulo, fundada em 1945 no seio da USP. Ela foi extinta em 1969, quando da fundação da Sociedade Brasileira de Matemática. A segunda sociedade de Matemática a ser fundada no país foi a Sociedade Paranaense de Matemática, criada na cidade de Curitiba, em 31 de outubro de 1953. Em 1978, foi fundada a SBMAC. Na década de 1980, foi fundada a SBEM, que tem por objetivo congregar profissionais da área de Educação Matemática. Nos anos de 1990 foi fundada a Sociedade Brasileira de História da Matemática (SBHMat).

8.1 AS CONTRIBUIÇÕES DE MATEMÁTICOS ESTRANGEIROS

Devido à deflagração da Segunda Guerra Mundial, imigrou da Polônia para o Brasil o matemático Zbigniew Lepecki (1902–1949), graduado pela Universidade de Varsóvia e doutor em Ciências Matemáticas pela Universidade de Wilno, onde, em 5 de junho de 1939, defendeu a tese intitulada *O Metodzie Riemann w teorii szeregów trygonometrycznych podwójnych* (Sobre o método de Riemann na teoria das séries trigonométricas duplas), orientada pelo Prof. Antoni Zygmund (1900–1992),[2] na área da Análise Matemática. O Prof. Dr. Zbigniew Lepecki chegou a Curitiba em 1940 e foi contratado de 1940 a 1943 para reger as cadeiras (disciplinas) Análise Matemática e Análise Superior, Geometria Analítica, do Departamento de Matemática da Faculdade de Filosofia, Ciências e Letras do Paraná (FFCL-PR).[3]

A cadeira Análise Matemática e Análise Superior era do Prof. Flávio Suplicy de Lacerda, que havia solicitado licença. Esse professor era graduado em Engenharia Civil pela Escola Politécnica de São Paulo e era docente da Escola de Engenharia da Universidade do Paraná. Ele ganhou a cátedra de Análise Matemática e Análise Superior quando da criação do curso de Matemática na FFCL-PR. Em verdade, Flávio Suplicy de Lacerda não ministrou aulas na FFCL-PR. Foi reitor da Universidade do Paraná, depois Universidade Federal do Paraná, durante os anos de 1949 a 1964 e, depois, de 1967 a 1971. Entre 1964 e 1966, foi ministro da Educação e Cultura. É dele a "Lei nº 4.759, de 20 de agosto de 1965", que dispõe sobre a denominação e qualificação das Universidades e Escolas Técnicas Federais (BRASIL, 1965).

Lepecki foi quem primeiro publicou um artigo de pesquisa em matemática na cidade de Curitiba, intitulado "Sobre certos teoremas de séries trigonométricas duplas" (LEPECKI, 1940–1941). Nesse trabalho, iniciado quando trabalhava, ainda na Polônia, sobre sua tese de doutorado, o autor estuda propriedades das séries trigonométricas múltiplas que eram desconhecidas. Ao chegar a Curitiba, ele passou a aprofundar os resultados obtidos inicialmente. O artigo do Prof. Lepecki divide-se em duas partes. Na primeira parte, ele aborda o valor prático e teórico das séries trigonométricas, em particular o valor das séries de J. B. J. Fourier (1768–1830), que são da forma:

$$\frac{a_0}{2} + \sum_{n=1}^{\infty} (a_n \cos nx + b_n \operatorname{sen} nx) . \tag{8.1}$$

Com

$$\begin{aligned} a_0 &= \frac{1}{2\pi} \int_{-\pi}^{\pi} f(x)dx, \\ a_n &= \frac{1}{\pi} \int_{-\pi}^{\pi} f(x) \cos nxdx, \\ b_n &= \frac{1}{\pi} \int_{-\pi}^{\pi} f(x) \operatorname{sen} nxdx, \\ n &= 1, 2, 3, \ldots \end{aligned}$$

[2]O Prof. A. Zygmund imigrou para os Estados Unidos e lá obteve um posto acadêmico na Universidade de Chicago. Em 1974, fez parte do Fields Medal Committee, que concedeu a Medalha Fields a Enrico Bombieri e David Mumford.

[3]Instituição que pertencia aos Irmãos Maristas.Nos anos 1970, essa instituição deu origem à atual Pontifícia Universidade Católica do Paraná (PUC-PR).

Em seus trabalhos, Fourier divulgou a ideia de que qualquer função $f(x)$ pode ser expandida por uma série da forma (8.1) (Cf. FOURIER, 1888–1890, p. 189). Posteriormente, P. G. Lejeune Dirichlet (1805–1859) estudou também esse assunto e estabeleceu a convergência da série de Fourier. Entre 1837 e 1838, P. G. Lejeune Dirichlet definiu a noção geral de função que utilizamos nos dias atuais.

Na segunda parte de seu artigo, o Prof. Lepecki estendeu às séries trigonométricas duplas alguns teoremas da teoria de B. Riemann (1826–1866) sobre séries trigonométricas de funções de uma variável.

Após o período de contrato, o chefe do Departamento de Matemática da FFCL-PR não se interessou em manter o Prof. Dr. Lepecki em Curitiba. Teria havido pressão por parte dos proprietários da FFCL-PR?

Assim, em 1943, o Prof. Dr. Lepecki se transferiu, com sua família, para a cidade de Belo Horizonte (MG). E, desse modo, o ambiente científico em Curitiba perdeu a contribuição de um doutor em Matemática.

Em 1952, chegou a Curitiba, após passar pela cidade do Rio de Janeiro, o matemático português João Remy T. Freire. Ele fora um dos refugiados políticos do governo português da época e fazia parte do grupo de matemáticos da escola portuguesa. Remy Freire foi contratado pela FFCL-PR para exercer as disciplinas Estatística Geral e Aplicada, Análise Matemática e Superior, respectivamente, nos cursos de Ciências Sociais e de Matemática. Freire impulsionou o ambiente matemático em Curitiba.

De imediato, Remy Freire atraiu para suas aulas alunos talentosos do curso de Engenharia da UPR que queriam estudar Matemática. Depois, criou a realização periódica de seminários com seus alunos e fundou, em 1953, a Sociedade Paranaense de Matemática (SPM), que se mantém nos dias atuais sob a direção de colegas da Universidade Estadual de Maringá (UEM).

O Prof. Remy Freire rapidamente se aproximou dos professores do curso de Matemática, em especial dos jovens docentes Jayme Machado Cardoso e Newton Carneiro A. da Costa. Esses professores foram estimulados a estudar Matemática pelo Prof. J. Remy e optaram por dedicar-se à Matemática, embora fossem também graduados em engenharia civil pela Faculdade de Engenharia da UPR.

A SPM iniciou várias atividades matemáticas para alunos e professores do ensino secundário e do ensino superior. No início da década de 1950, foi realizada em Curitiba, uma reunião anual da SBPC, evento científico ao qual compareceram vários matemáticos residentes no eixo Rio de Janeiro-São Paulo. A diretoria da SPM aproveitou esse fato e convidou alguns deles para realizarem conferências.

Em 1958, a diretoria da SPM decidiu convidar, por sugestão do Prof. J. Remy, o Prof. Manuel Zaluar Nunes, que estava trabalhando em Recife, para ministrar um curso de férias em Curitiba. A partir da década de 1980, a SPM reativou seu periódico *Boletim da SPM*, até então interrompido, passando a realizar anualmente a Olimpíada Estadual de Matemática para alunos do segundo grau, classificando-os para a Olimpíada Brasileira de Matemática, atividade realizada pela SBM. Passou, também, a realizar seu grande evento científico anual, o Encontro de Matemática no Paraná, evento que congrega matemáticos e professores de Matemática do Paraná e da Região Sul do Brasil.

No final da década de 1950, o Dr. João Remy partiu para a cidade de Santiago, Chile, para assumir um cargo em um dos órgãos das Nações Unidas. Lamentavelmente, a formação de um bom ambiente matemático em Curitiba não teve continuidade. Algo inexplicável aconteceu com os responsáveis pela manutenção desse ambiente. Curitiba era, na época, uma cidade pequena, com excelente qualidade de vida, possuidora de bom clima, bom ambiente cultural e uma população culta, além de ser capital de um rico e próspero estado.

Contudo, jamais floresceu com vigor, em Curitiba, um ambiente matemático de nível elevado. Em verdade, o Departamento de Matemática da UPR, depois UFPR, sempre esteve fechado a professores oriundos de outras cidades, de outros estados, mesmo após a reforma universitária ocorrida na década de 1970. Talvez os escritos de Freud (1856–1939) possam explicar o que aconteceu no Departamento de Matemática da UFPR.

Ainda durante a década de 1940 e logo após o término da Segunda Guerra Mundial, foram contratados alguns matemáticos estrangeiros para lecionar em instituições de vários estados. Assim, chegou para trabalhar na USP o matemático francês André Weil, um dos brilhantes matemáticos de sua geração. Ele chegou a São Paulo em 1945 e ali permaneceu até o ano de 1947. Na França, ele participou do Seminário Gaston Julia e foi um dos fundadores do grupo Nicolas Bourbaki (Seminário Bourbaki). Logo após, chegou para trabalhar, também na USP, como professor visitante, Oscar Zariski (para detalhes sobre o trabalho desses dois matemáticos na USP, cf. da Silva (2013)).

Outros matemáticos estrangeiros também foram contratados pela USP como professores visitantes: Jean Dieudonné, Jean A. F. Delsarte, L. Schwartz e A. Grothendieck, dentre outros. Este foi ganhador da Medalha Fields, em 1966, durante o Congresso Internacional de Matemáticos, realizado em Moscou, Rússia.[4]

De 1946 a dezembro de 1947, Jean Dieudonné ministrou, na USP, um curso de extensão em Álgebra, intitulado Teoria dos Corpos Comutativos, que atraiu muitos interessados de várias partes do país. As notas de aulas desse curso foram redigidas por Luiz H. Jacy Monteiro e publicadas, em forma de livro, sob a responsabilidade financeira da Sociedade de Matemática de São Paulo. Ele e outros matemáticos franceses também estiveram como professores visitantes na FNFi-UB, na cidade do Rio de Janeiro.

Com a chegada à USP desses e de outros matemáticos estrangeiros, os professores e alunos de São Paulo foram postos em contato com as principais correntes de desenvolvimento da Matemática da época. Eles passaram a estudar tópicos como Análise Funcional; Espaços Métricos; Teoria dos Conjuntos, em nível avançado; Topologia Geral; Álgebra Abstrata, Álgebra Linear, Geometria Algébrica etc.

Na cidade do Rio de Janeiro, a instituição pioneira no ensino e na pesquisa em Matemática avançada foi a FNFi-UB, criada pelo Decreto-Lei nº 1.190, de 4 de abril

[4] A Medalha Fields é uma premiação quadrienal para matemáticos jovens, até 40 anos, que tenham dado importantes contribuições à Matemática nos últimos quatro anos anteriores à premiação. É a mais alta distinção mundial em Matemática, cujo valor científico se equipara ao valor do Prêmio Nobel. Vem sendo entregue desde 1936, com interrupções durante a 2ª Guerra Mundial, durante a realização do Congresso Internacional de Matemáticos.

de 1939, como uma unidade da Universidade do Brasil (UB). O Departamento de Matemática da FNFi-UB passou a ofertar o curso de graduação em Matemática. Para compor o corpo docente do Departamento de Matemática, a FNFi-UB contratou, entre 1939 e 1940, além de professores brasileiros, o matemático italiano Gabrielle Mamanna (1893–1980), que regeu até 1943 a cátedra de Análise Matemática e Análise Superior, e trabalhava, em Análise Matemática, com ênfase em Cálculo das Variações; Achille Bassi (1907–1973), que regeu a cátedra de Geometria e introduziu no ensino universitário da cidade do Rio de Janeiro as primeiras noções de Topologia Algébrica; e Luigi Sobrero (1909–1979), físico teórico que fora contratado pelo Departamento de Física e que trabalhava, em Física Matemática, com a Teoria da Elasticidade.

A qualidade das aulas ministradas pelo por Mamanna e a atualização dos conteúdos ministrados logo se divulgaram na cidade do Rio de Janeiro. Dentre os alunos de outras unidades da UB que se interessaram pelos assuntos ministrados por ele, citaremos Leopoldo Nachbin (1922–1993), que era aluno da Escola Nacional de Engenharia (ENE) da UB. Ele passou a assistir, como aluno ouvinte, as aulas ministradas na FNFi-UB por Mamanna.

Mamanna percebeu o talento de Nachbin e logo passou a indicar assuntos especiais em Análise Matemática para seus estudos. Cabe lembrar que, nessa época, a legislação federal referente ao ensino superior proibia que um aluno se matriculasse, simultaneamente, em dois cursos de graduação na mesma universidade.

São dessa fase os primeiros artigos publicados por Nachbin nos *Anais da Academia Brasileira de Ciências* e em outros periódicos, por exemplo, o artigo "Sobre a permutabilidade entre operações de passagem ao limite e de integração de equações diferenciais", publicado nos *Anais da Academia Brasileira de Ciências*, tomo 13, pp. 327–335, 1941. G. Mammana apresentou esse artigo à ABC em sessão realizada em 8 de julho de 1941. Nele, Nachbin usa ideias de Análise Funcional.

A partir de então, e em contato com outros matemáticos do exterior, Nachbin passou a dedicar-se aos estudos, ensino, pesquisa em formação de discípulos em Análise Matemática.

Ao retornar à Itália, em 1943, Gabrielle Mamanna indicou para substituí-lo seu assistente, o Prof. José Abdelhay (1917–1996), graduado em Matemática pela FFCL-USP, que foi indicado catedrático interino de Análise Matemática e Análise Superior.

Em 1945, chegou à cidade do Rio de Janeiro, com um contrato de quatro anos para trabalhar na FNFi-UB, o matemático português Prof. Dr. António A. R. Monteiro (1907–1980). Ele fora um excelente matemático e, obteve seu *Doctorat d'État* em 1936, na Sorbonne Université, Faculté des Sciences, sob orientação de Maurice Fréchet (1878–1973), com a tese intitulada "Sur l'additivité des noyaux de Fredholm". António Monteiro desenvolveu uma carreira científica sólida e consistente. O impacto de sua atuação enquanto Professor Visitante do Departamento de Matemática da FNFi-UB foi realçado no artigo de Leopoldo Nachbin "The influence of António A. Ribeiro Moteiro in the development of mathematics in Brazil", Port. Math, vol. 39, Fasc. 1–4, pp. XV-XVII (1980).

O Prof. Dr. António Monteiro, por discordar da política do governo português da época, foi perseguido e obrigado a deixar Portugal como refugiado político. Outros membros do grupo conhecido por escola portuguesa de matemática também tiveram de deixar Portugal.

Na FNFi-UB, o Prof. António Monteiro iniciou seus alunos em cursos e seminários de formação que abordavam tópicos como: Topologia, Espaços de Hilbert, Análise Funcional, Álgebra de Boole, Reticulados e Conjuntos Ordenados, assuntos atuais para a época. Matemático competente e pessoa muito dinâmica, António Monteiro fez escola e muitos amigos na cidade do Rio de Janeiro e no Brasil.

Alguns dos alunos que frequentavam suas aulas, na FNFi-UB, como ouvintes cursavam a ENE e, posteriormente, dedicaram-se à Matemática, como foi o caso de Leopoldo Nachbin e Maurício Matos Peixoto. Dentre as iniciativas do Prof. António Monteiro, citamos a criação, em 1948, de uma importante série de monografias: *Notas de Matemática*, financiada pela FNFi-UB. Essa publicação, depois da saída de António Monteiro do país, foi dirigida pelo Prof. Leopoldo Nachbin, passando a ser financiada pelo CBPF e posteriormente pelo IMPA.

Não havia boa literatura matemática em língua portuguesa circulando no Brasil da época. Assim, uma das preocupações da emergente comunidade matemática brasileira fora a publicação de bons livros em matemática para os alunos dos cursos de graduação.

Listamos a seguir alguns títulos publicados pelas *Notas de Matemática*: *combinação de topologias pseudo-metrizáveis e metrizáveis*, de L. Nachbin; *Filtros e ideais I*, de A. A. Monteiro; *Reticulados vetoriais*, de J. Abdelhay; *Convexidade das curvas*, de Maurício Matos Peixoto; *Espaços projetivos: reticulados de seus subespaços*, de Maria Laura Mouzinho; *Curso de topologia geral*, de S. Mac Lane; *Introdução à teoria de Galois*, de I. Kaplanski; *Formas diferenciais exteriores e sua aplicação à dinâmica*, de Lindolpho C. Dias; *Teoria das superfícies de Riemann*, de A. A. M. Rodrigues; *Introdução às álgebras de Banach*, de Luiz Adauto Medeiros; *Introdução à programação linear*, de Mário Henrique Simonsen; *Estruturas folheadas*, de G. Reeb; *The energy method in nonlinear partial differential equations*, de Walter Alexander Strauss; *Ideais em anéis de tipo infinito*, de Paulo Ribenboim; *Decompositions of the sphere*, de Djairo Guedes de Figueiredo. As *Notas de Matemática* foram divulgadas nos principais centros universitários do país e serviram de texto para diversos cursos de graduação.

Ainda na década de 1940, foi iniciada outra série de publicações: *Cadernos de Matemática*, uma publicação da cadeira Análise Matemática e Análise Superior da FNFi-UB. O número 1 foi publicado em 1949, contendo o trabalho *Transformações Lineares nos Espaços de Hilbert*, de José Abdelhay.

L. Nachbin se aproximou do Prof. Dr. António Monteiro. Assistiu a algumas de suas aulas e seus sumários, e tornaram-se amigos. Por sugestão de António Monteiro, que o incentivou aos estudos das áreas por ele ministradas, a existência, na época, de um teorema de autoria do matemático Marshall Stone para uma álgebra de Boole, explicitando que "um ideal é maximal se, e somente se, ele for primo", António Monteiro sugeriu a L. Nachbin a solução de uma questão recíproca para o teorema de Marshall Stone.

Assim, em 1947, L. Nachbin publicou o artigo intitulado "Une propriété charactéristique des algèbres booleiènnes", em que um reticulado distributivo contendo o primeiro e último elemento é uma álgebra de Boole se, e somente se, todo ideal primo for máximo.

Também no ano de 1947, por sugestão de António Monteiro, o Departamento de Matemática da FNFi-UB contratou L. Nachbin como professor regente da cadeira Análise Matemática e Superior, com contrato de trabalho de um ano, como era habitual na época. Entre fins de 1947 e início de 1948, e por sugestão de António Monteiro, L. Nachbin realizou concurso para livre-docente de Análise Matemática e Superior no Departamento de Matemática da FNFi-UB e foi aprovado. O grau de livre-docente era equivalente ao grau de doutor. Lembramos que nessa época o governo federal ainda não havia institucionalizado os cursos de pós-graduação *stricto sensu* no país.

Para esse concurso, L. Nachbin apresentou a tese intitulada *Combinação de topologias pseudo-metrisáveis e metrisáveis*, assunto muito atual para a Matemática dos anos 1940. Nessa época, a Topologia era um importante campo de pesquisa científica na Europa e nos Estados Unidos. L. Nachbin ministrou, na prova didática desse concurso, uma aula intitulada "A noção do espaço abstrato de Hilbert".

Por motivos que desconhecemos, o reitor da Universidade do Brasil, Prof. Pedro Calmon, não renovou, em 1949, o contrato de trabalho do Prof. António A. Monteiro. Conjecturamos que o governo fascista de António de Oliveira Salazar (1889–1970) estaria envolvido nesse lamentável episódio.

A partir desse fato, isto é, a não renovação de seu contrato de trabalho pela FNFi-UB, António Monteiro foi convidado para trabalhar na Argentina, e para lá se transferiu. Chegou à Argentina em 20 de dezembro de 1949 para trabalhar na Faculdade de Engenharia da Universidad Nacional de Cuyo, sediada na cidade de San Juan. Em 1957, ele se transferiu para a Universidad Nacional Del Sur, Bahia Blanca, para onde foi com a missão de organizar o curso de licenciatura em Matemática, bem como o Instituto de Matemática dessa universidade. E, assim, o Brasil perdeu o concurso desse matemático português.

Em 1989, o Prof. Dr. Leopoldo Nachbin tornou-se o editor da série *North-Holland Mathematics Studies*, como uma continuação da série brasileira *Notas de Matemática*, criada por António. A. Monteiro. Uma de suas características na universidade era a preocupação com a formação de discípulos.

L. Nachbin, um cientista de elite, publicou trabalhos nas seguintes subáreas da Análise Matemática: Ordem, Topologia, Análise Harmônica, Topologia e Ordem, Espaços Vetoriais Topológicos, Espaços Vetoriais Topológicos Ordenados, Teoria de Aproximação, Holomorfia. Nesse contexto, ele publicou resultados relevantes em: Espaços de Funções Contínuas, Aproximação Ponderada de Funções Contínuas, Holomorfia em Dimensão Infinita, Aproximação de Funções Diferenciáveis. Dentre os artigos publicados por ele sobre Holomorfia em Dimensão Infinita, os trabalhos nos quais L. Nachbin introduziu as topologias τ_ω e τ_δ foram, nessa área, os que tiveram maior repercussão junto à comunidade matemática internacional. Mas seu trabalho de maior impacto junto a ela foi o artigo intitulado "A theorem of the Hahn-Banach type for linear transformations", de 1950.

O resultado obtido por L. Nachbin nesse artigo generaliza o conhecido teorema de Hahn-Banach para transformações lineares. Seja E um espaço de Banach sobre

K, e M um subespaço de E. O teorema de Hahn-Banach afirma que: cada funcional linear contínuo $\varphi\colon M \to K$ admite uma extensão linear contínua, $\widetilde{\varphi}\colon E \to K$ com a mesma norma, resultado que é encontrado na literatura matemática referente à Análise Funcional e aplicações e em Espaços Vetoriais Topológicos. Ao leitor interessado em detalhes técnicos sugerimos a leitura do artigo de Nachbin.

L. Nachbin participou ativamente da dinâmica emergente das atividades científicas que envolveram a comunidade matemática internacional do período pós-Segunda Guerra Mundial. Ele formou diversos discípulos no Brasil e no exterior.

Em 1951, Luis Adauto da Justa Medeiros, então cursando Matemática da FNFi-UB, foi aluno do Prof. L. Nachbin na disciplina Teoria das Distribuições, um assunto recente, iniciado pelos trabalhos do matemático russo S. L. Sobolev (1908–1989) e depois desenvolvido pelo matemático francês L. Schwartz (1915–2002). Vale lembrar que, em 1950, L. Schwartz ganhou o prestigiado Prêmio Medalha Fields pelo desenvolvimento da Teoria das Distribuições.

Luis Adauto da Justa Medeiros, um aluno talentoso, ao graduar-se pela FNFi-UB, foi contratado, a convite do Prof. José Abdelhay, como professor auxiliar de ensino do Departamento de Matemática da FNFi-UB. Passou dois anos fazendo estudos pós-graduados por meio de seminários, sob orientação do Prof. L. Nachbin.

No início dos anos 1960 e, com o apoio de L. Nachbin, Luis Adauto Medeiros foi aceito pelo Prof. Dr. Felix E. Browder (1927–2016) para fazer o doutorado em Matemática sob sua orientação na Yale University, nos Estados Unidos. Os resultados do trabalho de L. A. Medeiros sob orientação de F. E. Browder formaram sua tese de doutorado, intitulada *Equação não linear de ondas, com coeficientes variando com o tempo, em espaços de Hilbert*, defendida em 1965, na área Análise Matemática.

No Brasil, L. A. Medeiros dedicou-se ao ensino e à pesquisa em Equações Diferenciais Parciais (EDP) na UB, depois UFRJ. Luis Adauto Medeiros, L. Nachbin e outros professores organizaram o Instituto de Matemática da Universidade Federal do Rio de Janeiro (IM-UFRJ), criaram novos programas para as disciplinas dos cursos ofertados pelo IM-UFRJ, criaram os cursos de pós-graduação *stricto sensu* ofertados pelo IM-UFRJ e fizeram com que essa unidade da UFRJ gozasse de prestígio nacional e internacional junto à comunidade matemática.

O Prof. Luis Adauto da Justa Medeiros foi o responsável pela criação e pelo desenvolvimento dos estudos e da pesquisa em EDP no Brasil, a partir da UFRJ. Uma das características do Prof. Dr. Luis Adauto Medeiros é a dedicação à formação de discípulos (para detalhes sobre os estudos, as atividades de ensino, pesquisa e administrativas de L. A. Medeiros, ver da Silva (2021)).

Ele trabalhou ininterruptamente por vários anos, abordando diversos problemas em Análise Matemática, em particular nas EDP e suas aplicações, com enfoque na Mecânica dos Sólidos e dos Fluidos. O Prof. Dr. L. A. Medeiros, atualmente aposentado pelo IM-UFRJ, formou um grande contingente de especialistas em EDP; seus descendentes matemáticos de primeira geração, que, por sua vez, formaram e continuam formando seus próprios descendentes matemáticos, são os continuadores da obra iniciada pelo mestre.

Vieram também, como professores visitantes após a Segunda Guerra Mundial, no final dos anos 1940 e início dos anos 1950 para trabalhar na Universidade do Brasil, os matemáticos norte-americanos Warren Ambrose, A. Adrian Albert e Marshall H. Stone. Este desenvolveu na FNFi-UB a disciplina Anéis de Funções Contínuas, tópico da Matemática muito atual para a época.

Posteriormente, ainda na década de 1950, chegaram para trabalhar, como professores visitantes, no Departamento de Matemática da FNFi-UB, os seguintes matemáticos franceses: Jean Dieudonné, Charles Ehresman e Laurent Schwartz, este, ganhador da Medalha Fields em 1950, durante o Congresso Internacional de Matemáticos, realizado em Cambridge, nos Estados Unidos.

Obviamente, toda essa movimentação de excelentes matemáticos estrangeiros no entorno do Departamento de Matemática da FNFi-UB despertou o interesse dos jovens e talentosos residentes dos estados da região Sudeste e da região Nordeste do país. A cidade do Rio de Janeiro passou a ser outro bom centro do país no ensino e pesquisa em Matemática.

A partir da década de 1950, as instituições sediadas no eixo Rio de Janeiro-São Paulo passaram a desenvolver diversas atividades científicas, visando a compor seus quadros docentes com bons e qualificados matemáticos e a incentivar alunos talentosos ao estudo da Matemática.

O Instituto Tecnológico de Aeronáutica (ITA) criou programas de pós-graduação *stricto sensu* em Matemática e passou a contratar matemáticos brasileiros e estrangeiros. Em 1958, o Departamento de Matemática do ITA contratou o matemático chinês Prof. Dr. Kuo-Tsai Chen, que trabalhava na Universidade de Hong Kong. Ele obteve seu Ph.D. em Matemática pela Columbia University, nos Estados Unidos. Nessa década também trabalhou no Departamento de Matemática do ITA, como professor visitante, o matemático Dr. Francis D. Murnaghan.

Na cidade de Rio Claro, em São Paulo, começou a funcionar, em 1959, o Departamento de Matemática da Faculdade de Filosofia, Ciências e Letras. Para lá foi transferido o Prof. Dr. Nelson Onuchic, que estava trabalhando no ITA. Foi também incorporado a esse Departamento o Prof. Dr. Mário Tourasse Teixeira, que estava trabalhando na Faculdade de Filosofia, Ciências e Letras da USP, na qualidade de bolsista do CNPq.

Ainda nessa década, o Departamento de Matemática da Escola de Engenharia de São Carlos, da USP, passou a desenvolver diversas atividades matemáticas, visando a complementar a formação de seus quadros docente e discente. Nessa instituição, esteve em visita, durante o mês de fevereiro de 1959, o Prof. Dr. Otto Endler, do Instituto de Matemática da Universidade de Bonn na Alemanha. Ele estava como visitante do IMPA na cidade do Rio de Janeiro. Nessa mesma década, trabalhou durante vários anos, como professor contratado pelo Departamento de Matemática da Escola de Engenharia de São Carlos, o Prof. Dr. Jaurès P. Cecconi, que regressou à Itália em 1960 para assumir a cátedra de Análise na Universidade de Messina. Trabalhou ainda no Departamento de Matemática da Escola de Engenharia de São Carlos o Prof. Dr. Achille Bassi. Este se fixou nessa instituição.

No mês de março de 1959, esteve como visitante na FFCL-USP e sob os auspícios do IMPA o Prof. Dr. Juan Jorge Schäffer, do Instituto de Matemática e Estatística da Universidade de Montevidéu. Na USP, ele ministrou o curso Equações Diferenciais e Análise Funcional. O Prof. Schäffer também realizou uma conferência no ITA, nesse mesmo período. Em maio de 1960, chegou ao IMPA, com um contrato de quatro meses, o Prof. Dr. Felix E. Browder, da Yale University, nos Estados Unidos. Em julho de 1960, foi contratado pela Faculdade de Filosofia, Ciências e Letras da USP, por um período de quatro meses, o matemático francês Prof. Dr. Charles Ehresmann, da Universidade de Sorbonne, Paris.

Após sua inauguração nos anos 1960, a Unicamp criou, no Instituto de Matemática, Estatística e Computação Científica da Universidade Estadual de Campinas (IMECC-Unicamp), um bom Departamento de Matemática, com professores qualificados, além de programas de pós-graduação *stricto sensu* em Matemática. Atualmente, a Unicamp é uma das melhores universidades do Brasil.

Em 1952, por recomendação do Prof. Leopoldo Nachbin, o Prof. Newton Maia, da Escola de Engenharia de Recife, foi a Paris visitar o Prof. A. Pereira Gomes, que, à época, trabalhava nessa cidade. Em verdade, ele foi propor ao Dr. A. Pereira Gomes um contrato de trabalho para orientar e criar um Departamento de Matemática na Faculdade de Filosofia, Ciências e Letras da Universidade de Recife.

A ideia era criar um bom centro de Matemática em Recife, com a colaboração de professores estrangeiros, a exemplo do que fizera a USP. O Prof. A. Pereira Gomes aceitou os termos do contrato e chegou a Recife em fevereiro de 1953. Ele também trabalhou como professor da Escola de Engenharia da Universidade de Recife.

No ano de 1954, por iniciativa do Prof. Luiz Freire, foi fundado o Instituto de Física e Matemática da Universidade de Recife, atual Universidade Federal de Pernambuco (UFPE), onde passaram a ser desenvolvidas atividades extracurriculares de Matemática e Física, e que permitiram a criação de estudos pós-graduados. Em 1958, o Prof. A. Pereira Gomes viajou para Paris, com bolsa do CNPq, para realizar estudos no Instituto Henri Poincaré. Ele regressou a Recife em março de 1959.

Posteriormente, chegaram para trabalhar na Universidade de Recife, no Instituto de Física e Matemática, a convite de A. Pereira Gomes, os seguintes matemáticos portugueses, refugiados políticos: Manuel Zaluar Nunes; José Cardoso Morgado Jr., que chegou em 1960 (em 1957, estava preso na Colônia Penal de Santa Cruz do Bispo, Portugal) e trabalhara na Universidade do Porto, em Portugal; e Hugo Batista Ribeiro, que trabalhara na Universidade de Nebraska, Lincoln, Estados Unidos.

Hugo Batista Ribeiro chegou ao Brasil em julho de 1960 e ficou em Recife por um período de dois meses. Ministrou o curso Teoria dos Grupos Abelianos: noções, métodos e resultados fundamentais dessa teoria e desenvolvimentos análogos para a Álgebra Universal. Realizou também um seminário de formação sobre a Teoria dos Modelos, o Cálculo de Predicados e Álgebra Universal.

Nessa instituição também foi trabalhar, em 1962, o Prof. Dr. Ruy Luís Gomes, após passar uma temporada na Universidad Nacional Del Sur, em Bahia Blanca, Argentina. Em Portugal, ele fora preso várias vezes, julgado e condenado pelos tribunais políticos do regime salazarista. Assim, viu-se forçado a aceitar o convite da Universidad

Nacional Del Sur, partindo para a Argentina em setembro de 1958. Já estava trabalhando nessa instituição o Dr. A. A. Monteiro. Ainda em 1962, a convite do Dr. A. Pereira Gomes, chegou ao Instituto de Física e Matemática de Recife, como professor visitante, o Prof. Dr. Henri Morel, que lá ministrou o curso de iniciação à Teoria das Equações Diferenciais Operacionais e Problemas aos Limites.

Ainda pelo Instituto de Física e Matemática da Universidade de Recife passaram outros cientistas brasileiros e estrangeiros, como professores visitantes, a partir da década de 1950. Citamos os seguintes: Luiz Mendonça de Albuquerque, Roger Godement, François Bruhat, Laurent Schwartz, Jean François Trèves, Jean-Pierre Kahane, Charles Ehresmann, Arnaud Denjoy, Leopoldo Nachbin, Chaim S. Hönig, Artibano Micali e Frederico Pimentel Gomes.

Em Recife, os matemáticos portugueses aqui mencionados iniciaram e mantiveram estudos matemáticos de graduação e de pós-graduação, bem como seminários visando a complementar a formação de graduação dos jovens estudantes, além de aperfeiçoar e atualizar a formação científica de licenciados e dos professores assistentes da instituição. O governo brasileiro ainda não havia institucionalizado os estudos de pós-graduação *stricto sensu* no país.

Vários matemáticos brasileiros residentes na região Nordeste foram formados e estimulados por esses matemáticos portugueses. Eles iniciaram em Recife uma importante publicação científica: *Notas e Comunicações de Matemática*, do Instituto de Física e Matemática da Universidade de Recife, coleção destinada à pré-publicação de trabalhos originais de Matemática.

Por iniciativa do Prof. Alfredo Pereira Gomes, foi iniciada uma série de textos, intitulados *Textos de Matemática*. Eis alguns dos títulos publicados: *Elementos de álgebra linear e multilinear*, de A. Pereira Gomes; *Variétés différentiables*, de Roger Godement; *Complex manifolds*, de S. S. Chern; *Integral de Haar*, de Leopoldo Nachbin; *Introdução à teoria das cônicas*, de M. Zaluar Nunes e M. Perdigão do Carmo; *Teoria das equações diferenciais operacionais e problemas aos limites*, de Henri Morel; *Geometria diferencial local*, de Manfredo P. do Carmo; *Aplicações da topologia à análise*, de Chaim S. Hönig.

Em setembro de 1962, o Prof. Dr. A. Pereira Gomes partiu para a França, para assumir uma posição acadêmica na Faculdade de Ciências de Nancy, a convite do Prof. Dr. Jean Delsarte. A partir do número 14, a coleção *Textos de Matemática* passou a ser publicada sob a responsabilidade dos Profs. Ruy Luis Gomes e José Cardoso Morgado Jr. Em 1967, após a institucionalização pelo governo federal dos cursos de pós-graduação *stricto sensu* no país, esses dois professores portugueses fundaram o curso de mestrado em Matemática na Universidade Federal de Pernambuco, o qual funcionou nesse ano com dois alunos e dois professores: Ruy Luis Gomes e José Morgado.

Paulatinamente, o número de alunos foi aumentando, bem como o número de professores. Foram incorporados ao curso, como professores, jovens doutores brasileiros regressados do exterior. Na década de 1970, com a saída dos professores portugueses, o curso de mestrado da UFPE sofreu mudanças na formatação.

Ainda tangido por ventos salazaristas, esteve na cidade de Salvador, Bahia, no período de março a junho de 1959, contratado pelo Departamento de Matemática da

Faculdade de Filosofia, Ciências e Letras da Universidade da Bahia, o Prof. Dr. J. Tiago de Oliveira (1928–1992). Nessa instituição ele ministrou cursos sobre Álgebra Abstrata e Introdução Matemática à Relatividade, tratando do cálculo vetorial e tensorial, da relatividade restrita e da geometria de Riemann-Weyl. Posteriormente, o Prof. J. Tiago ministrou cursos e conferências na USP e na Universidade Federal de São Carlos, no estado de São Paulo.

Na década de 1960, o Instituto de Matemática da Universidade do Ceará iniciou atividades extracurriculares, visando a complementar a formação matemática de seus professores assistentes, bem como dos alunos de graduação. Vários matemáticos brasileiros que trabalhavam no IMPA, CBPF e FNFi-UB foram para Fortaleza como professores visitantes para realizar cursos e conferências. Nessa cidade, estiveram trabalhando também, como professores visitantes, alguns matemáticos franceses, como Pierre Boughon e Georges Bodiou. Em verdade, a Universidade Federal do Ceará iniciou em março de 1965 o programa de mestrado em Matemática. Em agosto de 1967, foram concedidos por essa instituição os primeiros graus de mestre em Ciências (Matemática).

A seguir, destacaremos o papel pioneiro da USP nos estudos e na pesquisa em Matemática no Brasil.

8.2 ESTUDOS PÓS-GRADUADOS EM MATEMÁTICA NA UNIVERSIDADE DE SÃO PAULO

Na década de 1940, iniciaram-se, na USP, os estudos de pós-graduação em Matemática. Com efeito, o Decreto nº 12.511, de 21 de janeiro de 1942, do governo do estado, instituiu a concessão do grau de doutor pela FFCL-USP. Para o caso da Matemática, foi instituído o grau de doutor em Ciências. Após trabalhar durante dois anos sob orientação de um professor catedrático da instituição, o candidato elaborava uma tese e defendia-a em concurso próprio para obtenção do grau de doutor.

O grau de doutor também era concedido ao candidato que obtivesse aprovação em concurso para professor catedrático. Nas décadas de 1940 e 1950, vários professores obtiveram o grau de doutor em Matemática após aprovação em concurso público para professor catedrático. Citaremos alguns deles. Em 3 de setembro de 1944, Omar Catunda obteve o grau de doutor ao realizar concurso para cátedra na FFCL-USP, com a tese *Teoria das formas diferenciais e suas aplicações*. Nesse mesmo ano, ele obteve a livre-docência ao defender a tese *Sobre os fundamentos da teoria dos funcionais analíticos*. Relembramos que, à época, não havia no Brasil cursos de pós-graduação *stricto sensu*.

Em 1951, Benedito Castrucci obteve o grau de doutor ao realizar concurso público para cátedra na FFCL-USP, com a tese *Fundamentos da geometria projetiva finita n-dimensional*. Ainda em 1951, Cândido Lima da Silva Dias obteve o grau de doutor ao realizar concurso para cátedra na FFCL-USP com a tese *Espaços vetoriais topológicos e sua aplicação na teoria dos espaços funcionais analíticos*. Dias fora assistente de L. Fantappiè, o criador da Teoria dos Funcionais Analíticos. Na introdução de sua tese, assim se expressou o autor:

> O objetivo desta tese é a apresentação de resultados obtidos pelo autor na teoria dos espaços funcionais analíticos, pela aplicação da teoria moderna dos espaços vectoriais topológicos.
>
> A teoria dos funcionais analíticos, magnífica criação do matemático Luigi Fantappiè, apresenta um aspecto singular que talvez possa ser descrito, dizendo-se que, para servir de base à teoria, falta-lhe a identificação de um espaço topológico com estrutura bem definida e simples [...][5] (DIAS, 1950, p. 1).

Também em 1951, Fernando Furquim de Almeida obteve o grau de doutor em Ciências (Matemática) ao realizar concurso público para cátedra na FFCL-USP, com a tese intitulada *Fundamentos da geometria absoluta no plano.*

O grau de doutor em Ciências (Matemática) também era concedido pela USP, na primeira metade dos anos 1950, por meio de um concurso próprio, após dois anos de estudos orientados por um professor catedrático. Nessa fase, que chamamos de primeira fase de doutoramentos na USP, foram poucos os alunos que obtiveram o doutorado em Ciências (Matemática).

Dentre os primeiros titulados, registramos uma mulher, Elza Furtado Gomide, graduada em Matemática pela FFCL-USP. Ela foi a primeira brasileira a obter o grau de doutor em Ciências (Matemática), por uma instituição brasileira, por meio de um curso específico para tal. O curso, com duração de dois anos, preparava o candidato para o concurso ao doutorado. Era obrigatório ao candidato cursar algumas disciplinas sugeridas pelo orientador. Lembramos que, nessa época, o governo federal ainda não havia institucionalizado a pós-graduação *stricto sensu* no país.

O doutorado de Elza F. Gomide foi obtido em concurso realizado em 27 de novembro de 1950, com a tese intitulada *Sobre o teorema de Artin-Weil*, na área de Análise Matemática. Ela foi orientada pelo Prof. Dr. Jean Delsarte (1903–1968), que, à época, trabalhava na USP. O tema de sua tese foi sugerido por André Weil, sobre uma conjectura elaborada por ele. Nesse trabalho, Elza F. Gomide provou um caso da conjectura.

No final dos anos 1940, os estudos das variedades algébricas sobre um corpo finito conduziram os matemáticos E. Artin (1898–1962) e A. Weil (1906–1998) à seguinte conjectura:

> Seja V uma variedade, sem pontos singulares, definida sobre um corpo finito k. Seja N_ν o número de pontos racionais de V sobre a extensão k_ν de grau ν de k, e consideremos a série de potências formal $\sum_{\nu=1}^{\infty} N_\nu Z^{\nu-1}$. Então teremos $\sum_{\nu=1}^{\infty} N_\nu Z^{\nu-1} = \frac{d}{dZ} \log R(Z)$, onde $R(Z)$ é uma função racional de Z (GOMIDE, 1948–1951, p. 1).

Essa conjectura foi demonstrada por A. Weil para o caso de curvas algébricas e para variedades definidas por uma equação do tipo:

$$a_1 x_1^{n_1} + \cdots + a_r x_r^{n_r} = b, \tag{8.2}$$

com $a_i \in k, n_i$ inteiros $(i = 1, \ldots, r)$.[6]

[5] O leitor interessado nos detalhes técnicos desse trabalho pode encontrá-lo em Dias (1950).

[6] O leitor interessado na parte técnica pode ver Weil (1948).

Em sua tese, Elza F. Gomide abordou e desenvolveu os estudos considerando equações do tipo:

$$\sum_{i=1}^{r} a_i x_1^{m_{1i}} \dots x_s^{m_{si}} = 0,$$

com $a_i \in k, a_i \neq 0, (i = 1, \dots, r)$ e os m_{ji} inteiros positivos.[7]

Ainda em 1950, Edison Farah obteve o grau de doutor em Ciências (Matemática) pela FFCL-USP ao defender a tese intitulada *Sobre a medida de Lebesgue*, na área de Análise Matemática, orientado pelo Prof. Dr. Omar Catunda. Luiz Henrique Jacy Monteiro obteve, nesse mesmo ano, o grau de doutor em Ciências (Matemática) pela FFCL-USP, ao defender a tese *Sobre as potências simbólicas de um ideal primo de um anel de polinômios, área Geometria Algébrica*, sob a orientação do Prof. Dr. Oscar Zariski (1899–1986). Jacy Monteiro fez Seus estudos de doutorado na Harvard University, nos Estados Unidos, sob orientação de Oscar Zariski. Em 1949, Jacy Monteiro regressou à USP para reassumir sua posição acadêmica e defendeu sua tese na USP. Oficialmente consta como seu orientador o Prof. Dr. Cândido Lima da Silva Dias (1913–1998).

Na Introdução de sua tese, assim se expressou L. H. Jacy Monteiro: "Quero expressar aqui os meus agradecimentos ao Prof. O. Zariski pela sugestão do problema e pela orientação prestada durante a preparação deste trabalho" (MONTEIRO, 1950, p. i).

O problema a que se refere Jacy Monteiro é o seguinte:

> Seja p um ideal primo de um anel de polinômios $R_n = [x_1, \dots, x_n]$, $(p \neq R_n, p \neq (0))$, determinar o conjunto S formado por zero e por todos os polinômios $f, f \neq 0$ e $gr \cdot f > 0$, de R_n, tais que todo ponto de $V = \mathcal{V}(p)$ (variedade algébrica do S_n determinada pelo ideal p) seja um ponto múltiplo de ordem pelo menos ρ (ρ inteiro, $\rho \geq 1$) da hiper-superfície algébrica $H = \mathcal{V}\,(R_n \cdot f)$ (MONTEIRO, 1950, p. i).

O resultado obtido por L. H. Jacy Monteiro e que constitui sua tese é o seguinte: "Seja o Teorema, $S = p^{(\rho)}$. Para demonstrar esse teorema, Jacy Monteiro inicialmente estabeleceu uma condição necessária e suficiente para que um polinômio f de R_n pertença à potência simbólica ρ-ésima de p'' " (MONTEIRO, 1950, p. i).

A partir daí, ele demonstrou o teorema citado.[8]

Ainda em 1950, João Batista Castanho obteve o grau de doutor em Ciências pela FFCL-USP, ao defender a tese intitulada *Sobre o teorema de Pascal na geometria hiperbólica*, da área da Geometria, sob a orientação do Prof. Dr. Fernando Furquim de Almeida. Em 1952, Chaim Samuel Hönig obteve o grau de doutor em Ciências (Matemática) pela FFCL-USP, ao defender a tese *Sobre um método de refinamento de topologias*, na área da Análise Matemática, sob a orientação do Prof. Dr. Edison Farah. Em 1954, Edison Farah realizou concurso público para provimento de cátedra na FFCL-USP, com a tese *Algumas proposições equivalentes ao axioma da escolha*, na área

[7] O leitor interessado nos detalhes técnicos obtidos por A. Weil na Equação (8.2) pode ver Weil, 1949 (observe que estes dois artigos estão citados nas referências).

[8] O leitor interessado na parte técnica desse trabalho pode ver Monteiro, 1950.

da Lógica. Em dezembro de 1958, Carlos Benjamin de Lyra obteve o grau de doutor em Ciências (Matemática) pela FFCL-USP, ao defender a tese intitulada *Sobre os espaços do mesmo tipo de homotopia que o dos poliedros*, na área da Análise Matemática, sob a orientação do Prof. Dr. Cândido Lima da Silva Dias.

O que chamamos de segunda fase de doutoramentos na USP inicia-se em 1952. Com efeito, o Decreto nº 21.780, de 15 de outubro de 1952, do governo do estado, instituiu o novo regimento de doutoramento na FFCL-USP. Eis seu artigo 1º:

> Será conferido o diploma de doutor:
>
> - A todos os candidatos aprovados em concurso para Professor Catedrático nos termos do Art. 64, parágrafo segundo do Regulamento da Faculdade de Filosofia e;
> - Aos bacharéis que forem aprovados em defesa de tese, depois de, pelo menos, dois anos de estudos sob a orientação do docente da disciplina escolhida, e em exame de duas disciplinas subsidiárias da mesma secção, ou de secção afim, ou das matérias do concurso de Especialização que fizer.

Para o caso da Matemática, o decreto estatuía que fosse conferido o título de doutor em Ciências. Nas décadas de 1950 e 1960,vários professores obtiveram o grau de doutor emCiências (Matemática) pela USP.[9] Um exemplo é, em 1957, Paulo Ribenboim, que obteve o grau de doutor em Ciências (Matemática) pela USP ao defender a tese *Sobre a teoria das valorizações de Krull*, na área da Álgebra Abstrata. O orientador oficial dessa tese foi o Prof. Dr. Cândido Lima da Silva Dias, mas quem de fato orientou os estudos de pesquisa de Ribenboim foi o Prof. Dr. Wolfgang Krul, com quem ele estudou de 1953 a 1956 na Universität Bonn, na Alemanha.[10]

Também em 1957, Nelson Onuchic obteve o grau de doutor em Ciências (Matemática) pela FFCL-USP ao defender a tese intitulada *Estruturas uniformes sobre p-espaços e aplicações da teoria destes espaços em topologia geral*, na área de Análise Matemática. O trabalho foi orientado pelo Prof. Dr. Chaim Samuel Hönig.

A Escola de Engenharia de São Carlos da USP também concedeu a alguns professores o grau de doutor em Ciências (Matemática), a partir da segunda metade dos anos 1950. Por exemplo, em 1959, Gilberto Francisco Loibel obteve o grau de doutor em Ciências (Matemática) por essa unidade da USP, ao defender a tese intitulada *Sobre quase grupos topológicos e espaços com multiplicação*, na área da Álgebra Abstrata. A tese foi orientada pelo Prof. Dr. Achille Bassi. Em 1963, Ubiratan D'Ambrosio obteve o grau de doutor em Ciências (Matemática) pela Escola de Engenharia de São Carlos da Universidade de São Paulo (EESC-USP) ao defender a tese intitulada *Superfícies paramétricas generalizadas e conjuntos de perímetro finito*, na área da Análise Matemática, tese que foi orientada pelo Prof. Dr. Jaurès P. Cecconi.

Nesse contexto da USP, detectamos a segunda brasileira a obter o grau de doutor em Ciências (Matemática), por meio de concurso próprio: Ofélia Teresa Alas, graduada

[9] Em trabalho que estamos desenvolvendo em conjunto com o Prof. Dr. Alberto de Carvalho Peixoto de Azevedo, da UnB, listaremos todos os recebedores do grau de doutor em Matemática pela USP no período aqui abordado.

[10] O leitor interessado na parte técnica dessa tese pode ver Ribenboim (1960)

em Matemática pela FFCL-USP[11] e que obteve o grau de doutor em 6 de dezembro de 1968, ao defender a tese intitulada *Sobre uma extensão do conceito de compacidade e suas aplicações*, na área da Análise Matemática. Ela foi orientada pelo Prof. Dr. Edison Farah. A banca examinadora foi constituída por: Prof. Dr. Edison Farah (presidente), Profa. Dra. Elza F. Gomide, Prof. Dr. Chaim S. Hönig, Prof. Dr. Constantino M. de Barros e Prof. Dr. Newton Carneiro A. da Costa.

A FFCL-USP foi pioneira na introdução no Brasil dos estudos, pesquisa e formação de recursos humanos qualificados em Matemática. Também exerceu forte influência para a formação, em Matemática, de jovens talentosos residentes em outros estados do país. Esse processo teve início em 1934, com a contratação de L. Fantappiè (1901–1956) e G. Albanese (1890–1948),[12] matemáticos italianos, e intensificou-se após a Segunda Guerra Mundial, a partir de 1945, com a contratação de A. Weil e O. Zariski. A FFCL-USP fez a diferença no processo de formação da comunidade matemática brasileira atual.

A partir da formação de jovens matemáticos pela USP, foram consolidados no Brasil os estudos e a pesquisa em Análise Matemática, com várias especialidades, como Análise Funcional, EDP, Teoria das Distribuições, Topologia, Análise Harmônica, Teoria de Aproximação, Teoria Qualitativa de Aproximação, Conjuntos Convexos, Holomorfia etc.; Geometria Algébrica; Álgebra Abstrata; Geometria Diferencial; Probabilidade e Estatística, dentre outras.

8.3 COLÓQUIO BRASILEIRO DE MATEMÁTICA

Na segunda metade da década de 1950, por sugestão do Prof. Dr. Chaim S. Hönig, docente da USP, foi criado um importante evento científico para o Brasil: o Colóquio Brasileiro de Matemática, um ciclo de eventos que marcou várias gerações de matemáticos. Com efeito, em 1956, o Prof. Chaim S. Hönig fez a sugestão de criação do evento ao Prof. Leopoldo Nachbin, então diretor do setor de Matemática do CNPq. A direção do CNPq aprovou a sugestão para a criação do evento.

Formou-se, então, o núcleo da Comissão Organizadora do Colóquio, constituída por: Chaim S. Hönig, Cândido Lima da Silva Dias, Fernando F. de Almeida, Luiz H. Jacy Monteiro, Carlos Benjamin de Lyra, José de Barros Neto, Maurício M. Peixoto, Paulo Ribenboim, Antônio Rodrigues, Lindolpho de Carvalho Dias e Alexandre A. Martins Rodrigues. Foi elaborado um plano para os cursos que deveriam ser ministrados e para as conferências a serem realizadas. O I Colóquio Brasileiro de Matemática foi realizado na cidade de Poços de Caldas (MG), de 1 a 20 de julho de 1957.

[11] Deixamos claro que, no caso particular das mulheres brasileiras, as datas aqui citadas de obtenção do grau de doutor em Ciências (Matemática) referem-se aos graus obtidos por meio de concurso próprio para tal que a USP oferecia. Não nos referimos à obtenção do grau de doutor via concurso público para livre-docente. Nesse caso específico, obtiveram o grau de doutor em Ciências (Matemática), em 1948, Marília Chaves Peixoto, e, em 1949, Maria Laura Mouzinho Leite Lopes, ambas pela Universidade do Brasil. Para detalhes, ver da Silva (2013).

[12] L. Fantappiè e G. Albanese foram os iniciadores da biblioteca de matemática da FFCL-USP. Eles conseguiram verbas do governo do estado de São Paulo e doações do governo italiano.

Durante esse evento, foram realizadas vinte conferências, a maioria delas na parte da noite, e ministrados vários cursos, os quais refletiam as tendências dos estudos matemáticos da época e focalizavam temas sobre os quais havia pesquisadores brasileiros trabalhando. Foram os seguintes os cursos ministrados:

- Topologia Algébrica, por Carlos Benjamin de Lyra;
- Geometria Diferencial, por Antônio Rodrigues e Alexandre A. M. Rodrigues;
- Álgebra Multilinear e Variedades Diferenciáveis, por Chaim S. Hönig;
- Teoria de Galois, por Luiz H. Jacy Monteiro;
- Teoria dos Números Algébricos, por Fernando F. de Almeida;
- Análise Funcional, por Nelson Onuchi, José de Barros Neto, Domingos Pizzanelli, Cândido Lima da Silva Dias e Alfredo Pereira Gomes;
- Classification of Homogeneous Kaehlerian Manifolds, por Morikuni Goto;
- Sur les Variétés Feuilletés, por George Reeb.

Os cursos ofertados abordaram assuntos atuais, para a época, e que eram temas de estudos e pesquisas por parte da comunidade matemática internacional.

Ao elaborar o relatório final sobre o evento, a Comissão Organizadora sugeriu às autoridades competentes que ele fosse realizado a cada dois anos. Assim, durante vários anos, o Colóquio Brasileiro de Matemática tem sido realizado a cada dois anos, inicialmente na cidade de Poços de Caldas, razão pela qual ficou conhecido como Colóquio de Poços de Caldas. Sua realização era ansiosamente esperada pelos estudantes. Atualmente, o Colóquio Brasileiro de Matemática é realizado na cidade do Rio de Janeiro, com numerosa participação de professores do Brasil e do exterior, bem como de estudantes de graduação e de pós-graduação. De 27 de julho a 2 de agosto de 2019, foi realizado o XXXII Colóquio Brasileiro de Matemática (CBM). O XXXIII CBM programado, em forma virtual devido à pandemia da Covid-19, foi realizado na cidade do Rio de Janeiro de 2 a 6 de agosto de 2021.

Ainda na década de 1950, como resultado dos esforços de vários matemáticos brasileiros e estrangeiros que estavam trabalhando no Brasil, o Dr. Cândido Lima da Silva Dias sugeriu ao diretor científico do CNPq, Prof. Joaquim da Costa Ribeiro, a criação de um Instituto de Matemática do CNPq, para agregar o Prof. Leopoldo Nachbin como a solução encontrada para resolver um impasse de difícil solução, que surgira devido à abertura de concurso público de provas e títulos para provimento do cargo de professor catedrático da cadeira Análise Matemática e Análise Superior, do Departamento de Matemática da FNFi-UB.

Para esse concurso, dois candidatos se inscreveram: O Prof. José Abdelhay, catedrático interino desde 1943, com a tese intitulada *Bases para espaços de Banach* (Rio de Janeiro, 1950), e o Prof. Leopoldo Nachbin, com a tese intitulada *Topologia e ordem*, (Chicago, 1950). Ambas as teses eram atuais e tinham excelente nível matemático.

O concurso jamais foi realizado, devido a um impasse administrativo de difícil solução. A cátedra não foi preenchida. E, assim, foi fundado, em 1952, o IMPA, na cidade do Rio de Janeiro, como um órgão do CNPq e tendo como um dos seus pesquisadores o Prof. Leopoldo Nachbin. O primeiro diretor do IMPA foi o Prof. Lélio Gama. Durante as décadas de 1950 e 1960, o IMPA manteve atividades de pesquisa e ensino (pós-graduação) nas áreas de Análise Matemática, Geometria e Sistemas Dinâmicos. O IMPA é atualmente uma das boas instituições formadoras de recursos humanos qualificados em algumas áreas da Matemática, por intermédio de seus programas de pós-graduação *stricto sensu.*

O Prof. José Abdelhay foi um dos primeiros diretores do recém-criado Instituto de Matemática da Universidade Federal do Rio de Janeiro. Foi também chefe do Departamento de Álgebra, Análise e Geometria do Instituto de Matemática da Universidade Federal do Rio de Janeiro. Aposentou-se em 1972 como professor titular.[13]

No final da década de 1950, algumas instituições de ensino sediadas no eixo Rio de Janeiro-São Paulo já haviam implantado bons programas de graduação (bacharelado) em Matemática, como foi o caso da Pontifícia Universidade Católica do Rio de Janeiro (PUC-RIO) e Pontifícia Universidade Católica de Campinas (PUC-Campinas). Esta instituição contou com a colaboração do Prof. Dr. Ubiratan D'Ambrosio, dentre outros. A partir de 1960, esse mestre passou a enviar seus melhores alunos de graduação para prosseguirem estudos de pós-graduação em instituições como USP e IMPA.

Por ocasião da realização do VI Colóquio Brasileiro de Matemática, em julho de 1967, evento que foi realizado sob a coordenação do Prof. Luis Adauto Medeiros, foi planejado mais um evento matemático, idealizado pelo Dr. L. Nachbin, por Luis Adauto Medeiros e pelo Dr. Heitor G. de Souza, da Organização dos Estados Americanos (OEA), intitulado Escola Latino-Americana de Matemática (ELAM).

Após serem resolvidas as divergências que surgiram durante a primeira reunião realizada em Poços de Caldas, a criação da ELAM foi aprovada, e esse evento passou a ser realizado, congregando matemáticos da América Latina. Posteriormente, foram criados vários eventos científicos, dentre os quais citamos o Seminário Brasileiro de Análise e a Escola de Álgebra. O I Seminário Brasileiro de Análise foi realizado no IMPA, durante os dias 8, 9 e 10 de maio de 1975, coordenado pelo Prof. Dr. Pedro Nowosad.

Para a Matemática aplicada, a SBMAC passou a promover anualmente o Congresso Nacional de Matemática Aplicada e Computacional, bem como Reuniões Regionais. A SBEM passou a realizar, a partir de 1980, o Encontro Nacional de Educação Matemática (ENEM), evento que congrega professores e alunos interessados em Educação Matemática. A SBHMat, criada nos anos 1990, tem realizado regularmente o Seminário Nacional de História da Matemática (SNHM).

[13] Para informações a respeito da obra do professor José Abdelhay, sugerimos ao leitor Medeiros (1996).

8.4 DESENVOLVIMENTO DA MATEMÁTICA NO BRASIL APÓS A DÉCADA DE 1960

A partir da década de 1960, houve um substancial incremento na oferta e na demanda de cursos de graduação em Matemática em quase todo o país. Foi a época do "milagre brasileiro". Houve uma tímida expansão do ensino superior. Faltavam professores de Matemática nas escolas secundárias, bem como nas universidades.

Departamentos de Matemática de várias universidades contratavam, além de graduados em Matemática, engenheiros (civis, mecânicos, químicos, agrônomos, florestais) que também desejassem ser professores. Eram apenas graduados, em sua grande maioria, e com limitados conhecimentos sobre Matemática e sobre o desenvolvimento da Matemática no exterior. Nos anos 1960, o governo federal institucionalizou os cursos de pós-graduação *stricto sensu*, por meio do Parecer CFE/CES nº 977/65, de 3 de dezembro de 1965, que tinha por objetivo criar massa crítica de docentes pós-graduados no Brasil. Nos anos 1970, o governo federal criou o Programa Institucional de Capacitação de Docentes (PICD). Por meio desse Programa, as instituições federais de ensino superior passaram a estimular seus docentes, que não tinham cursos de pós-graduação, a realizarem tais cursos (mestrado e doutorado).

Universidades sediadas no eixo Rio de Janeiro-São Paulo, bem como a Universidade de Brasília, foram mais cuidadosas em suas contratações de professores de Matemática. Os gestores dessas instituições buscaram no exterior brasileiros e alguns estrangeiros que tinham obtido o doutorado em Ciências (Matemática) para trabalharem em suas universidades.

Professores universitários passaram, também, a fazer pesquisa científica e a incentivar a formação escolarizada dos talentosos jovens estudantes. A partir daí, trabalhos científicos passaram a ser desenvolvidos em conjunto, pois passou a ser óbvia a cooperação entre projetos científicos. Tornou-se necessária a criação de boas revistas científicas no país, nas quais os pesquisadores pudessem divulgar os resultados de seus trabalhos. O número de artigos sobre matemática publicados em diversas revistas passou a crescer ano após ano. Como resultado desse incremento houve um razoável aumento no número de matemáticos brasileiros, e, consequentemente, ampliou-se o desejo, por parte da comunidade científica brasileira, de serem fundadas outras sociedades científicas no país.[14]

Nas instituições universitárias do eixo Rio de Janeiro-São Paulo, foram iniciados, a partir da década de 1960, os programas de pós-graduação *stricto sensu* em Matemática. Conjecturamos que o primeiro dos cursos de mestrado tenha sido criado no ITA, na década de 1950.[15] Lembramos que esta instituição de ensino superior não está subordinada ao Ministério da Educação (MEC).

O IMPA foi, na década de 1960, uma das primeiras instituições a criar um programa de pós-graduação *stricto sensu* em Matemática, em convênio com a Universidade

[14]No final do século XIX, o crescimento da pesquisa matemática internacional continuou em ritmo acelerado. Tornou-se, à época, evidente o caráter universal da Matemática. Os matemáticos brasileiros o perceberam de imediato.

[15]Posteriormente, o saudoso colega Dr. Alberto C. de Azevedo nos confirmou a veracidade de nossa conjectura.

do Brasil, atual UFRJ. Foi também a primeira instituição a criar um programa de doutorado em Matemática.

Da primeira fase de doutorado do IMPA, citamos José de Barros Neto, que foi o primeiro aluno, nessa modalidade, do Prof. Dr. Leopoldo Nachbin. Sua tese, preparada no IMPA e defendida na USP, em 1960, intitulava-se *Alguns tipos de núcleos-distribuições*, na área da Análise Matemática. Ainda nessa primeira fase do IMPA, foram orientados pelo Prof. Dr. Maurício Matos Peixoto:

- Aristides Camargo Barreto, com a tese intitulada *Estabilidade estrutural das equações diferenciais da forma* $x = f(x, x)$, defendida em 1964;
- Ivan Kupka, com a tese intitulada *Contribuição à teoria dos campos genéricos*, defendida em 1964; e
- Jorge Manuel Sotomayor Tello, com a tese intitulada *Estabilidade estrutural de primeira ordem e variedades de Banach*, defendida em 1964.

As três teses pertencem à área de Sistemas Dinâmicos.

Até o ano de 1979, o IMPA havia concedido 42 graus de doutor em Matemática e mais de 60 graus de mestre em Matemática.

Fora do eixo Rio de Janeiro-São Paulo, foi criada, na década de 1960, por Darcy Ribeiro, a UnB, segundo o modelo de instituição universitária de concepção do educador Anísio Teixeira. Nessa instituição de ensino, foi criado, com excelente corpo docente, o Instituto Central de Matemática (ICM), unidade encarregada de todos os cursos de Matemática da UnB. O ICM passou a publicar uma coleção de monografias matemáticas contendo trabalhos de seus membros (permanentes e visitantes). Também foi criado, no ICM, um programa de pós-graduação, mestrado, sob a coordenação do Prof. Dr. Leopoldo Nachbin, tendo como vice-coordenador o Prof. Dr. Elima. Contudo, a partir de 1964, com a instauração do regime militar no Brasil, essa boa iniciativa foi desativada, e com isso, grande parte dos professores e alunos do ICM se transferiu para outras instituições no país e no exterior. Os alunos que estavam em fase de conclusão de seus cursos foram transferidos para o IMPA e para a FNFi-UB, na cidade do Rio de Janeiro.

Com a reestruturação da UnB, após 1964, foi criado outro programa de pós-graduação em Matemática, com o corpo docente modificado. Nessa segunda fase da UnB foram concedidos os primeiros graus de mestre em Ciências (Matemática). Os primeiros alunos do curso de mestrado da UnB a receberem o grau de Mestre em Ciências foram: Mário de Carvalho Matos, com a dissertação intitulada *Teorema da projeção e princípio de Dirichlet*, defendida em julho de 1964 e orientada pelo Prof. Dr. Djairo Guedes de Figueiredo; e Mauro Bianchini, que defendeu sua dissertação, também em julho de 1964, intitulada *Equações de Helmholts e condições de radiação*, orientada pelo Prof. Dr. Geraldo Severo de Souza Ávila.

A partir da década de 1970, o Departamento de Matemática da UnB passou a publicar uma série de Monografias, *Trabalhos de Matemática*. O número 89, de agosto de 1975, contém o trabalho "Problema de Dirichlet", de Djairo Guedes de Figueiredo, o qual reproduz sua palestra realizada durante a Sessão Especial de Palestras do X Colóquio Brasileiro de Matemática, realizado em julho de 1975.

No final da década de 1960 e início da década de 1970, foi iniciado, por parte do governo central, um forte programa de incentivo financeiro para alunos de pós-graduação e para jovens docentes, esses via PICD, que desejassem complementar sua formação acadêmica. A partir daí, jovens docentes de várias instituições de ensino do país passaram a matricular-se regularmente em cursos de mestrado e/ou doutorado em Matemática. Ainda nesse período, foi iniciado, também pelo governo central, para as universidades federais, o regime de trabalho para docentes que instituía o tempo integral e dedicação exclusiva, conhecido pela sigla RETIDE. A partir de 1980, o regime de trabalho para o docente em dedicação exclusiva (DE) foi ampliado de modo considerável, à medida que os docentes, já doutores, regressavam às suas instituições de origem.

Em fins da década de 1970, a SBM iniciou um programa de incentivo para a realização de reuniões científicas regionais. Realizamos, no Departamento de Matemática da UFPR, a I Reunião Regional da SBM, em Curitiba, nos dias 5, 6 e 7 de novembro de 1979. A criação dos programas de pós-graduação em Matemática foi um importante fator para a melhoria de qualidade dos professores e dos cursos de graduação existentes no país.

A partir da década de 1970, várias universidades brasileiras já possuíam programas de pós-graduação conduzindo aos graus de mestre e doutor em Matemática. Também a partir dessa década, algumas instituições passaram a ofertar, regularmente, cursos de verão, versando sobre iniciação científica, graduação, extensão universitária, aperfeiçoamento ou mesmo pós-graduação. Devemos registrar que, nessa década, a PUC-RIO inaugurou um bom programa de graduação-mestrado em Ciências (Matemática), sob a orientação dos Profs. Alberto de Azevedo, Elon L. Lima, João Bosco Pitombeira e Nathan M. dos Santos. Em 1970, o Instituto de Matemática e Estatística da Universidade de São Paulo (IME-USP) iniciou seu programa de doutorado.

Em 1971, o IM-UFRJ iniciou um programa de pós-graduação *stricto sensu* em Ciências (Matemática). Ainda na década de 1970, o IMECC-Unicamp também iniciou um programa de pós-graduação *stricto sensu* em Ciências (Matemática). Na década de 1980, o IMECC-Unicamp passou a ofertar mestrado em Estatística, para citarmos apenas essas instituições.

Devemos relembrar que, na década de 1980, o IMPA passou a ofertar cursos de mestrado e doutorado em Economia, com ênfase em Economia Matemática, que é uma área de aplicação da Matemática.[16]

Com a implantação dos programas aqui mencionados, os bons resultados logo surgiram, pois, na década de 1970, já se podia contar pouco mais de três centenas de artigos escritos e publicados por matemáticos brasileiros em conceituadas revistas internacionais. Os artigos abrangiam áreas como Álgebra Abstrata, Análise Matemática, Equações Diferenciais e Geometria, dentre outras.

[16]Para informações detalhadas sobre as instituições brasileiras que ofertam programas de pós-graduação *stricto sensu* em Ciências (Matemática), ver da Silva (2013).

Também percebemos, a partir dessa década, o interesse de matemáticos brasileiros em participar de eventos científicos internacionais, como o Congresso Internacional de Matemáticos (CIM). Na década de 1970, por duas vezes, matemáticos brasileiros foram convidados para proferir palestras durante o CIM, realizado em 1974 em Vancouver, Canadá (Maurício Matos Peixoto, do IMPA), e em 1978 em Helsinque, Finlândia (Jacob Palis Jr., do IMPA). Anteriormente, Leopoldo Nachbin havia sido convidado para proferir palestra durante o congresso Internacional de Matemáticos realizado em 1962, em Estocolmo, Suécia. Em 1983, no congresso realizado em Varsóvia, na Polônia, Ricardo Mane, do IMPA, foi convidado para proferir uma palestra. Na década de 1990, três matemáticos do IMPA foram convidados para proferir palestras nos CIM realizados em 1990, 1994 e 1998.

Devemos registrar, também, que o interesse pela Matemática aplicada passou, a partir das décadas de 1950 e 1960, a atrair docentes e alunos dos cursos de Matemática. Instituições de ensino localizadas no eixo Rio de Janeiro-São Paulo passaram a criar programas de mestrado e doutorado nessa área. Na década de 1960, emergiu como líder de cursos na área de Matemática Aplicada a Coordenação dos Programas de Pós-Graduação de Engenharia (COPPE), do IM-UFRJ. Ali foi criado, pelo Prof. Dr. Guilherme M. S. de La Penha, o programa de pós-graduação em Engenharia Matemática, o qual absorveu toda a equipe de Análise Matemática que se formou no IMPA sob a direção do Dr. L. Nachbin. Esse mestre afastou-se do IMPA no segundo semestre de 1971, e, com a reforma universitária que ocorreu no início da década de 1970, a equipe mencionada se transferiu para o IM-UFRJ. Ainda na cidade do Rio de Janeiro, devemos registrar a implantação de um programa de pós-graduação em Matemática Aplicada, que ocorreu no Instituto Militar de Engenharia (IME).

Em virtude da produção científica dos matemáticos brasileiros (em quantidade e qualidade), na década de 1980, o Brasil já figurava como um dos países pertencentes ao grupo 3, de um total de cinco grupos, na classificação feita pela União Internacional de Matemática (UIM).

Na década de 1980, já era significativo o número de mestres e doutores trabalhando nos Departamentos de Matemática das universidades brasileiras, dedicados ao ensino e à pesquisa científica básica, contribuindo, dessa forma, para a melhoria da qualidade do ensino da Matemática Superior em nosso país.

Lamentavelmente, o forte incentivo financeiro que existiu a jovens docentes a partir da década de 1960, para realizarem cursos de pós-graduação, mestrado e doutorado, com bolsa de estudos do PICD, depois PICDT, da Coordenação de Aperfeiçoamento de Pessoal de Nível Superior (CAPES), vem sendo paulatinamente reduzido desde o final da década de 1980, quando, ao contrário, deveria ter aumentado, em virtude da forte demanda. Também vem sendo paulatinamente reduzido, de ano a ano, o apoio financeiro do CNPq a bolsas de mestrado, dentro do conjunto de ações de fomento dessa agência.

Esses fatos, aliados à ausência de um bem definido, estruturante e balizador Plano de Política Universitária para o Brasil, farão com que o ensino superior e a pesquisa científica em matemática em nosso país sofram danos irreparáveis.

O início e a consolidação da pesquisa em matemática no Brasil serão temas de nosso próximo livro.

REFERÊNCIAS

ABC, Academia Brasileira de Ciências. Organização e membros. In: ABC (Ed.). *Edição comemorativa dos 80 anos da Academia Brasileira de Ciências*. Rio de Janeiro: ABC, 1996.

ALBUQUERQUE, L. M. O ensino da Matemática na Reforma Pombalina. *Gazeta de Matemática*, v. 34, pp. 3–6, 1947.

ALMEIDA JÚNIOR, A. *Problemas do ensino superior*. São Paulo: Ed. Nacional, 1956.

ALMEIDA, M. O. *A vulgarização do saber*. Rio de Janeiro: Ariel, 1931.

AMARAL, I. M. A. do. *Licínio Atanásio Cardoso, o matemático*. Rio de Janeiro: Gráfica e Editora Souza, 1952.

ANASTÁCIO DA CUNHA, J. *Principios mathematicos. Edição fac-símile.* Coimbra: Universidade de Coimbra, 1987.

ANASTÁCIO DA CUNHA, J. *Ensaio sobre as Minas*. Braga: Arquivo Distral de Braga/ Universidade do Minho, 1994.

ANDRADE, J. O. *Ponta de Lança*. Rio de Janeiro: Civilização Brasileira, 1972.

AZEVEDO, A. C. d. M. et al. Parecer da Congregação da Faculdade de Direito de São Paulo sobre os projetos de criação de uma universidade. *Revista da Faculdade de Direito de São Paulo*, v. 12, pp. 293–313, 1904.

AZEVEDO, E. S.; FORTUNA, C. M. M. A mulher na medicina: estudo de caso e considerações. *Ciência e Cultura.*, v. 41, n. 11, pp. 1086–1090, 1989.

BARBOSA, R. *Obras completas*. Rio de Janeiro: Ministério da Educação e Saúde, 1942. v. IX. (Tomo I).

BARRETO, T. *A questão do poder moderador e outros ensaios brasileiros*. Petrópolis: Vozes, 1977.

BARROS, J. E. d. Aspectos históricos de cultura brasileira. *Artes e Literatura*, v. 4, pp. 397, 1989.

BARROS, R. S. M. d. O pensamento político positivista no Império. In: CRIPPA, A. ( ) (Ed.). *As ideias políticas no Brasil*. São Paulo: Convívio, 1979. pp. 233–270.

BARROSO, J. A. *Lembrando Leopoldo Nachbin*. Edição: A Nachbin. Rio de Janeiro: Editora da UFRJ, 1997.

BASSECHES, B. Achegas para uma bio-bibliografia de Joaquim Gomes de Souza. *Anuário da Sociedade Paranaense de Matemática*, v. 2, pp. 18–25, 1955.

BEN-DAVID, J. *O papel do cientista na sociedade*. São Paulo: Edusp, 1974.

BENSAÚDE, J. *Histoire de la Science Nautique Portugaise*. Genève: A. Kundig, 1917.

BENSAÚDE, J. *Luciano Pereira da Silva e sua obra*. Coimbra: Imprensa da Universidade de Coimbra, 1927.

BLAKE, A. V. A. *Diccionario bibliographico brazileiro*. Rio de Janeiro: Typographia Nacional, 1883.

BOITEUX, L. A. *A Escola Naval (seu histórico 1761/1937)*. Rio de Janeiro: [s.n.], 1940.

BOURBAKI, N. *Elements of the history of mathematics*. Berlin: Springer-Verlag, 1994.

BOYER, C. B. *Concepts of the calculus*. New York: Dover, 1959.

BRASIL. Lei de 3 de outubro de 1832. *Coleção de Leis do Império do Brasil*, v. 1, n. 1, pp. 87, 1832b. Dá nova organização ás actuaes Academias Medico-cirurgicas das cidades do Rio de Janeiro, e Bahia.

BRASIL. Decreto nº 8.659, de 6 abril de 1911. *Diário Oficial da União*, pp. 3983, 1911. Aprova a Lei Orgânica do Ensino Superior e do Fundamental na República.

BRASIL. Decreto nº 11.530, de 18 de março de 1915. *Diário Oficial da União*, pp. 2977, 1915. Decreto nº 11.530, de 18 de março de 1915.

BRASIL. Decreto nº 14.572, de 23 de dezembro de 1920. *Revista da URJ*, v. 1, pp. 11–17, 1926. Aprova o Regulamento da Universidade do Rio de Janeiro.

BRASIL. Lei nº 4.759, de 20 de agosto de 1965. *Diário Oficial da República Federativa do Brasil*, pp. 8554, 1965. Dispõe sobre a denominação e qualificação das Universidades e Escolas Técnicas Federais.

BRAYNER, F. L. A Escola Militar. *Revista Militar Brasileira*, v. 39, pp. 13–70, 1942.

BRITO, J. d. N. Centenário da Escola Central. *Anais da Universidade do Brasil*, v. 4, pp. 159–165, 1958.

BRUAND, Y. A fundação do ensino acadêmico e o neoclassicismo no Brasil. *Revista do Instituto Histórico Geográfico Brasileiro*, v. 311, pp. 101–121, 1978.

CALDEIRA, J. *Mauá, empresário do Império*. São Paulo: Companhia das Letras, 1995.

CAMPOFIORITO, Q. Artes plásticas e ensino artístico no Rio de Janeiro. *Arquivos da ENBA, Rio de Janeiro*, v. 11, pp. 179–192, 1965.

CARDOSO, I. d. A. R. *A universidade da comunhão paulista*. 1979. Tese (Doutorado) – Faculdade de Filosofia, Letras e Ciências Humanas, Universidade de São Paulo, São Paulo.

CARDOSO, J. M. Bicentenário de Bolzano. *Boletim da Sociedade Paranaense de Matemática*, v. 2, pp. 48–50, 1981.

CARDOSO, W. A academia científica do Rio de Janeiro. *Ciência e Cultura*, v. 24, pp. 30–31, 1972.

CARDOSO, W. et al. Para uma história das ciências no Brasil colonial. *Revista Brasileira de História da Ciência*, v. 1, pp. 13–17, 1985.

CARTA Regia que estabelece a Academia Real Militar. *Revista da Escola Nacional de Engenharia*, v. 1, pp. 9–30, 1940.

CARVALHO, J. M. d. Actas das congregações da Faculdade de Mathematica da Universidade de Coimbra reunidas para elaborar o projecto da reforma da mesma Faculdade no anno lectivo de 1886 a 1887 [1888]. Imprensa da Universidade. [S.l.], 1887.

CARVALHO, J. M. d. *A Escola de Minas de Ouro Preto*. São Paulo: Editora Nacional, 1978a.

CARVALHO, L. R. d. *As reformas pombalinas na instrução pública*. São Paulo: Edusp, 1978b.

CARVALHO, R. *História do ensino em Portugal*. Lisboa: Fundação C. Gulbenkian, 1986.

CASTRO, F. M. d. O. A matemática no Brasil. In: DE AZEVEDO, F. (Ed.). *As ciências no Brasil*. São Paulo: Editora Melhoramentos, 1955.

CAUCHY, A. L. Cours d'analyse. Paris: [s.n.], 1821.

CAUCHY, A. L. Résumé des leçons donées à l'Ecole Royal Polytechnique. Paris: [s.n.], 1823.

CAVALARI, M. F. *As contribuições de Chaim Samuel Hönig para o desenvolvimento da matemática brasileira*. 2012. Tese (Doutorado) - Universidade Estadual Paulista, Rio Claro.

COLLICHIO, T. A. F. *A contribuição de Joaquim Teixeira de Macedo para o Pensamento Pedagógico Brasileiro*. 1976. Dissertação (Mestrado) - Faculdade de Educação da Universidade de São Paulo.

COLLICHIO, T. A. F. *Augusto Cesar de Miranda e as ideias darwinistas no Brasil*. 1985. Tese (Doutorado) - Faculdade de Educação, Universidade de São Paulo.

COLLICHIO, T. A. F. Dois eventos importantes para a história da educação brasileira: a exposição pedagógica de 1883 e as conferências populares da Freguesia da Glória. *Revista da Faculdade de Educação da Universidade de São Paulo*, v. 13, pp. 5–14, 1987.

COQUEIRO, E. *A vida e a obra de João Antonio Coqueiro*. Rio de Janeiro: M. Correard & Cia, 1942.

COSTA, M. A. Conferência sobre Otto de Alencar. *Revista Didatica da Escola. Politécnica do Rio de Janeiro*, v. 13, pp. 3–24, 1918a.

COSTA, M. A. *As ideias fundamentais da matemática e outros ensaios*. São Paulo: Convívio/Edusp, 1981.

COSTA, M. A. Sobre um theorema de calculo integral. *Rev. Soc. Bras. Sci.*, v. 2, pp. 65--68, 1918b.

COUTO, J. *As estratégias de implantação da Companhia de Jesus no Brasil*. São Paulo: Instituto de Estudos Avançados da Universidade de São Paulo, 1992. v. 2. (Coleção Documentos, Séries Cátedra Jaime Cortesão).

D'AMBROSIO, U. O Seminário Matemático e Físico da Universidade de São Paulo. Uma tentativa de institucionalização na década de trinta. *Temas & Debates*, Ano VIII, n. 4, pp. 20–27, 1994.

DA COSTA, E. V. *Da Monarquia à República*. São Paulo: Brasiliense, 1985.

DA SILVA, C. P. Presente de grego? *Boletim da Sociedade Paranaense de Matemática*, v. 4, pp. 56–64, 1983.

DA SILVA, C. P. Évariste Galois: a vida efêmera de um gênio. *Boletim da Sociedade Paranaense de Matemática*, v. 5, pp. 63–92, 1984.

DA SILVA, C. P. A mulher na comunidade matemática brasileira, de 1879 a 1979. *Quipu*, v. 5, n. 2, pp. 277–289, 1988.

DA SILVA, C. P. Comte: suas influências sobre a Matemática brasileira. *Boletim da Sociedade Paranaense de Matemática*, v. 12, pp. 47–66, 1991–1992.

DA SILVA, C. P. "Otto de Alencar Silva *versus* Auguste Comte". *LLULL*, v. 18, pp. 167--181, 1995.

DA SILVA, C. P. *Início e consolidação da pesquisa em matemática no Brasil*. Rio de Janeiro: Editora Ciência Moderna, 2013.

DA SILVA, C. P. The work of the mathematician Leopoldo Nachbin (1922/1993) from FNFi. *Revista Brasileira de História da Matemática*, v. 19, n. 38, pp. 83–103, 2019.

DA SILVA, C. P. *The academic life and influence of mathematician Luis Adauto da Justa Medeiros*. Saarbrüken: LAP Lambert Academic Publishing, 2021.

DA SILVA, M. B. N. A educação feminina e educação masculina no Brasil colonial. *Revista de História*, v. 15, n. 109, pp. 149–164, 1977.

DE, A. A. F. O convívio acadêmico e a formação da nacionalidade brasileira. *Revista da Faculdade Direito de São Paulo*, v. 42, pp. 271–292, 1952.

DE AZEVEDO, A. d. C. P. 500 anos de matemática no Brasil. Brasília, Pré-Publicação, Departamento de Matemática da UnB. [S.l.], 2001.

DE AZEVEDO, M. D. M. Sociedades fundadas no Brazil. *Revista do Instituto Histórico Geográfico Brasileiro*, v. 48, n. 2, pp. 265–322, 1985.

DE BARROS, R. S. M. *A ilustração brasileira e a ideia de universidade*. São Paulo: Convívio/Edusp, 1986.

DE FREITAS, A. A. T. *Discurso do professor Affonso Augusto Teixeira de Freitas*. Curitiba: João Haupt & Cia, 1930.

DE OLIVEIRA, A. J. F. Anastácio da Cunha and the concept of convergent series. *Archive for History of Exact Sciences*, v. 39, n. 1, pp. 1–12, 1988.

DE OLIVEIRA, A. J. F. O advento da matemática não standard. *Monografias da Sociedade Paranaense de Matematica*, v. 8, 1990.

DE OLIVEIRA, J. T. *História e desenvolvimento da Ciência em Portugal*. Lisboa: Academia das Ciências de Lisboa, 1986. v. 1.

DE OLIVEIRA, J. T. *O essencial sobre a história das Matemáticas em Portugal*. Lisboa: Casa da Moeda, 1989.

DE OLIVEIRA, J. T. A produção matemática portuguesa no século XIX. Comparação com o século XVI. *Memórias da Academia das Ciências de Lisboa*, v. 24, pp. 235–-247, 1981–1982.

DE SARAIVA, L. M. R. Historiography of mathematics in the works of Rodolfo Guimarães. *Historia Mathematica*, v. 24, pp. 86–97, 1997.

DE VASCONCELLOS, F. R. Memoria historica e politica sobre a creação e estado actual da Academia Real Militar. *Revista do Instituto Histórico Geográfico Brasileiro*, v. 236, pp. 459–469, 1957.

DEAR, P. Jesuit mathematical science and the reconstitution of experience in the early seventeenth century. *Studies in History and Philosophy of Science*, v. 18, n. 2, pp. 133–175, 1987.

DERBY, O. A. O estado da ciência no Brasil. *Science*, v. 1, n. 8, pp. 214–221, 1883.

DIAS, C. L. d. S. Espaços vectoriais topológicos e sua aplicação nos espaços funcionais analíticos. *Boletim da Sociedade de Matemática de São Paulo*, v. 5, pp. 1–58, 1950.

DIEUDONNÉ, J. *A formação da matemática contemporânea*. Lisboa: Dom Quixote, 1990.

DUARTE, A. L.; SILVA, J. C. e.; QUEIRÓ, J. Some notes on the history of mathematics in Portugal. Coimbra: Departamento de Matemática Universidade de Coimbra (Pré-Publicação nº 97–07). [S.l.], 1997.

DUARTE, P. A criação da USP. *Ciência Hoje*, v. 3, n. 13, pp. 10–11, 1981.

ESCOLA NACIONAL DE ENGENHARIA, R. da. Estatutos da academia brazilica dos academicos renascidos. v. 45, n. 1, pp. 49–67, 1882.

FÁVERO, M. d. L. d. A. A universidade do Brasil. Das origens à construção. In: Rio de Janeiro: Editora da UFRJ/Comped/MEC/Inep, 2000a.

FÁVERO, M. d. L. d. A. *Universidade do Brasil. Guia dos Dispositivos Legais*. Rio de Janeiro: Editora da UFRJ/Comped/MEC/Inep, 2000b.

FERRAZ, M. d. L. Anastácio da Cunha — o poeta, o matemático. In: RODRIGUES, J. F.; SARAIVA, L. (Coords.). *Actas do Colóquio Internacional*. Lisboa: Imprensa Nacional, Casa da Moeda, 1987.

FERRI, M. G. *História das ciências no Brasil*. Edição: S Motoyama. São Paulo: Edusp, 1979. v. 1.

FILHO, C.; F., M. *Bartolomeu Lourenço de Gusmão, sua obra e o significado fáustico de sua vida*. Rio de Janeiro: Biblioteca Reprográfica Xerox, 1985.

FOURIER, J. B. J. *Œuvres*. Paris: Gauthier-Villars, 1888–1890. 2 Volumes.

FRANKEN, T.; GUEDES, R. A criação da USP segundo Paulo Duarte. *Ciência Hoje*, v. 3, n. 13, pp. 40–44, 1984.

FREIRE, F. C. *Memoria historica da Faculdade de Mathematica*. Coimbra: Imprensa da Universidade de Coimbra, 1872.

FREIRE, L. B. Joaquim Gomes de Souza: sua vida e sua obra. *Revista Brasileira de Matemática*, v. 3, n. 1, pp. 1–8, 1931.

FURTADO, C. *Formação econômica do Brasil*. São Paulo: Companhia Editora Nacional, 1986.

GAMA, L. Discurso do professor Lélio I. Gama. In: MONTEIRO, L. H. J. (Coord.). *Atas do 5º Colóquio Brasileiro de Matemática*. Rio de Janeiro: IMPA, 1965.

GAUSS, C. F. Disquisitiones Arithmeticae. Santafé de Bogotá: Academia Colombiana de Ciencias Exactas, Físicas y Naturales, 1995.

GOMIDE, E. F. Sobre o teorema de Artin-Weil. 1950. *Boletim da Sociedade de Matemática de São Paulo*, n. 6, pp. 1–18, 1948–1951. Tese (Doutorado) — Faculdade de Filosofia, Ciências e Latras, Universidade de São Paulo.

GONÇALVES, J. V. Análise do Livro VIIII dos Princípios Mathemáticos de José Anastácio da Cunha. In: COMISSÃO EXECUTIVA DOS CENTENÁRIOS (Ed.). *Actas do Congresso do Mundo Português*. Lisboa: [s.n.], 1940. Vol. XII, Tomo I, pp. 123–-140.

GONÇALVES, J. V. *Relações entre Anastácio da Cunha e Monteiro da Rocha*. Lisboa: Memórias da Academia das Ciências de Lisboa, 1976–1977. Tomo XXI.

GRABINER, J. V. The changing concept of change: the derivative from Fermat to Weierstrass. *Mathematics Magazine*, v. 56, n. 4, pp. 195–206, 1983a.

GRABINER, J. V. Who Gave You the Epsilon? Cauchy and the Origins of Rigorous Calculus. *American Mathematical Monthly*, v. 90, pp. 185–193, 1983b.

GRAHAM, R. *Grã-Bretanha e o início da modernização no Brasil (1850/1914)*. São Paulo: Editora Brasiliense, 1973.

GUIMARÃES, L. M. P. Debaixo da imediata proteção de Sua Majestade Imperial. *Revista do Instituto Histórico Geográfico Brasileiro*, v. 156, n. 388, pp. 459–613, 1995.

HAIDAR, M. d. L. M. *O ensino secundário no Império*. 1971. Tese (Doutorado) - Faculdade de Educação, Universidade de São Paulo.

HAMBURG, R. R. The theory of equations in the 18th century: the work of Joseph Lagrange. *Archive for History of Exact Sciences*, v. 16, n. 1, pp. 17–36, 1976.

IPT, Instituto de Pesquisas Tecnológicas de São Paulo. *90 anos de tecnologia*. São Paulo: Secretaria da Ciência, Tecnologia e Desenvolvimento Econômico do Estado de São Paulo, 1989.

JÚNIOR, M. et al. *Brasil história*. São Paulo: Editora Brasil, 1983. v. 2.

KOSERITZ, C. V. *Imagens do Brasil*. São Paulo: Editora Itatiaia/Edusp, 1980.

LAGARRIGUE, J. *Duas teses positivistas sustentadas perante a Faculdade de Medicina do Rio de Janeiro*. Rio de Janeiro: Typographia Nacional, 1870. Arquivo Histórico do Museu da República (cópia manuscrita).

LE GOFF, J. *Os intelectuais na Idade Média*. São Paulo: Editora Brasiliense, 1988.

LEHTO, O. *Mathematics without borders*. New York: Springer, 1998.

LEITE, S. Diogo Soares Matemático, Astrônomo e Geógrafo de Sua Majestade no Estado do Brasil. *Brotéria*, v. 45, pp. 596–604, 1947.

LEITE, S. O curso de filosofia e tentativas para se criar a universidade do Brasil no século XVII. *Verbum*, v. 5, pp. 107–143, 1948.

LEITE, S. Vicente Rodrigues, primeiro mestre-escola do Brasil. *Brotéria*, v. 52, pp. 288–300, 1951.

LEPECKI, Z. Sobre certos teoremas de séries trigonométricas duplas. *Anuário da FFCL do Paraná*, pp. 159–187, 1940–1941.

LIMA, M. R. d. D. *Pedro II e Gorceix*. Ouro Preto: Fundação Gorceix, 1977.

LINDEMANN, C. L. F. Über die Zahl π. *Mathematische Annalen*, v. 20, 1882.

LINS, I. *História do positivismo no Brasil*. São Paulo: Editora Nacional, 1967.

LOBO, F. B. Rita Lobato: a primeira médica formada no Brasil. *Revista de História*, v. 42, pp. 483–485, 1971.

LOVISOLO, H. *Positivismo na Argentina e no Brasil: influências e interpretações*. Rio de Janeiro: CPDOC-FGV, 1991.

MAGALHÃES, B. C. B. d. *Teoria das quantidades negativas*. Rio de Janeiro: Jornal do Commercio, 1939.

MARQUES, A.; MEDEIROS, L. A. Relembrando Oliveira Castro. *Ciência e Sociedade*, v. 10, 1997.

MARQUES, A. H. *História de Portugal*. Lisboa: Ágora, 1973.

MARTINS, W. *História da inteligência brasileira*. São Paulo: Editora Cultrix, 1977. v. 1.

MEDEIROS, L. A. Certos aspectos da matemática no Rio de Janeiro. *Boletim da Sociedade Brasileira de Matemática Aplicada e Computacional*, v. 4, n. 3, pp. 51–64, 1984.

MEDEIROS, L. A. *José Abdelhay. Trabalhos de matemática*. Rio de Janeiro: Instituto de Matemática da UFRJ, 1996.

MEDEIROS, L. A. *Aspectos da matemática no Rio de Janeiro*. Rio de Janeiro: Instituto de Matemática da UFRJ, 1997a.

MEDEIROS, L. A. *Sobre a matemática no Rio de Janeiro*. Teresópolis: [s.n.], 1997b.

MENDES, R. T. *Benjamin Constant: esboço de uma apreciação sintética da vida e da obra do fundador da República Brasileira*. Rio de Janeiro: Igreja Positivista, 1892–1894. 2 v.

MINOGUE, K. *O conceito de universidade*. Brasília: EdUnB, 1977.

MONTEIRO, L. H. J. *Sobre as potências simbólicas de um ideal primo de um anel de polinômios*. 1950. Tese (Doutorado) - Faculdade de Filosofia, Ciências e Letras, Universidade de São Paulo.

MONTELLO, J. A cultura brasileira no fim da era colonial. *Revista do Instituto Histórico Geográfico Brasileiro*, v. 298, pp. 90–103, 1973.

MOSES, A. Breve Histórico da Academia. In: ABC (Ed.). *Edição comemorativa dos 80 Anos da Academia Brasileira de Ciências*. Rio de Janeiro: ABC, 1996.

MOTOYAMA, S. Os principais marcos históricos em ciência e tecnologia no Brasil. *Revista da Sociedade Brasileira de História da Ciência*, v. 1, pp. 41–49, 1985.

MOTTA, J. *Formação do oficial do Exército*. Rio de Janeiro: Companhia Brasileira de Artes Gráficas, 1976.

NACHBIN, L. Une propriété charactéristique des algèbres booleiènnes. *Portugaliae Mathematica*, v. 6, pp. 115–118, 1947.

NACHBIN, L. A theorem of the Hahn-Banach type for linear transformations. *Transactions of the American Mathematical Society*, v. 68, pp. 28–46, 1950.

NACHBIN, L. Aspectos do desenvolvimento da matemática no Brasil. *Anuário da Sociedade Paranaense de Matemática*, v. 3, pp. 28–41, 1956.

NACHBIN, L. Etapas de desenvolvimento da matemática no Brasil. *Boletim da Sociedade Paranaense de Matemática*, v. 4, pp. 22–28, 1961.

NACHBIN, L. The influence of António A. Ribeiro Monteiro in the development of mathematics in Brazil. *Portugaliae Mathematica*, v. 39, n. 1–4, pp. XV–XVII, 1980.

NACHBIN, L. The monograph series "Notas de Matemática". *Ciência e Cultura*, v. 43, pp. 394, 1991.

NADAI, E. *Ideologia do progresso e ensino superior (São Paulo 1891/1934)*. São Paulo: Editora Loyola, 1987.

NIVEN, I. The Transcendence of π. *American Mathematical Monthly*, v. 46, pp. 469––471, 1939.

PAIM, A. O pensamento político positivista na República. In: CRIPPA, A. (Org.). *As idéias políticas no Brasil*. São Paulo: Editora Convívio, 1979. Capítulo 2. pp. 35–74.

PAIM, A. Como se caracteriza a ascensão do positivismo. *Revista Brasileira de Filosofia*, v. 30, pp. 249–269, 1980.

PAIM, A. *O estudo do pensamento filosófico brasileiro*. São Paulo: Editora Convívio, 1986.

PARDAL, P. *O visconde de Rio Branco e a Escola Politécnica*. Rio de Janeiro: Biblioteca Reprográfica Xerox, 1983.

PARDAL, P. *Memórias da Escola Politécnica*. Rio de Janeiro: Biblioteca Reprográfica Xerox, 1984.

PARDAL, P. *Brasil, 1792: início do ensino da engenharia civil e da Escola de Engenharia da UFRJ*. Rio de Janeiro: Fundação E. Odebrecht, 1985.

PARDAL, P. *140 anos de doutorado e 75 de livre-docência no ensino de engenharia no Brasil*. Rio de Janeiro: Escola de Engenharia da UFRJ, 1986.

PARDAL, P. *UERJ. Apontamentos sobre sua origem*. Rio de Janeiro: Editora da UERJ, 1990.

PARDAL, P. UFRJ. uma universidade tardia, criada para conceder o título de doutor honoris causa ao rei Alberto I, da Bélgica? *Revista do Instituto Histórico Geográfico Brasileiro*, pp. 135–138, 1988–1989.

PAULA, F. P. A. A Academia Real Militar: sua instalação e o ensino militar. *Revista do Instituto Histórico Geográfico Brasileiro*, v. 31, n. 52, pp. 29-63, 1972.

PAULINYI, E. I. *Esboço histórico da Academia Brasileira de Ciências*. Brasília: CNPq, 1981.

PRADO JR., C. *Evolução política do Brasil*. São Paulo: Editora Brasiliense, 1987.

QUEIRÓ, J. F. José Anastácio da Cunha, a forgotten forerunner. *The Mathematical Intelligencer*, v. 10, pp. 38-43, 1988.

RAMOS, T. A. Mecânica racional. *Revista Escola Politécnica do Rio de Janeiro*, v. 8, pp. 45-48, 1916.

RAMOS, T. A. Palavras proferidas em sessão de 25 de junho, commemorativa do Primeiro Centenario do Nascimento de Gomes de Souza. *Anais da Academia Brasileira de Ciências*, v. 1, n. 3, pp. 164-170, 1929.

RAMOS, T. A. *Leçons sur le Calcul Vectoriel*. Paris: Librairie Scientifique Albert Blanchard, 1930.

RAMOS, T. A. *Estudos*. São Paulo: Escolas Profissionais do Liceu Coração de Jesus, 1933.

RIBEIRO, J. S. *História dos estabelecimentos científicos, literários e artísticos de Portugal*. Lisboa: Academia Real das Ciências, 1871-1883.

RIBENBOIM, P. Sobre a teoria das valorizações de Krull. *Boletim da Sociedade de Matemática de São Paulo*, v. 11, pp. 1-106, 1960.

RIZZINI, C. *O livro, o jornal e a typographia no Brasil*. São Paulo: Editora Kosmos, 1945.

ROBINSON, A. *Nonstandard analysis*. Amsterdam: North Holland, 1974.

ROSENDO, A. I. R. S. *Inácio Monteiro e o ensino da Matemática em Portugal no século XVIII*. 1996. Diss. (Mestrado) - Universidade do Minho, Braga, Portugal.

SÃO PAULO. Decreto nº 6.283, de 25 de janeiro de 1934. *Diário Oficial do Estado de São Paulo*, pp. 1, 1934. Cria a Universidade de São Paulo e dá outras providências.

SARAMAGO, J. *A jangada de pedra*. Lisboa: Editorial Caminho, 1986.

SERRÃO, J. V. *História de Portugal*. Lisboa: Verbo, 1979.

SEVCENKO, N. *Literatura como missão*. São Paulo: Editora Brasiliense, 1983.

SHWARTZMAN, S. *Universidades e instituições científicas no Rio de Janeiro*. Brasília: CNPq, 1982.

SILVA, A. *Raízes históricas da Universidade da Bahia*. Salvador: Livraria Progresso Editora, 1956.

SILVA, V. F. A. *Relatório geral da Universidade do Paraná*. Curitiba: Alfredo Hoffmann, 1913.

SMITHIES, F. Cauchy's conception of rigour in analysis. *Archive for History of Exact Sciences*, v. 36, n. 1, pp. 41-61, 1986.

SODRÉ, N. W. *Síntese de história da cultura brasileira*. São Paulo: Editora Difel, 1985.

SOUSA, J. G. d. *O modo de indagar novos astros*. Curitiba: Editora da UFPR, 1992. Edição fac-símile.

SOUZA, P. J. S. Discurso proferido na sessão de 31 de agosto de 1870. In: Secretaria Especial de Editoração e Publicações — Subsecretaria de Anais do Senado Federal (Ed.). *Anais do Senado do Império*. Rio de Janeiro: Senado Imperial, 1870a. v. 3. pp. 1–6.

SOUZA, P. J. S. *Projecto à Câmara dos Deputados - Instrucção Pública*. Rio de Janeiro: Typ. Nacional, 1870b.

TEIXEIRA, A. Uma perspectiva da educação superior no Brasil. *Revista Brasileira de Estudos Pedagógicos*, v. 50, n. 111, pp. 21–82, 1968.

TEIXEIRA, F. G. *Elogio Histórico de Pedro Nunes*. Lisboa: Academia das Ciências de Lisboa, 1925.

TOBIAS, J. A. *História das idéias no Brasil*. São Paulo: Editora Pedagógica e Universitária, 1987.

TYLER, E. B. *Primitive Culture*. 6. ed. London: John Murray, 1920. v. 1.

UNIVERSIDADE DO DISTRITO FEDERAL. *Anuário da Universidade do Distrito Federal*. Rio de Janeiro: UDF, 1956.

VENTURA, M. S. *Vida e obra de Pedro Nunes*. Lisboa: Instituto de Cultura e Língua Portuguesa, 1985.

WANDERLEY, A. J. M. Uma questão da matemática no período da revolução industrial. *Revista Uniandrade, Curitiba,Vol.*, v. 2, n. 3, pp. 25–30, 2001.

WEBER, H. *Collected works of Bernhard Riemann*. New York: Dover, 1953.

WEIL, A. *Les Courbes algébriques et les variétés qui s'en déduisent*. Paris: Hermann & C. Éditeurs, 1948.

WEIL, A. Numbers of solutions of equations in finite fields. *Bulletin of the American Mathematical Society*, v. 55, pp. 497–508, 1949.

YOUSHKEVITCH, A. P. The concept of function up to the middle of the 19th century. *Archive for History of Exact Sciences*, v. 16, n. 1, pp. 37–85, 1976.

YOUSHKEVITCH, A. P. C. F. Gauss et J. A. da Cunha. *Revue d'Histoire des Sciences*, v. 31, n. 4, pp. 327–332, 1978.

FONTES PRIMÁRIAS

ABC, A. *Estatuto Consolidado.* [S.l.], 2011. Com alterações aprovadas na Assembleia Geral Extraordinária em 15/8/2011.

BRASIL. *Coleção de Leis do Império do Brasil.* Rio de Janeiro: [s.n.], 1832a. v. 1.1.

BRASIL. Decreto nº 140, de 9 de março de 1842. *Imprensa Imperial*, Rio de Janeiro, 1842. Aprova os estatutos da escola militar, em virtude do artigo 15 paragrafo 2º da lei de 15 de novembro de 1831.

BRASIL. Decreto nº 2.116, de 1º de março de 1858. *Imprensa Imperial*, Rio de Janeiro, 1858. Approva o Regulamento reformando os da Escola de aplicação do exercito e do curso de infantaria e cavallaria da Provincia de S. Pedro do Rio Grande do Sul, e os estatutos da Escola Militar da Côrte.

BRASIL. Decreto nº 5.600, de 25 de abril de 1874. *Imprensa Imperial*, Rio de Janeiro, 1874. Dá estatutos á Escola Polytechnica.

BRASIL. Decreto nº 2.221, de 23 de janeiro de 1896. *Imprensa Nacional*, Rio de Janeiro, 1896. Approva os estatutos da Escola Polytechnica do Rio de Janeiro.

CÂMARA DOS DEPUTADOS. Sessão de 6 de agosto de 1870. In: *Anais da Câmara dos Deputados.* Rio de Janeiro: [s.n.].

CONGRESSO LEGISLATIVO DO PARANÁ. Lei nº 63, de 10 de dezembro de 1892. *Diário Oficial do Paraná*, 1892.

ESCOLA MILITAR; ESCOLA CENTRAL; ESCOLA POLITÉCNICA DO RIO DE JANEIRO. *Livros de colação de grau de doutor da Escola Militar, Escola Central e Escola Politéctnica do Rio de Janeiro.* [S.l.: s.n.].

ESCOLA MILITAR; ESCOLA CENTRAL; ESCOLA POLITÉCNICA DO RIO DE JANEIRO. *Teses Apresentadas à Escola Militar, Escola Central e Escola Politéctnica do Rio de Janeiro.* [S.l.: s.n.].

MUSEU CASA DE BENJAMIN COSNTANT. *Acervo Benjamin Constant*. Rio de Janeiro: [s.n.].

SPC, S. *Estatuto*. [S.l.], 1856.

UNIVERSIDADE DE COIMBRA. *Actas das Congregações da Faculdade de Matemática (1772/1820)*. Coimbra: Universidade de Coimbra, 1982–1983. 1–2 v. (Publicações do Arquivo da Universidade).